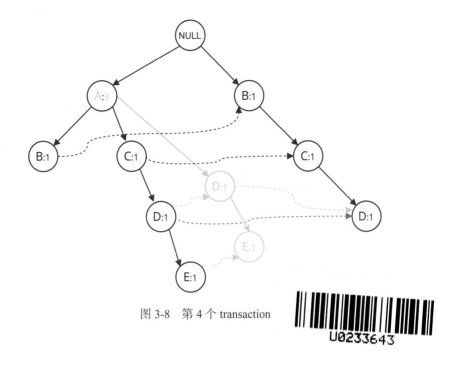

图 3-8　第 4 个 transaction

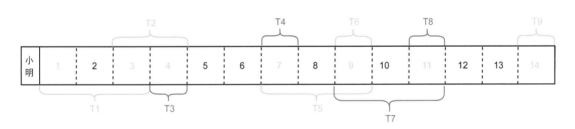

图 3-22　transaction 划分

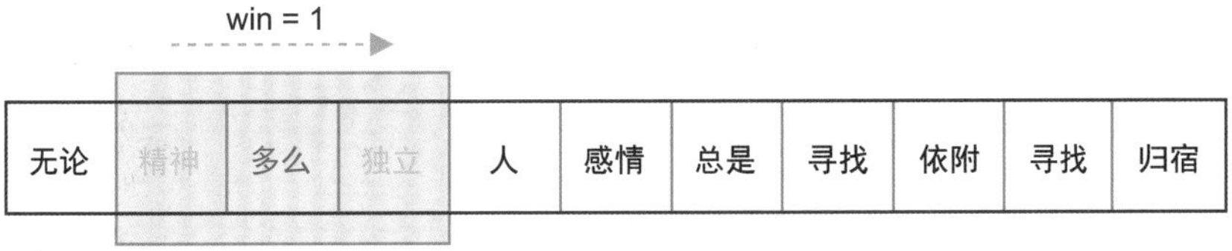

| 无论 | 精神 | 多么 | 独立 | 人 | 感情 | 总是 | 寻找 | 依附 | 寻找 | 归宿 |

win = 1

图 4-6　窗口

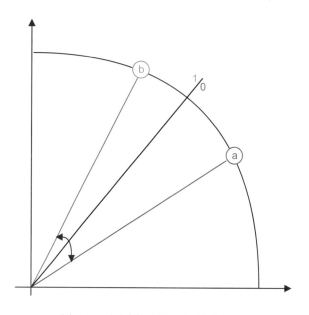

图 4-18　相同位置 bit 值一样的概率

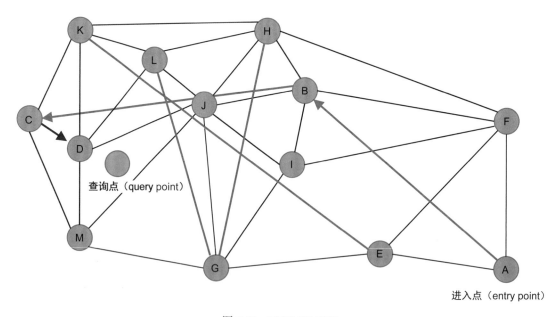

图 5-11　NSW GRAPH

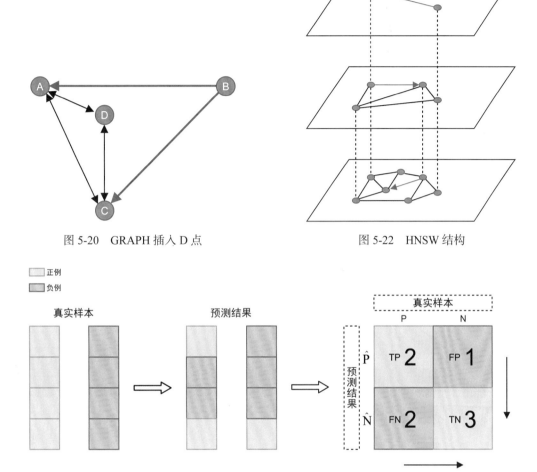

图 5-20　GRAPH 插入 D 点

图 5-22　HNSW 结构

正例
负例

真实样本

预测结果

真实样本

图 6-3　混淆矩阵示例

表 10-1　全排列组合

排　　列	组　　　合	排　　列	组　　　合
π_1		π_4	
π_2		π_5	
π_3		π_6	

表 10-2　全排列组合概率

排　列	组　合			概　率	排　列	组　合			概　率
π_1				0.3153	π_4				0.0703
π_2				0.1912	π_5				0.0826
π_3				0.1160	π_6				0.2246

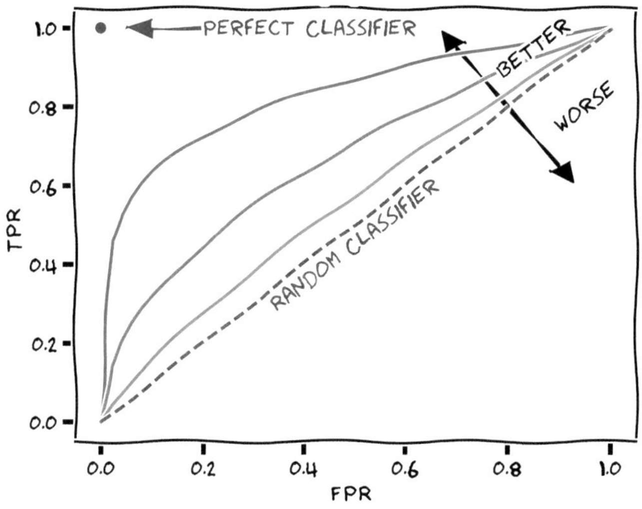

图 11-2　ROC 曲线示例

图 11-14　cross validation

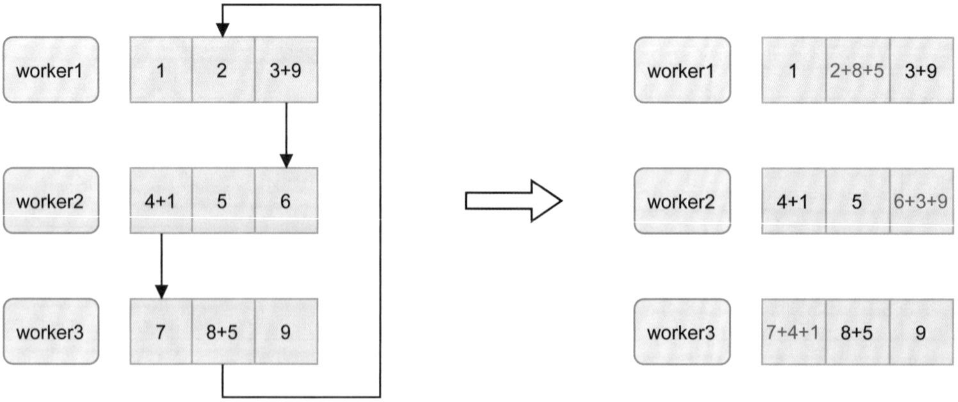

图 15-14　Scatter-Reduce 第二次迭代

大规模推荐系统实战

阿星◎著

人民邮电出版社

北　京

图书在版编目（CIP）数据

大规模推荐系统实战 / 阿星著. -- 北京：人民
邮电出版社，2022.8
　（图灵原创）
　ISBN 978-7-115-59385-6

　Ⅰ. ①大… Ⅱ. ①阿… Ⅲ. ①机器学习 Ⅳ.
①TP181

中国版本图书馆CIP数据核字(2022)第097814号

内 容 提 要

　　作为机器学习领域应用比较成熟、广泛的业务，个性化推荐在电商、短视频等平台发挥着重要作用，其背后的推荐系统已成为越来越多应用程序的标配。关于推荐算法的论述有很多，而要将其很好地应用到实际场景中，则需要大量的实践经验。本书从实战的角度介绍推荐系统，主要包含三部分：召回算法、排序算法和工程实践。书中细致剖析了如何在工业中对海量数据应用算法，涵盖了从算法原理，到模型搭建、优化以及最佳实践等诸多内容。

　　本书适合希望入门推荐算法的非行业从业者、希望在推荐算法领域进阶的行业从业者，以及希望全面了解推荐系统及其运作原理的技术管理者阅读。

　◆　著　　　　阿　星

　　　责任编辑　王军花

　　　责任印制　彭志环

　◆　人民邮电出版社出版发行　　北京市丰台区成寿寺路11号

　　　邮编　100164　　电子邮件　315@ptpress.com.cn

　　　网址　https://www.ptpress.com.cn

　　　三河市中晟雅豪印务有限公司印刷

　◆　开本：800×1000　1/16　　　　彩插：2

　　　印张：23.75　　　　　　　　　2022年8月第1版

　　　字数：530千字　　　　　　　 2022年8月河北第1次印刷

定价：99.80元

读者服务热线：(010)84084456-6009　 印装质量热线：(010)81055316

反盗版热线：(010)81055315

广告经营许可证：京东市监广登字 20170147 号

前　言

不管是日常生活中随处可刷的短视频、直播、文章，还是电商网站中琳琅满目的商品等，推荐系统都在其中发挥着巨大的作用。作为机器学习应用比较成熟、广泛的场景，推荐系统具有极大的商业价值，其背后的推荐算法对于普通用户来说显得较为神秘。

想要深刻地掌握推荐算法挑战比较大，因为这对数据量有很高的要求，还要求算法工程师对具体业务有深刻的理解。算法的设计和实现与具体业务强耦合，建模过程中的很多问题和解决方案通常较难在书本上看到，比如模型训练速度优化以及在线离线不一致问题等。如果忽视数据和对业务的理解，而将大量时间耗费在构建复杂的模型之上，颇有本末倒置的味道。

在很多年前初次尝试入门推荐算法的时候，我满怀希望地拿起了高等数学、线性代数、概率论以及最优化理论和矩阵论等多本曾经在学生时代让我"心力交瘁"的教材，心想这么多年的书终究没有白念，终于有一天能够把学校里学到的这些理论知识应用在工作之中了。几个月后，现实世界中的一个需求摆在面前时，我头脑几乎一片空白，不知从何下手，切身体会到了"理想很美好，现实很残酷"这句话的含义。因此，我到今天还记得第一次成功地将一个算法部署到线上并且还取得不错收益时的那种喜悦和兴奋，当然，也会永远记得这个算法——协同过滤算法。

算法从理论到落地，需要经历数据收集、数据清洗、特征抽取、特征工程、模型搭建、模型训练、模型上线以及效果回收等多个步骤，模型搭建只占了很小一部分，算法工程师绝大部分的时间被数据和线上问题占据。可见，算法的应用需要一个完备的周边系统来支撑它的迭代，其中涉及大数据处理平台、模型训练平台、特征平台、A/B测试平台等多个平台。

正因为工业中算法的落地涉及太多非算法理论方面的知识，所以本书将会系统性地介绍各类推荐算法的原理、代码实现、线上服务以及A/B测试评估，并尽可能覆盖落地过程中遇到的各种各样的问题。除了推荐系统中常用的协同过滤、关联规则、词向量等传统算法之外，深度学习算法占据了本书大部分篇幅。本书同时也涵盖了算法理论之外的许多内容，包括特征工程、参数调优、模型加速以及成熟的训练代码框架等。

希望本书能够给读者提供些许帮助，特别是如果可以解决实际工作中的一两个问题，则我荣幸之至。

随书代码见 GitHub 仓库（large-scale-recsys-in-action）[①]。

读者对象

- ❑ 希望入门推荐算法的非行业从业者
- ❑ 希望在推荐算法领域进阶的行业从业者
- ❑ 希望全面了解推荐系统及其运作原理的技术管理者

本书内容

本书基本上涵盖了推荐算法从业人员在实际应用中所要掌握的全部技能，包括传统机器学习、深度学习以及算法原理、代码实现、效果评估、分布式训练、推荐系统冷启动等一系列内容。本书共 17 章，除了首尾两章之外，余下的 15 章构成了本书的核心内容。

第 1 章是推荐系统概述，通过引入一些具体的案例，从宏观的角度阐述推荐系统是什么以及它如何运作。

第 2 章到第 6 章构成了第一部分——召回算法。这部分的主要内容有协同过滤、关联规则、词向量等传统召回算法以及当下主流的深度学习双塔召回，详细说明了各自的原理、实现以及离线评估的方法。

第 7 章到第 12 章构成了第二部分——排序算法。这部分的主要内容集中在特征工程和深度学习建模两方面，详细介绍了深度学习模型的 Training 和 Serving、Listwise Learning to Rank 技术、离线评估和在线评估以及深度学习调参最佳实践。

第 13 章到第 16 章构成了第三部分——工程实践。这部分的主要内容不涉及具体的算法，详细介绍了冷启动问题、模型的增量更新和迁移学习、分布式训练以及编写一套具有高复用性的训练代码框架。

第 17 章是总结，同时也是对读完本书后下一步工作和学习方向的展望。

虽然本书章与章之间在内容上并无直接关联，但还是建议在第一遍阅读时，按照从前到后的顺序阅读。

---

① 也可访问图灵社区本书主页下载相关资源。——编者注

联系作者

由于作者水平有限，因此即使经过多次校对和核验，书中也难免会存在错误或者疏漏，如果读者发现了书中内容或者相关代码有任何问题或者表述不清、模棱两可的地方，请及时通过邮箱与我联系[①]：1202zhyl@163.com。期待与大家共同学习、交流和进步。

[①] 也可访问图灵社区本书主页查看或提交勘误。——编者注

目　　录

第二部分 排序算法

第1章

推荐系统

无名商城是一个默默无闻的电商平台，活跃用户不多，在售商品数量寥寥数千。因为商城的受众比较少，所以商品种类也不多，每日进入商城的绝大部分是老用户，新用户占比很小。

通过数据分析发现，95% 的用户进入无名商城之后的第一个动作是打开搜索窗口，大部分订单也是由搜索业务带来的，也就是说用户有很强烈的目的性，并没有"闲逛"的意思。

岁月如梭，时光荏苒，由于对市场形势把握得比较准确，无名商城的业务渐渐有了起色，知名度也越来越高，由此带来的直接效应就是入驻的商家越来越多，活跃用户和商品种类也出现了快速增长的趋势。数据同样也佐证了，日活商品由几千慢慢涨到几万再到现在的几十万，日活用户也达到了百万并且数量还在快速上升，所以初步预估一两年之内日活商品会突破百万，日活用户更是可以达到千万。

与此同时商城收到的负面反馈也更多了，反馈的问题大致可以归为以下两类。

- □ **店铺反馈**：明明商品质量都不错，价格也合理，为什么我家的东西一天曝光量那么少？既然曝光少，那就更别提销售额了。
- □ **用户反馈**：首页的商品种类太单一了，来来回回就是那几种，没有太大变化，而且我看到的东西好像与我的历史行为没什么关系，我一点儿"逛"的兴趣都没有，很容易就腻了。

无名商城意识到，当下的技术已经跟不上业务的发展了，如果安于现状，那么在可遇见的未来，将会成为真正的"无名"商城。为了适应信息化时代的商务智能，尤其是在海量数据的基础上，个性化的决策支持和信息服务变成了不可或缺的功能。

为了解决上述问题，推荐系统应运而生。

1.1 推荐系统是什么

引用维基百科对于推荐系统的定义：

A **recommender system**, or a **recommendation system** (sometimes replacing 'system' with a synonym such as platform or engine), is a subclass of information filtering system that seeks to predict the "rating" or "preference" a user would give to an item.

从定义可以看出，推荐系统的功能是：

❑ 可以对信息进行过滤；
❑ 可以预测用户对物品的打分或者偏好程度。

总结成一句话就是：**协助用户发现他们可能感兴趣的物品**。

这就是推荐系统的职责所在，从数以万/亿计的物品中遴选出用户可能感兴趣的物品，这不仅能够有效减少用户的浏览路径、操作次数，更重要的是，可以通过提升用户体验为企业带来收益，毕竟流量只有变现了才有价值。

> 要知道，两个同样的物品，其中一个点一次链接就能看见，另一个需要点两次链接才能看见，那么与第一个比起来，第二个物品的点击人数一般来说呈指数级衰减。这就是常说的用户行为漏斗，电商领域的曝光→点击→加购→购买是一个典型的漏斗模型，短视频领域的曝光→点击→点赞→关注是另外一个典型的漏斗模型。

如今，推荐系统在我们的日常生活中随处可见，不管是浏览各大电商网站还是视频网站，呈现在我们眼前的物品/视频几乎都是通过推荐系统出来的。但是推荐系统也并非万能的，想让它发挥作用，一般需要以下两个前提。

❑ **信息过载**：系统内具有海量信息，十万甚至百万、千万级。
❑ **用户意图不明确**：大多数用户可能没有特别明确的意图，因为对于有明确意图的用户，搜索系统基本上就能够满足需求了。

当信息达到一定量级，无论对于消费者（用户）还是生产者（比如店铺、UP 主等）都会带来很大的挑战。

❑ **消费者**：如何从海量物品中轻而易举地发现自己满意的物品？
❑ **生产者**：如何让生产出的物品更加精准地触达受众？比如，剃须刀商家就不大希望自己的产品对女性用户展示太多；同样，母婴用品商家也不太希望自己的商品过多地展示给未婚用户。

这就是推荐系统所要担负的责任。

在深入推荐系统之前，我们先来直观地感受一下真实世界中的推荐系统。

1.1.1 京东商城

电商平台中比较常见的有类似**猜你喜欢**、**为你推荐**等场景。这类场景一般根据用户的历史行为去推荐用户可能感兴趣的物品，因此用户看到的物品大都跟自己有过某种行为的物品很相似或者在某种程度上有关联。这种场景下的推荐结果通常是个性化的。图 1-1 是京东首页的**为你推荐**示例。因为我最近经常对游戏机产生行为，所以我的推荐列表中出现了很多关于游戏机的结果。

图 1-1 京东的"为你推荐"

当然，推荐的元素不一定非得是具体的物品，品牌/频道/品类等也可以作为物品推荐给用户。图 1-2 是京东频道广场，推荐结果是一系列品类。可以看出，推荐系统识别出了我对于数码和运动产品的偏好，从而向我展示了**电脑办公**和**运动城**这样的推荐结果。

图 1-2 京东的"频道广场"

那么，如果是一个全新的用户，在没有任何历史行为的情况下，好像没有办法向他做很好的个性化推荐，这时又该如何去做呢？这就涉及了**新用户**的推荐问题。图 1-3 是京东首页的**每日特**

价和**品牌闪购**的板块，类似这样的场景依靠吸引人的价格以及热门的品牌活动，推荐的物品**很可能**吸引全新用户，从而诱使他们产生行为（点击/加购/下单等）。一旦产生行为，便可以去做个性化推荐，从而让个性化推荐系统产生作用。

图 1-3   京东的"每日特价"和"品牌闪购"

同样，新上架的物品没有任何历史数据（点击率、加购率等），推荐系统不知道这个物品是好是坏，到底该不该推荐给用户呢？这又涉及**新物品**的推荐问题，图 1-4 是京东首页的**新品首发**板块，通过这种方式，可以让新上架的物品有机会被用户看见，从而有了被点击/加购/下单的机会，一旦积累了一定量的历史数据，个性化推荐系统又可以发挥作用了。

图 1-4   京东的"新品首发"

以上关于新用户和新物品的推荐在推荐系统中被称为**冷启动**问题，这也是推荐系统不可回避的问题之一，第 13 章会详细介绍相关解决方案。

1.1.2   亚马逊

接下来切换到海外的电商平台亚马逊，感受一下他们的推荐系统。我在亚马逊网站上点击了一件物品，如图 1-5 所示，是一款 Xbox One X 游戏主机。

图 1-5 亚马逊上的游戏机

进入物品详情页之后，稍微往下翻一下，会看见如图 1-6 所示的物品推荐，这是亚马逊根据我点击的游戏机给出的推荐结果。这里系统给出了关于推荐结果的解释：大部分用户在浏览了该物品之后又**购买**了这些物品。我们给这种推荐策略一个专有名词：**看了又买**。

图 1-6 亚马逊的"看了又买"

同理，亚马逊还有**看了又看**，依然在物品的详情页，如图 1-7 所示。顾名思义，关于该推荐结果的解释是：大部分用户在浏览了该物品之后又**浏览**了这些物品。

图 1-7 亚马逊的"看了又看"

从上述两种推荐策略可以看出，当用户点击了某个物品，亚马逊会推出与它极其相似的物品作为推荐结果。这也很合理，当用户对某个物品表现出比较明显的喜好/偏向时，推荐系统没有理由去给出毫无关联的物品，这种**找相似**的手段在推荐系统中再普遍不过了，甚至有时候会让用户感到厌倦——怎么老是给我推荐同一类东西呢？

为了让推荐结果呈现多样性，除了**找相似**之外，亚马逊还有一种推荐策略——**找相关**，如图 1-8

所示，这里同样给出了推荐原因：与用户点击物品有**关联**的物品。这些物品都是我刚才点击的游戏机的一些配件，它们与游戏机一点儿也不相似，但是有很强的关联关系。一个好的推荐系统能够自动发现物品与物品之间存在的这种关联关系。

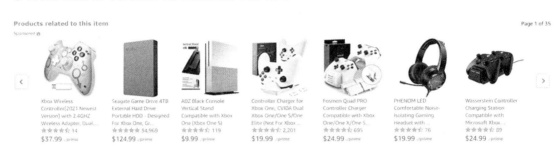

图 1-8   亚马逊的找相关

可以看出，仅仅是针对用户的一个点击行为，亚马逊就可以"轻而易举"地在物品详情页面给用户提供三个"建议"——基于看了又买、看了又看以及找相关。这些"建议"会让人觉得特别自然和舒适，于是作为推荐算法的从业人员，我们不禁要停下来思考一番——亚马逊是根据什么给出"建议"的呢？如果我们也想在自己的推荐系统中添加这些策略，又该如何去做呢？隐藏在这背后的是"神秘"的推荐算法，这些算法在有条不紊地执行着自己的工作，为推荐系统"出谋划策"。我们将会在第一部分中揭开它们神秘的面纱，最终不仅可以彻底明白它们的工作原理，更重要的是可以让这些算法为我们所用，在我们的日常工作中发挥作用。

1.1.3   YouTube

再换到另外一个业务领域——视频推荐业务，感受一下世界上最大的视频网站 YouTube 的推荐系统。图 1-9 是在**已登录**的情况下 YouTube 给出的推荐结果。显然，因为我是登录状态，所以系统知道我以前看过很多搞笑段子（Gags）、游戏资讯以及机器学习的相关视频，甚至连我喜欢足球都掌握得一清二楚，可以说有可能这个推荐系统比我还了解我自己。很容易看出 YouTube 的推荐结果是绝对的千人千面——根据用户的历史行为给出推荐，与上述京东"为你推荐"场景的推荐逻辑基本一样。

图 1-9   YouTube 的千人千面

　　我忽然觉得很恐慌——就这样被推荐系统看得透透彻彻，于是选择了**退出登录**，没想到同样位置的推荐结果发生了翻天覆地的变化，如图 1-10 所示。退出登录后，推荐结果与我的历史行为几乎没有任何关联，看上去结果似乎是随机的，但是我们依然可以从中发现一些端倪：

- 首先，从观看次数上可以看出这些视频都是比较热门的；
- 其次，可以看出推荐系统利用了我的 IP 地址和语言信息，向我推荐了华语歌曲和与中国有关的视频。

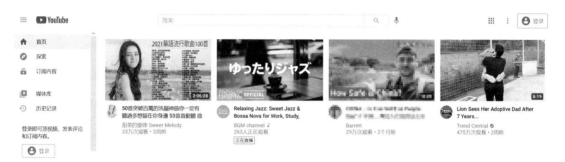

图 1-10　YouTube 的千人十面

　　所以即使我没有登录，推荐系统不知道我的偏好、历史行为等，依然可以根据某些用户信息去做推荐，得到一些**一定程度上个性化**的推荐结果，介于千人千面与千人一面之间的千人十面。

　　与此同时，在退出登录之后，首页又多出了一个板块——**时下流行**，如图 1-11 所示，这个板块在登录状态下不显示。从推荐结果中可以看出，推荐的这些视频不仅观看次数特别多，而且是近期上传的，因此这又是**新用户冷启动**问题的解决方案之一——向新用户推荐近期热门的事物。

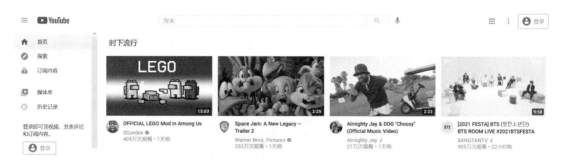

图 1-11　YouTube 的"时下流行"板块

　　在粗略地感受了京东、亚马逊和 YouTube 的推荐系统之后，我们会好奇这一切是怎么实现的，京东和 YouTube 是怎么根据我的历史行为去向我做推荐的？亚马逊的看了又看、看了又买等策略是怎么实现的？相似和相关的物品是怎么发现的？归根到底，核心问题是：怎么从万/亿级的物品中快速找到用户可能感兴趣的物品？

1.2　推荐系统整体架构

从海量物品中精挑细选出数百个物品呈现在用户面前,推荐系统给出的推荐结果必须能够满足两个前提条件:**又快又准**。

快,是因为用户都是没有耐心的,谁愿意坐在电脑面前或者盯着手机屏幕一两秒都得不到任何响应? 如果响应时间过长,还没等结果返回给用户,用户可能就离开网站或者 App 了,所以**快**是必须满足的一个条件。这也是难题之一——百万级的物品池,在 100 毫秒左右完成筛选确实是一个挑战。

如果能够满足**快**这个前提条件,**准**又是另外一个不可回避的要求。试想一下,如果用户可以即时得到推荐结果,但是没有准确度可言,比如我在亚马逊点击了某款游戏机,推荐结果在毫秒级的响应时间内呈现在我的眼前,结果里面都是一些鞋子衣服之类与游戏机毫无关系的物品,这样的结果用户也难以接受,久而久之便会造成用户大量流失。

为了解决快和准的问题,推荐系统在筛选物品时一般会经过两个步骤:召回和排序,先召回再排序。整体架构如图 1-12 所示。

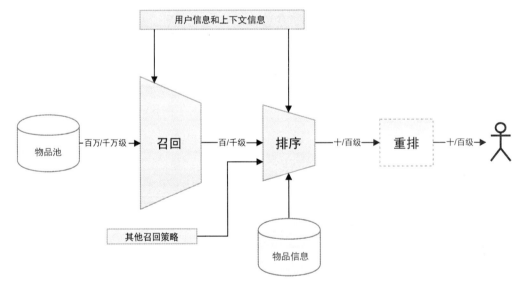

图 1-12　推荐系统架构

首先,召回阶段会快速地从百万级的物品池中筛选出百/千个物品。这个阶段的召回算法一般会利用用户信息和上下文信息,旨在筛选出与用户有一定关联的物品。因为物品池巨大,召回算法不会过于复杂,否则不能及时有效地筛选物品。同时,由于仅仅使用用户信息和上下文信息,并没有使用物品信息,所以会牺牲一定的准确性,这就是**速度**与**精度**的折中。

一句话总结，召回的目的是利用用户信息和上下文信息，在保证一定精度的前提下尽可能快地筛选出一定数量的物品。

💡 上下文信息是指用户请求时上下文环境中所附带的信息，比如手机型号、手机品牌、语言信息、时间信息、页面 ID 等。

然后会进入排序阶段，这个阶段的算法会借助用户信息、上下文信息和物品信息，挖掘出用户与物品之间潜在的更深层次的关系，因此一般而言排序算法的复杂度要远高于召回算法。排序算法对召回出的上百/千个物品进行更细粒度的打分，得分高者排在前面。基本上排序算法排出的物品顺序就是用户看到的物品顺序了。

💡 排序阶段有时候会分成两步：粗排和精排。从名称就能感受到其中的微妙差别，粗排算法的复杂度介于召回算法和精排算法之间。召回出的物品先经过粗排算法排一次序，对得分最高的 Top N 应用精排算法，精排算法再对这 N 个物品进行打分和排序。从本质上来说，粗排算法和精排算法都会利用用户信息、上下文信息以及物品信息，差别在于粗排算法在建模时会选择相对简单的算法，因此本书并不会将排序再拆分成粗排和精排，而将排序阶段的算法统称为排序算法。

最后还会有一个重排阶段，这个阶段一般与具体的业务密切相关。比如在电商领域，在排序阶段之后，还需要针对一定的业务规则进行一定程度的人工干预，比如无货无价过滤、新品提权、同品种打散等。经过重排之后，才会将排好序的物品返回给用户，至此完成了从召回到排序到重排最终到用户的一次物品推荐。

💡 本书会重点介绍召回和排序，不过这并不代表重排算法不重要。推荐领域关于重排模型的论文不断涌现，感兴趣的读者可以参考相关文献[1][2][3]。

1.3　推荐系统算法概述

从设计理念上，就能看出召回和排序有很大的不同：

- 召回的目的在于从海量的物品池中快速、粗粒度地筛选出用户可能感兴趣的物品；
- 排序的目的在于通过更多的信息精准地挖掘出用户和物品之间潜在的深层次的关系。

因为设计理念上的区别，这两者对应的算法也有很大的差异。最显著的差异就是算法的复杂度，召回算法的复杂度一般比较低，以保证召回阶段能够快速完成；排序算法需要有更高的精度，算法的复杂度较高，因此待排序的物品数量不能太多。

[1] Cao Zhe, Qin Tao, Tie-Yan Liu, et al. *Learning to Rank: From Pairwise Approach to Listwise Approach*, 2007.
[2] Qingyao Ai, Keping Bi, Jiafeng Guo, et al. *Learning a Deep Listwise Context Model for Ranking Refinement*, 2018.
[3] Changhua Pei, Yi Zhang, Yongfeng Zhang, et al. *Personalized Re-ranking for Recommendation*, 2019.

召回和排序这两个阶段其实并不需要同时出现。比如，从零开始搭建推荐系统时，为了能够快速上线迭代试验系统效果，可以暂时不考虑排序而只留有召回。当召回阶段系统运行得比较稳定时，再进入排序阶段。

不同的阶段运用不同的算法。推荐系统发展了这么多年，衍生出了很多经典的算法，有的适用于召回阶段，有的适用于排序阶段，有的算法在这两个阶段都适用。其中不少算法已经诞生了几十年但是今天依然在发光发热，而伴随着深度学习的火热，现实应用中的推荐算法大都采用深度学习进行建模。本书的后续章节会详细介绍一些在用的传统机器学习算法，包括它们的原理和实现等。除此之外，深度学习也是不得不提的主题，我们将会看到当下一些主流的深度学习模型如何在推荐系统中发挥巨大的作用、它们的建模实现以及如何在生产中让深度学习模型对外提供服务。

1.3.1　召回算法

1. 协同过滤

准确来说，协同过滤（collaborative filtering）并不是一种算法，而是一种思想、一种理念。这种思想的实现一般可以分为两类：基于邻居决策的协同过滤以及基于模型的协同过滤。这两种实现的本质差别是前者通过一些统计手段就可以完成，而后者需要通过机器学习算法才能完成，这从后者的名称（基于模型）上也能看出来。一句话总结两者的差异就是，算法的实现是否依赖机器学习算法。

● **基于邻居决策的协同过滤**

基于邻居决策的协同过滤，其核心思想是**物以类聚，人以群分**。该种算法有以下两点假设：

(1) 与你爱好/偏好相似的人，他喜欢的东西你可能也喜欢；
(2) 与你爱好/偏好的物品相似的物品，你可能也会喜欢。

这两点假设衍生出了两种算法：User-Based CF（user-based collaborative filtering，基于用户的协同过滤）和 Item-Based CF（item-based collaborative filtering，基于物品的协同过滤）。前者的目标是计算用户与用户之间的相似度，后者的目标是计算物品与物品之间的相似度。假设用户的偏好如图 1-13 所示，我们可以从中得到什么结论呢？

图 1-13　User-Based CF

可以看到，用户 1 和用户 2 偏好的物品比较接近，因此可以认为**用户 1 和用户 2 是相似用户**，那么在向**用户 2** 做推荐时，就可以将用户 1 偏好的物品之一物品 2 放入用户 2 的推荐列表。这是 User-Based CF 的推荐方式。同理，如果我们换个角度重新审视一下图 1-13，又可以从中得出什么结论呢？

很容易发现，物品 1 和物品 3 同时被用户 1 和用户 2 喜欢，Item-Based CF 算法此时就认为**物品 1 和物品 3 是相似物品**。在向**用户 3** 做推荐时，由于用户 3 喜欢物品 3，因此将与物品 3 相似的物品 1 推荐给他。这是 Item-Based CF 的推荐方式。

那么到底应该选择 User-Based CF 还是 Item-Based CF 呢？实际应用中偏向后者，一是因为计算用户的相似度涉及用户隐私的问题；二是因为用户的偏好变化比较频繁，导致用户的相似度其实并没有物品的相似度那么稳定。

算法领域凡事无绝对，还是要根据具体的业务来选择合适的算法。本书会着重剖析 Item-Based CF，掌握了它，User-Based CF 自然而然也就掌握了。

- **基于模型的协同过滤**

基于模型的协同过滤，具体的实现需要借助机器学习算法。常见的种类有关联规则、矩阵分解、词向量以及深度学习等。虽然深度学习已经成为主流的方式，但也并非所有场景都适用，尤其是在数据量不大的情况下，深度学习的业务效果很可能比不上传统的机器学习算法，因此还是有必要了解一下传统的机器学习算法。

关联规则

由 1.1.2 节中亚马逊根据我点击的游戏机而推荐相关配件可以看出，此种推荐方式很可能并不是使用基于邻居决策的协同过滤，因为配件与游戏机似乎没有可能通过相似性产生关系，而更有可能通过关联规则找到两者的关系。

关联规则主要用在数据挖掘领域，旨在挖掘出海量数据背后的关系。虽然**啤酒和尿不湿**这个"古老的传说"不知是真是假，不过用来解释关联规则是再好不过的了。

相传为了能够准确掌握门店里顾客的购物习惯，沃尔玛对每次顾客结算时的购物清单进行了分析，以期了解哪些物品是顾客经常一起购买的，这样在货架上可以把这些物品摆在一起，结果意外发现**与尿不湿一起购买最多的物品居然是啤酒**。多么神奇的一个结论啊！经过调查与分析，挖掘出了隐藏在这个结论背后的原因：原来，在美国有婴儿的家庭中，一般是母亲在家中照看婴儿，父亲去超市购买尿不湿。父亲在购买尿不湿的同时，往往会顺便为自己购买啤酒，这样就会出现啤酒与尿不湿这两件看上去不相干的物品经常出现在同一个购物清单中的现象。

虽然故事发生在门店中，但是同样的道理可以直接应用在电商推荐系统中，通过分析所有用户的行为数据找到频繁出现在一起的物品，从而挖掘出物品与物品之间的关联。关联规则算法的职责便在于此，尤其适用于电商购物车推荐场景。

词向量

词向量技术原本应用在自然语言处理中，不同于传统表示单词时使用的 one-hot 形式，取而代之的是使用向量表示一个单词。对于推荐系统这么一个繁杂的领域来说，自然会集百家之长，于是词向量技术被成功应用到了其中。稍微有点儿差别的是此时词向量表示的不再是单词，而是一件物品。

早期的词向量技术在单词/物品数量很多时有点儿力不从心，但是自从 2013 年几篇关于海量数据下词向量技术的论文[1][2][3]问世之后，训练已经不是什么问题了。还有一个问题自然而然地就来了——通过机器学习算法训练出的物品向量，究竟如何使用呢？

使用方法一般有以下两种。

(1) 通过最近邻搜索算法，计算每个物品的 Top N 个相似物品，当用户对某个物品产生行为时，将与该物品相似的 N 个物品推荐给用户即可。这种方式简单、直接。

(2) 将该物品向量作为深度学习训练的物品向量初始值，这样不仅会大幅提高深度学习模型的精度，而且也有助于训练快速收敛，实践中这种方式的收益也比较高。

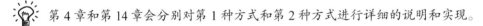 第 4 章和第 14 章会分别对第 1 种方式和第 2 种方式进行详细的说明和实现。

深度学习

使用深度学习来做协同过滤基本上是当前推荐系统的主流做法。谷歌在 2016 年和 2019 年发表的两篇论文[4][5]，很好地将深度学习运用到了召回阶段，不仅解决了如何建模，更重要的是解决了如何在生产中对外提供召回服务的问题。图 1-14 所示的就是经典的双塔模型。

① Tomas Mikolov, Kai Chen, Greg Corrado, et al. *Efficient Estimation of Word Representations in Vector Space*, 2013.

② Tomas Mikolov, Ilya Sutskever, Kai Chen, et al. *Distributed Representations of Words and Phrases and their Compositionality*, 2013.

③ Quoc V. Le, Tomas Mikolov. *Distributed Representations of Sentences and Documents*, 2014.

④ Paul Covington, Jay Adams, Emre Sargin. *Deep Neural Networks for YouTube Recommendations*, 2016.

⑤ Xinyang Yi, Ji Yang, Lichan Hong, et al. *Sampling-Bias-Corrected Neural Modeling for Large Corpus Item Recommendations*, 2019.

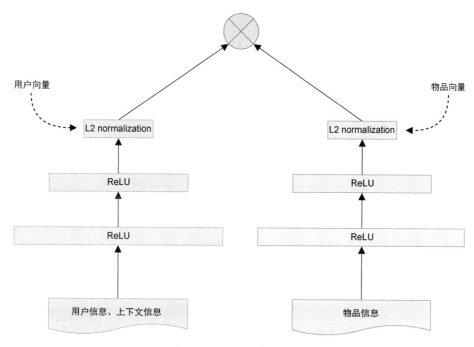

图 1-14　深度学习双塔模型

在图 1-14 中，左边的塔为用户侧的塔，输入只使用与用户和上下文有关的特征，比如用户 ID、手机型号、用户过去的访问物品 ID 集合等；右边的塔为物品侧的塔，输入只使用与物品有关的特征，比如物品 ID、物品过去 N 天的点击率及转化率等。

双塔的输入经过中间层到达倒数第二层（即 L2 normalization）时，该层的输出分别会作为用户向量和物品向量。因为最后一层仅仅是向量的内积，所以用户向量和物品向量的维度必须一样，否则无法进行内积运算。

这样的网络结构怎么训练呢？训练生成的用户向量和物品向量又如何使用呢？别着急，在第 5 章，我们将再次看到图 1-14，届时会详细解释双塔模型如何在召回阶段发挥巨大的作用。

2. 基于内容过滤

基于内容的过滤（content-based filtering，CBF）是与协同过滤完全不同的推荐方式。协同过滤之所以称为**协同**，是因为需要人的参与，对应的算法需要人的行为数据才能实现。而 CBF 不需要任何人的行为数据，只需要物品的元数据即可。

> 根据领域的不同，物品的元数据的具体表现形式也会不同。比如电商领域，物品的元数据可以是商品的品牌、品类、颜色、大小等；而在短视频领域，物品的元数据可以是视频的长度、分辨率、分类、主题等。

举一个简单的例子，假设一款新服装要上市了，由于新品没有任何历史点击、加购、销量等数据，从未被用户消费过，那么怎么把这个新款的服装推出去呢？如果我们能够**找到与这款服装相似的服装**，向那些购买过相似服装的用户推荐这款新品不就可以了吗？这就是 CBF 的推荐方式。如图 1-15 所示，从这三款服装的属性我们可以很轻易地得出服装 1 和服装 3 是相似的，那么我们可以把服装 3 推荐给购买过服装 1 的用户。

服装　　　属性	衣长	袖长	面料
服装 1-旧款	长	长	针织
服装 2-新款	短	短	雪纺
服装 3-新款	中长	长	针织

图 1-15　CBF 相似物品

上述做法显然过于朴素，实际应用中也不会这么简单地得出这么完美的结论，并且通过 CBF 的推荐原理可以发现，这种算法特别适合处理物品冷启动问题，也就是新品出现在推荐系统中，由于没有历史信息，推荐系统会显得束手无策。

我们将会在第 13 章详细探讨如何根据物品的内容/元数据来计算物品相似度，尤其值得一提的是，我们将会研究如何使用深度学习来实现 CBF 的思想，从而有效处理物品冷启动的问题。

1.3.2　排序算法

提到推荐系统中的排序算法，我相信绝大多数算法工程师脑海中会出现"千奇百怪"的深度学习模型网络结构、各种层出不穷的调参技巧，等等。是的，机器学习算法在推荐系统中应用到现在，基本上深度学习已经占据了绝对主导的地位，每年 RecSys 等顶级会议都会涌现出很多高质量且工程性十足的论文。阅读和复现来自国内的阿里巴巴、国外的谷歌、Meta/Facebook 等行业领导者的论文几乎成为了每个从业者的必修课。但是我们还是很有必要了解并且掌握传统的机器学习算法在推荐系统中的应用。

 LR、FM、FFM（如图 1-16 所示）等传统的机器学习算法在快速搭建推荐系统方面有绝对优势，一来它们的训练通常比深度学习简单得多，二来它们对外提供服务也比深度学习简单。想让深度学习模型从训练到服务有很多工作要做。我们会在第 9 章中详细介绍深度学习方面的内容。

图 1-16 排序算法演进

1. 逻辑回归

排序算法总是绕不开 LR（logistic regression，逻辑回归）。作为一个表面上非线性的线性模型，LR 现在依然活跃在各种点击率/转化率预估任务之中。当然，它的优点和缺点都较为明显。

□ 优点

■ 训练速度快

■ 简单易用、容易实现、对存储要求不高

■ 可解释性强：特征的权重就表示了该特征对输出的重要程度

■ 以概率的形式输出，尤其适合利用概率来做决策的业务场景

■ 适合作为基线

□ 缺点

■ 线性模型，表达能力有限，无法解决非线性问题

■ 准确率也不高，当数据量增大时，这几乎是必然的结果

■ 需要大量的人工特征工程

2. FM

FM（factorization machine，因式分解机）算法[1]在 LR 的基础上加入了一定的非线性，因此其表达能力理论上要好于 LR，而且得益于算法的巧妙设计，它的时间复杂度也控制得特别好。当然，它也有缺点。

□ 优点

■ 可以自动学习两两特征之间的关系，一定程度减少了人工特征工程

■ 时间复杂度与 LR 基本一样，所以线上预测速度可以保证

■ 需要人工调节的超参数不是很多

■ 可以学到特征向量，因此可以为其他模型提供迁移学习的基础

---

① Steffen Rendle. *Factorization Machines*, 2010.

不了解什么是迁移学习也没关系，我们会在第 14 章中再回到这个概念上来，现在可以简单地将其理解为**利用模型 A 的结果协助模型 B 的训练**。这里就是 FM 训练得到的特征向量，可以用到其他任务上。

❑ 缺点

- 只能捕捉**两两**特征之间的关系，对"三三"及以上就无能为力了
- 理论上它的表现应该优于 LR，可是实践中并不总是这样

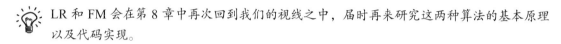 LR 和 FM 会在第 8 章中再次回到我们的视线之中，届时再来研究这两种算法的基本原理以及代码实现。

3. 深度学习

深度学习作为当下最流行的建模方式，在推荐系统中也发挥着巨大的作用，这从每年的顶级会议论文篇数、深度学习开源社区的活跃度等都可以看出来，掌握它确实是算法工程师的一项必备技能了。它的优缺点总结如下。

❑ 优点

- 表达能力强、泛化能力好，具有很强的抗噪性，可以拟合高纬度非线性数据
- 应用场景广泛，除了推荐领域，还覆盖了搜索系统、计算广告、自动驾驶、人脸识别、自动翻译、智能问答等领域
- 大大减少甚至不再需要人工特征工程了

❑ 缺点

- 深度学习模型训练需要海量数据，因此也需要巨大的计算量
- 可解释性差：由于深度学习的结构比较复杂，因此其输出结果的可解释性不佳
- 需要调节的超参数过多，这是深度学习被诟病最多的地方之一

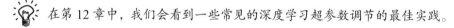 在第 12 章中，我们会看到一些常见的深度学习超参数调节的最佳实践。

1.4　周边配套系统

很多时候，当我们谈起机器学习时，第一印象总是高深莫测的网络、奇思妙想的技巧以及拍案叫绝的论文等与算法本身密切相关的方方面面。但是当我们回归现实世界，开始计划着将算法落地，希望通过算法为企业带来业务价值时，会发现算法只是其中一个很小的组成部分，一般需要很多的配套系统才能让算法很好地实现工程化落地，为业务服务，这也是算法的最终目标。图 1-17 基本上就是一个完整的推荐系统，里面包括了众多平台和服务。

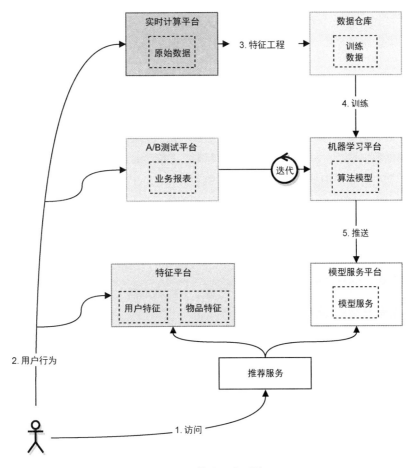

图 1-17 算法配套系统

我们以一次用户访问为起点来描述一下推荐算法应用的流水线。

(1) 用户访问网站/App:

　　1) 推荐服务向**特征平台**发出请求, 得到**用户特征**和**物品特征**;

　　2) 推荐服务将用户和物品等特征信息送入**模型服务**, 返回物品打分;

　　3) 推荐服务根据打分对物品排序, 返回给用户。

(2) 用户对返回的物品产生某些行为, 比如曝光、点击、点赞等, 由终端上报给服务端。

(3) 服务端的实时数据处理任务接收到用户行为数据, 对数据进行清洗和特征工程等处理,
　　得到训练数据。

(4) 将训练数据输入模型, 开始进行模型训练, 产出可用的算法模型。

(5) 将生成的模型文件推送到线上模型服务进行模型加载, 对外提供服务。

上述过程经过了若干个系统, 可以看出算法只是其中一环。为了协助算法对外服务, 至少需要**特征平台**、**模型服务平台**等。而实时计算平台和数据仓库的功能就比较纯粹——处理和存储数据, 在此就不赘述了。

1.4.1   机器学习平台

首先来看看机器学习平台。模型并不单单是那一点点的建模代码, 一个完整的模型是由**算法代码**、**数据**和**参数**组成的。只有将这三者结合起来, 才能生成一个具体的模型, 而这就会带来问题。在日常开发中, 很多时候我们会将这三者割裂开来, 这样就很容易导致模型管理越来越难, 经常需要查阅很多文档或者代码才知道某个模型用的哪个数据, 参数是什么。这样的混乱局面会严重阻碍算法工程师的迭代效率。如果有一个统一的平台, 可以将算法代码、数据和参数很好地联系起来, 同时封装一些常用的功能 (比如读训练数据), 避免每个算法开发在建模时都要写重复的代码, 可以让算法开发专注于业务挖掘和参数调节, 不用关心任务调度等琐碎的事项。

有了机器学习平台之后, 算法的日常开发基本上在**浏览器**上就可以完成所有工作, 大致流程如下。

(1) **选择**数据集
(2) **填写**超参数
(3) **编写**模型代码
(4) **一键训练**: 具体任务调度由任务调度系统执行
(5) **一键上线**: 模型训练完成后, 一键上线

当然, 上述流程经过了一定程度的简化, 不过依然可以看见, 算法的工作量大大减少, 一些重复的"轮子"交由机器学习平台去实现, 比如平台可以提供一键复制的功能: 点一下, 即可复制别人的模型, 包括数据集、代码和参数。算法开发可以聚焦于如何将算法效果最大化。

> 机器学习平台的搭建是一项比较复杂的工程, 但是从长远看来, 这是一件一劳永逸的事情, 特别有助于节省人力和提升效率。

1.4.2   特征平台

特征在机器学习算法中的重要性不言而喻, 甚至可以说是整个建模过程的核心。算法工程师几乎有 80% 的时间是在与特征打交道。在图 1-17 中, 为了完成排序任务, 需要从特征平台获取一些特征。在没有任何规范和约束之前, 这些特征的命名和处理手段可能多种多样——这就会带来一个很严重的问题: 重复的"轮子"太多。

举个例子, 算法工程师 A 产出了模型 A, 该模型用到了用户 ID 特征, 命名为 user_id, 类型

为 64 位整型；算法工程师 B 产出了模型 B，该模型也用到了用户 ID 特征，但是命名为 member_id，类型为字符串。然而实际上 member_id 和 user_id 很可能是同一个概念，它们的内容也完全一样，只不过一个用整型表示，另一个用字符串表示，就像 1234567 和 "1234567" 一样。类似的案例还有很多，这种没有标准的自由风格显然不是我们想要的——特征平台正是为此而存在的。

特征平台一般会对特征的命名、处理方式、适用范围、来源等做一定程度的约束，这在初期可能会引起算法工程师的不满，毕竟谁会喜欢被限制呢？但是从长远看来，它的利远远大于弊：特征统一不仅会大大提高算法迭代的效率、降低在线离线不一致的风险，同时也会给特征复用带来巨大的便捷，避免了很多重复性的工作。

 可以使用 MySQL、Hive、Redis 和 HBase 管理特征的生命周期。

1.4.3　模型服务平台

模型训练完毕后，需要上线对外提供服务，毕竟我们训练模型是为了使用它，这就需要模型服务平台。如图 1-18 所示，模型服务平台的主要功能是基于特征输入进行在线实时预测。一般来说，模型服务有以下要求。

(1) 预测要快、服务要稳。一旦涉及线上服务，耗时绝对不能高，同时要有妥善的容灾方案以保证服务时刻可用。
(2) 模型版本自动更新。当有新版本模型被推送时，线上模型要能自动加载。
(3) 告警。如果线上模型已经有 N 个单位时间没有更新了，要能够通过聊天软件、短信或者电话告知算法开发者。

同样，一个好的模型服务平台可以大大减少模型训练到上线这一段的时间差，最好能够做到训练完之后立刻上线，并且可以保证线上服务的质量（包括响应时长、自动扩容等）。

 模型服务平台最好能够支持特征自定义配置。

举例说明，A 模型要用到特征 1，B 模型要用到特征 2，那么模型服务平台最好支持**不同的模型对应不同的特征配置**，这样就使得线上模型与特征绑定起来了，修改 B 模型的特征配置不会对 A 模型造成任何影响。

1.4.4　A/B 测试平台

模型上线之后，将会迎来真正的大考——线上效果，因为它才是检验模型去留的唯一标准。当多个模型同时服务于同一个场景时，究竟孰优孰劣，需要一比高下方可有定论，这场"比赛"的"裁判"便是 A/B 测试平台。A/B 测试基于统计学原理，通过高效率的流量分配、科学的数据分析，不断地选择利于当前业务指标最大化的实验方案。

从算法的角度来说，A/B 测试是模型迭代的灯塔，指引着算法优化的方向，因此说它是最重要的配套系统也不为过。一个好的 A/B 测试平台不仅可以提高模型迭代的效率，而且可以源源不断地为业务带来正向的价值提升。而如果 A/B 测试平台不够健壮和科学，容易得出相反的结论，使得算法不断地往错误的方向"优化"，这非但不会带来业务的增长，而且很可能会使得算法没有任何经验沉淀和技术积累。

一个好的 A/B 测试平台要做到以下事情。

(1) 流量快速分配，分流方式多样。比如可以根据用户 ID 分流，也可以根据请求 ID 分流，等等。

(2) 指标实时变化。今天上线的算法模型，不用等到明天才能看见在线指标情况，最好能做到指标实时更新。

(3) 提供指标置信度。A/B 测试经常会有指标可不可信的问题，如果 A/B 测试平台能够自动给出当前指标的置信度，则再好不过了。

(4) 实验配置灵活。这个也很重要，比如支持多个场景。以电商为例，在首页、商品详情页、购物车页、订单页等多种场景都可以开启 A/B 实验。甚至可以做粒度更细的实验，比如实验只针对使用 iOS 系统的用户生效。

 A/B 测试的相关内容将会在第 11 章中详细介绍。

1.5　总结

❑ 推荐系统为电商、视频等个性化内容提供方带来了巨大的收益，比如国内的淘宝、京东、抖音等，国外的则有亚马逊、YouTube 等。背后支撑个性化推荐的则是一套成熟的推荐系统。

❑ 推荐算法按照种类大致可以分为**召回**和**排序**两种算法。

❑ 召回算法要从海量的物品池中快速且准确地筛选出百/千个物品，比较主流的算法是协同过滤和基于内容的过滤，前者很好地利用了用户的行为数据，而后者在物品冷启动方面往往发挥着重要作用。

❑ 排序算法从早期的逻辑回归等线性模型到两两特征交叉的 FM 再到复杂度较高的深度学习模型，后者已经成为当前个性化业务领域的主流解决方案。

❑ 为了让算法很好地服务于业务，需要很多配套系统，比如机器学习平台、特征平台、模型平台服务、A/B 测试平台等。当然，这里只列出了一部分，还有监控告警系统、用户画像系统、搜索引擎等。本书的核心内容在于算法的实现和应用，因此这些周边系统不在本书的重点讨论范畴中，还请谅解。

第一部分

召回算法

如何从百万级的物品池中快速且准确地筛选出数百/千个物品？**第一部分：召回算法**将会解决这个问题。

第一部分从第 2 章到第 6 章，会讲述多种召回算法，从简单的协同过滤、关联规则到复杂度稍高的词向量，最后到时下最常用的深度学习双塔模型。每种算法都会从基本原理、数据准备和代码实现三个方面加以解析。最后我们将会看到，召回算法如何做离线评估，一套良好的离线评估方法会大大降低线上的风险，同时有利于算法快速迭代。

第 2 章

协同过滤

Steam 是目前全球最大的数字游戏平台。类似于国内的淘宝购物平台，商家会将要发行的游戏在 Steam 上架；用户可以浏览、收藏、加购以及购买自己喜欢的游戏。Steam 充当开发商和用户之间的桥梁，负责将平台上所有的游戏推荐给潜在的目标用户。Steam 首页如图 2-1 所示。

图 2-1　Steam 首页

某一天，当我打开 Steam 主页并登录后，往下滑动时，看到了图 2-2 所示的推荐结果，并且 Steam 很贴心地给出了推荐原因：因为您想要《古墓丽影 11 决定版》，所以我们给您推荐了《地平线零之曙光完整版》。这两款游戏确实有很多相似之处：主角都是女性，都有动作冒险元素等。作为用户，Steam 给出的推荐原因我也欣然接受，《古墓丽影 11 决定版》确实在我的愿望单中，说明我挺喜欢这种类型的游戏。从专业的角度来看，这是一次很好的推荐。

图 2-2　愿望单推荐

我继续往下滑动，又出现了图 2-3 所示的推荐结果。这一次的推荐结果与上一次有点儿不同，Steam 同样也给出了推荐理由：因为您玩过《极品飞车：热力追踪》，所以我们给您推荐了《极限竞速：地平线 4》。从专业的角度来看，这也不失为一次高质量的推荐：我喜欢赛车游戏，不久前玩过《极品飞车：热力追踪》，况且《极限竞速：地平线 4》这款游戏的品质颇高。

图 2-3　历史游玩推荐

可以看出，Steam 给用户推荐游戏时，会根据自身具体的业务，从多个维度来考虑，比如上面就是根据**愿望单**和**历史游玩**这两个维度来做推荐。虽然维度不同，但是似乎它们通过同一种方式来为用户做推荐——将与用户有过行为的物品（加愿望单的游戏/玩过的游戏）相似的物品推荐给用户——这正是本章将要讲述的**协同过滤**所擅长的工作。

💡 这里的协同过滤，是狭义的协同过滤，特指**基于邻居决策的协同过滤**。

这种算法的理念是**物以类聚，人以群分**，也就是说，它可以将物聚成类，也可以把人分成群。具体的表现形式为，通过某种计算方法可以得到物与物之间的相似关系、人与人之间的相似关系。前者对应的算法称为 Item-Based CF[①]，后者对应的算法称为 User-Based CF。两者的算法逻辑几乎完全一样，因此我们主要讲述 Item-Based CF，一旦掌握了它，User-Based CF 自然也就掌握了。

首先来看一下维基百科对于 Item-Based CF 的定义：

Item-item collaborative filtering, or item-based, or item-to-item, is a form of collaborative filtering for recommender systems based on the similarity between items calculated using people's ratings of those items.

从定义可以看出：

(1) Item-Based CF 是 CF 的一种形式；
(2) 需要计算物品与物品之间的相似度；
(3) 计算物品相似度需要**用户对物品的打分**。

---

① Badrul Sarwar, George Karypis, Joseph Konstan, et al. *Item-based collaborative filtering recommendation algorithms*, 2001.

毋庸置疑，计算物品相似度是 Item-Based CF 的重中之重，但是在深入算法的原理和实现之前，我们先来看一看 Item-Based CF 如何应用，也就是说，假设已经有了物品与物品之间的相似关系，如何利用这种相似关系生成推荐结果。

2.1　算法应用

作为本书第一个算法，暂时抛开其原理不谈（后文会详细说明），来看看如何使用算法结果，以对其有一个直观的认识。一般来说，协同过滤算法生成的物品与物品之间的相似关系记录在一张表中，称为物品相似表，其元数据如表 2-1 所示。

表 2-1　物品相似表结构

物品 1	物品 2	相似度
物品 ID	物品 ID	0~1 的数字

这里的相似度越高，表示物品 1 和物品 2 越相似。有时候相似度也会用**距离**来代替，距离越小则表示物品 1 与物品 2 越相近/相似。这里我们直接一点，采用相似度来说明。

为了表的容量和线上性能考虑，一般会设定一个参数 N，用来控制与物品 1 相似的物品 2 的数量。假设物品相似表中的数据如表 2-2 所示，N 为 3，也就是对于每个物品 1，只保留 3 个最相似的物品 2。

表 2-2　物品相似表数据

物品 1	物品 2	相似度
iPhone 11	iPhone 12	0.95
iPhone 11	Huawei P40 Pro	0.80
iPhone 11	Samsung S21	0.50
MacBook Pro	Surface Pro	0.90
MacBook Pro	iPad Pro	0.70
MacBook Pro	Xbox Series X	0.30
小米手环 6	华为手环 6	0.80
小米手环 6	荣耀手环 6	0.70
小米手环 6	Apple Watch Series 6	0.40
……	……	……

除了物品相似表数据之外，为了能够让 Item-Based CF 发挥作用，还必须存储每个用户的历史行为轨迹，即足迹。表 2-3 描述了三个用户的历史行为轨迹。

表 2-3　用户足迹

用　户	历史行为轨迹
小明	MacBook Pro、iPhone 11、LG 显示器、……
小暗	……
小黑	……

那么，当小明登录网站/App，推荐系统接收到请求时，Item-Based CF 算法的推荐流程为：

(1) 系统获取小明的历史行为轨迹，在拿到数据后可能还会做一定的预处理，比如丢弃 90 天前的行为等；

(2) 遍历行为轨迹中的物品，去**物品相似表**中查找每一个行为物品对应的相似物品，比如根据 MacBook Pro 会查找到 Surface Pro、iPad Pro 以及 Xbox Series X（N 为 3）；

(3) 将第 (2) 步中遍历得到的所有相似物品集合作为推荐结果返回。

上述流程如图 2-4 所示，到这里就完成了 Item-Based CF 的线上服务，那么就剩下一个最为重要的问题等待解答——作为整个算法中最为核心的物品相似度该如何计算呢？

用户行为轨迹数据和物品相似表数据在线上使用时，一般存储在 Redis/HBase 中。

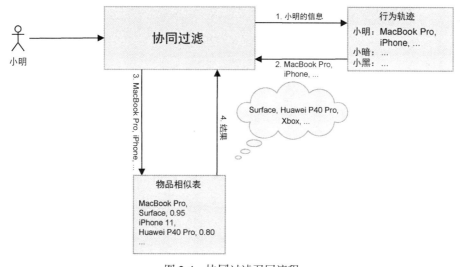

图 2-4　协同过滤召回流程

2.2　算法原理

再仔细查看一遍前文中关于 Item-Based CF 的定义，会发现这样一句可能被我们忽略的话：

... the similarity between items calculated using people's ratings of those items.

因此，要计算物品相似度，首先得有用户对物品的打分，而打分数据的构造，是决定整个算法表现的重中之重。打分？好像我们作为用户时，在现实世界的电商、短视频或者音乐等个性化内容推荐平台上很少会给物品打分呀，那么这里提到的**打分**又是怎么一回事儿呢？

2.2.1　打分机制

在详细介绍如何获取用户打分之前，我们先要熟悉两个概念：显式反馈以及相对应的隐式反馈。

显式反馈：用户直接、明确地表达自己的喜好，比如豆瓣的影视评分（如图 2-5 所示）以及滴滴的服务评分等用户主动打分的行为。这种打分机制的好处是可以很清晰地掌握用户的好恶，因为用户不仅会表达自己喜欢什么（打高分），也会展露出自己厌恶什么（打低分）。

图 2-5　显式反馈：豆瓣影视评分

但是，很容易看出，显式反馈的缺点也很突出。对于现实世界中的大部分系统来说，要求用户主动打分有点过于"奢侈"，甚至可能会招致用户的反感。所以，通过显示反馈得到的数据一般比较少，比如就算知道很多电商平台提供了**对该物品不感兴趣**这样的信息提示（如图 2-6 所示），也很少有人会去点击它，毕竟不感兴趣的话我们直接忽略就是了。因此，现实世界中的绝大部分打分机制基于接下来要讲的这种反馈方式——隐式反馈。

图 2-6　京东商城页面每个物品的右上角会有"不喜欢"小按钮

隐式反馈：用户没有明确表达自己的喜好，比如用户在视频网站闲逛时点击了某个视频，并不能明确说明他对该视频感兴趣，因为可能是误点。即使他下载了某个视频，也不能据此下定论，因为他可能是爬虫用户。图 2-7 展示了 bilibili 使用隐式反馈的场景。

图 2-7　bilibili 视频的点赞、投币和分享属于隐式反馈

隐式反馈一般具有以下特点。

(1) 数据量大。隐式反馈一般不需要用户打分。因此，隐式反馈的数据特别容易获取——用户只要有行为，就会产生反馈。

(2) 没有负反馈。显式反馈可以明显区分用户是否喜欢，而隐性反馈无法辨别用户喜欢什么不喜欢什么。

隐式反馈需要**估计**。一般要根据用户的行为、行为频率去**评估**，比如用户购买了物品 1，浏览了物品 2，那么我们就会认为用户对物品 1 的喜好程度**很可能**高于物品 2，再比如用户浏览了 10 次物品 3，浏览了 1 次物品 4，我们也可能会认为用户对物品 3 的喜好程度**很可能**高于物品 4。但是喜好程度具体高多少，这样的准确值隐式反馈无法给出。从某种程度上来说，显式反馈属于定量反馈，而隐式反馈属于定性反馈。图 2-8 展示了 bilibili 同时使用显示反馈和隐式反馈的场景。

图 2-8　bilibili 的长电影既有显式反馈，又有隐式反馈

虽然隐式反馈有很多缺点，但是由于其特别容易获取，因此算法工程师在日常工作中接触最多的是通过这种方式获取的数据。也正是因为它并不能直接用来度量用户的喜好，所以需要算法工程师在数据处理的过程中建立一套打分机制，将隐式反馈转化为显式反馈。

1. 0/1 打分

这是最基础的打分策略，只要用户对物品有过行为（不管是电商中的浏览、加购、购买等，还是短视频中的播放、分享、下载等任何行为），那么打分是 1 分，否则就是 0 分。表 2-4 展示了隐式反馈转化后的显式反馈的打分情况。

表 2-4   隐式反馈转化的显式反馈 0/1 打分

用户 \ 物品	《算法导论》	Huawei P40 Pro	《计算机原理》	iPad	啤酒	葡萄酒
小明		1		1		
小暗	1		1			
小黑					1	1

这种打分策略的优点是简单直接，不需要考虑太多的行为差异，能够快速完成数据处理；缺点当然也很明显，它完全掩盖了用户的行为差别（浏览和加购、购买等行为所反映的用户喜好程度应该是不一样的）。因此，为了算法效果考虑，实际应用中这种打分机制使用得比较少。

2. 分行为打分

由于用户行为具有多样性，因此根据行为的不同，打分机制也有所不同。接下来的讲解需要一些用户数据做演示，表 2-5 是电商平台中的用户行为数据（为简单起见，只考虑用户的浏览和购买行为）。

表 2-5   电商平台中的用户行为数据

用　户	物　　品	行为类型	行为时间
小明	Huawei P40 Pro	浏览	20210610
小明	iPhone 12	浏览	20210605
小暗	《操作系统原理》	浏览	20210510
小暗	iPhone 12	浏览	20210515
小明	iPad	浏览	20210530
小明	吸尘器	浏览	20210401
小明	空气净化器	浏览	20210405
小暗	Huawei P40 Pro	购买	20210520
小明	Huawei P40 Pro	购买	20210611
小暗	香皂	浏览	20210620
……	……	……	……

表 2-5 中的数据是典型的隐式反馈数据，只有正反馈，没有负反馈。为了将其转化为显式反馈，我们需要执行接下来的步骤。

- **确定行为分值**

这是第一步，也是最重要的一步——每种行为到底可以打多少分呢？由于不像显式反馈那样拥有具体的打分，因此只能通过算法工程师将用户的行为转化为偏好得分。这里主要介绍两种方法，当然，现实中的情况肯定不止这两种，可以适当地举一反三。

第一种，也是最简单直接的一种——人为拍板。比如一般情况下，用户对于购买物品的喜好程度高于浏览物品的喜好程度，因此可以设置购买行为的分值为 5 分，浏览行为的分值为 1 分。

第二种，需要一点儿数据分析——行为次数。推荐系统中的漏斗模型告诉我们，次数越少的行为越珍贵，因此可以根据各行为的次数来确定行为分值。我们依然假定购买行为的分值为 5 分，那么可以通过以下几种方式来确定浏览行为的分值：

- ❑ 浏览分值 = 购买分值 × 购买次数 / 浏览次数 = 5 分 × 2 次 / 8 次 = 1.25 分
- ❑ 浏览分值 = 购买分值 / $\log_2$(浏览次数 / 购买次数) = 5 分 / $\log_2(8 / 2)$ = 2.5 分
- ❑ 浏览分值 = 购买分值 × 购买人数 / 浏览人数 = 5 分 × 2 人 / 2 人 = 5 分
- ❑ ……

不管通过哪种方式，确定了行为对应的分值之后，一定要好好思考一下——这是我想要的分数吗？比如上述第三种方式计算出了浏览行为的分值与购买行为的分值一样的结果，这就是不合理的行为分值，需要弄清楚哪里出了问题，再做进一步的优化。

现在，我们有了不同行为对应的分值，那么是不是可以立刻计算出用户对物品的打分了呢？少安毋躁，在计算打分之前，还有一些因素需要考虑。

> 漏斗模型，简单地说，对于电商而言，用户从曝光到点击到加购再到购买，行为次数越来越少，从上往下看就像一个漏斗，故得名。在很多领域有同样的现象，比如短视频、新闻、广告行业等。

- **时间衰减**

著名的遗忘曲线告诉我们，人类是健忘的，遗忘的速度非常快，并且先快后慢，学到的知识在一天后，如不加以复习，就只剩下原来掌握的四分之一。随着时间的推移，遗忘的速度减慢，遗忘的数量也在减少。

虽然遗忘曲线是以知识记忆的衰减来举例的，但是它同样适用于推荐系统。你还记得一周前在网上闲逛时点击过哪些物品吗？你还能回忆起半个月前刷短视频时让自己哈哈大笑的视频内容吗？但是你知道此时此刻自己正在看的这本书的书名是什么，你也很清楚早餐吃了什么。因此从单个用户的角度来看，他一个月前购买的物品，其重要性一般来说不如昨天刚刚浏览的物品——这就是行为时间衰减。

下面举例说明行为时间衰减如何影响用户对物品的打分。假设当前时间是 20210620，小明在 20210610 浏览了 Huawei P40 Pro，20210605 浏览了 iPhone 12，时间越靠近当前时间，行为越能反映用户的喜好（毕竟人是在不断变化的）。一般可以尝试以下几种行为时间衰减策略。

- 线性衰减：$decay(X) = 1 / (1 + X)$。这里 X 是当前时间与行为时间的时间差（单位是天）。
- 指数衰减：$decay(X) = \exp(-X / C)$。这里的 C 是一个常量，业务不同，C 的取值也不同。这就是前面提到的遗忘曲线的公式。

  - 当 $X = C$ 时，$\exp(-X / C) = 1 / 2.718 \approx 1/3$，也就是 C 天前的行为打分会衰减成原来分值的 $1/3$，可以以此来设定 C 的值，比如希望 7 天衰减成 $1/3$，那么 $C = 7$；希望 10 天衰减成 $1/3$，则 $C = 10$。

- 不衰减：不考虑时间衰减。

假设浏览分值为 1 分，采用指数衰减，C 为 7，则小明：

- 对 20210610 浏览的 Huawei P40 Pro 的打分 $= 1 \times \exp(-10 / 7) \approx 0.24$
- 对 20210605 浏览的 iPhone 12 的打分 $= 1 \times \exp(-15 / 7) \approx 0.12$

- **打分合并**

至此，我们还剩下最后一个问题需要解决——如果用户对某个物品有多种行为，比如表 2-5 中，小明既浏览了 Huawei P40 Pro 又购买了 Huawei P40 Pro，这时小明对于 Huawei P40 Pro 的打分该如何处理呢？对于这种情况，一般可以尝试以下几种打分合并策略。

- 打分累加：比如小明 20210610 的 Huawei P40 Pro 的浏览行为根据指数衰减后的打分为 0.24 分，对 20210611 的 Huawei P40 Pro 的购买行为根据指数衰减后的打分为 1.28 分，则小明对 Huawei P40 Pro 的打分为 $sum(1.28, 0.24) = 1.52$ 分。
- 打分最大值：很好理解，取用户对同一物品打分中最高的那个作为最终打分。按照这种策略，小明对 Huawei P40 Pro 的打分为 $max(1.28, 0.24) = 1.28$ 分。

至此，经过**确定行为分值**、**行为时间衰减**和**打分合并**三步后，我们可以按照这个逻辑将表 2-5 的原始行为数据转化为**用户对物品的打分数据**，用这份数据来衡量用户的喜好，并且基于它来计算物品之间的相似度。

 假设经过打分**三步走**后，得到了如下打分逻辑。

(1) 确定行为分值：浏览行为 1 分，购买行为 5 分。
(2) 行为时间衰减：指数衰减，参数 C 为 7，即一周衰减 $1/3$。
(3) 打分合并策略：最高打分。

将上述打分逻辑应用到表 2-5，得到了表 2-6——用户物品打分表。

表 2-6 用户物品打分表

用　　户	物　　品	打　　分
小明	Huawei P40 Pro	1.28
小明	iPhone 12	0.12
小明	iPad	0.05
小明	吸尘器	0.00001
小明	空气净化器	0.00002
小暗	《操作系统原理》	0.0033
小暗	iPhone 12	0.0067
小暗	Huawei P40 Pro	0.07
小暗	香皂	1
……	……	……

2.2.2 物品相似度

为了掌握物品相似度的计算逻辑，我们从最简单的情况开始——假设只有小明一个用户，他的打分集合如表 2-7 所示。

表 2-7 小明的打分集合

用　　户	物品打分集合
小明	Huawei P40 Pro：1.28　iPhone 12：0.12　iPad：0.05　吸尘器：0.00001　空气净化器：0.00002

从同一个人的视角出发，他对两个物品的打分越接近，这两个物品在他的眼里就越相似，因此我们可以通过同一个用户对不同物品的打分，去计算物品之间的相似度。具体的计算逻辑可以参考以下几种策略。

- 分差：相似度[物品 1，物品 2] = 1 / (1 + |打分 1 − 打分 2|)，通过打分的差去计算相似度，分差越小，相似度越高。
  - 相似度[Huawei P40 Pro, iPhone12] = 1 / (1 + |1.28 − 0.12|) ≈ 0.46
  - 相似度[iPhone 12, iPad] = 1 / (1 + |0.12 − 0.05|) ≈ 0.93
- 倍数：相似度[物品 1，物品 2] = 1 / (1 + |$\log_2$(打分 1 / 打分 2)|)，通过打分的倍数去计算相似度，倍数越大，相似度越低。
  - 相似度[Huawei P40 Pro, iPhone12] = 1 / (1 + |$\log_2$(1.28 / 0.12)|) ≈ 0.23
  - 相似度[iPhone 12, iPad] = 1 / (1 + |$\log_2$(0.12 / 0.05)|) ≈ 0.44
- 其他：只要能够满足**分数越接近，相似度越高**的计算方法，都可以尝试。

上述计算逻辑仅仅作为一个示例，根据分值得到相似度的计算方法实在太多了。

通过**分差法**以及小明的打分集合，可以计算出物品相似度，表 2-8 为计算结果（保留 Top 3）。

表 2-8　根据小明的打分集合计算出的物品相似度

物品 1	物品 2	相似度
Huawei P40 Pro	iPhone 12	0.46
Huawei P40 Pro	iPad	0.45
Huawei P40 Pro	吸尘器	0.43
吸尘器	空气净化器	0.99
吸尘器	iPad	0.95
吸尘器	iPhone 12	0.89
……	……	……

按照相同的计算逻辑，可以计算出只有小暗一个用户时的物品相似度。表 2-9 为小暗的物品打分集合，据此计算出的物品相似度如表 2-10 所示。

表 2-9　小暗的打分集合

用　户	物品打分集合
小暗	《操作系统原理》：0.0033　iPhone 12：0.0067　Huawei P40 Pro：0.07 香皂：1

表 2-10　根据小暗的打分集合计算出的物品相似度

物品 1	物品 2	相似度
Huawei P40 Pro	iPhone 12	0.94
Huawei P40 Pro	《操作系统原理》	0.937
Huawei P40 Pro	香皂	0.52
……	……	……

对比表 2-8 和表 2-10，我们会发现，只有 [Huawei P40 Pro, iPhone 12] 这一对物品同时出现在小明和小暗的个人物品相似度表中，对应的相似度分别为 0.46 和 0.94。如果要计算 [Huawei P40 Pro, iPhone 12] 的最终相似度，那么就需要处理所有用户下（这里只有小明和小暗）这一对物品的相似情况。这里我们简单地对两个相似度求平均，得到最终的相似度，即：

相似度 [Huawei P40 Pro, iPhone 12] = (小明眼中的 [Huawei P40 Pro, iPhone 12] 的相似度 + 小暗眼中的 [Huawei P40 Pro, iPhone 12] 的相似度) / 2

我们以电商为例，总结上述计算过程如下。

假设存在 4 张用户行为表：浏览表、加购表、收藏表以及购买表，那么

(1) 根据**分行为打分**策略，将所有用户的隐式反馈转化为显示反馈，得到用户的打分表；

(2) 根据单个用户的物品打分集合，计算物品相似度，得到 [物品 ID1, 物品 ID2] → 相似度 SIM；

(3) 以 [物品 ID1, 物品 ID2] 为 Key，聚合相同的 Key 对应的相似度集合 [SIM1, SIM2, SIM3, ⋯]；

(4) 对第 (3) 步中得到的相似度集合求平均，即可得到 [物品 ID1, 物品 ID2] 最终的相似度。

图 2-9 展示了上述过程在各个步骤中的数据变化情况。

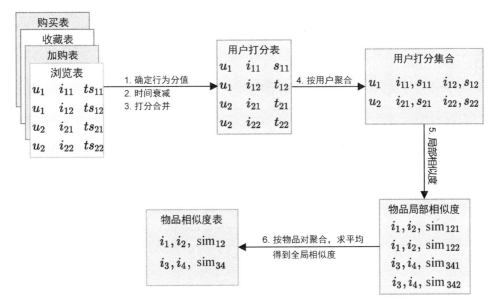

图 2-9　物品相似度计算过程

　　到这里，Item-Based CF 算法的原理就基本讲述完毕了，最重要的是用户打分策略的制定直接关系到算法最终的质量。但是算法的原理是一回事儿，算法的实现又是另外一回事儿。现实世界中的数据中有很多无效的脏数据，同时伴随着数据量的极速增长，算法能否在可接受的时间内运行结束也是一个问题。所有这些问题都是接下来这一节需要解决的。

2.3　算法实现

　　在写代码之前，我们再将协同过滤的算法逻辑梳理一遍，一旦梳理清楚，只要对照每一步要完成的目标，利用代码实现即可。

Item-Based CF 算法逻辑

UID 为用户 ID，IID 为物品 ID，S 为打分，SIM 为相似度。

步骤 1：根据用户行为得到用户物品打分表。

UID, IID, S

步骤 2：根据 UID 聚合，得到如下数据 UID, [IID:S, IID:S, …]。

步骤 3：根据相似度计算公式，计算单个用户下的物品相似度，称为局部相似度，得到如下数据：IID1, IID2, SIM1。

步骤 4：将 IID1 和 IID2 作为 Key，聚合得到如下数据：IID1, IID2, [SIM1, SIM2, …, SIMN]。

步骤 5：每一对 [IID1, IID2] 的局部相似度集合求平均，得到最终的全局相似度 IID1, IID2, SIM。

步骤 6：对每个 IID，取与其最相似的 N 个物品，得到 Top N 相似度表。

2.3.1   步骤 1：数据源读取

用户打分表见表 2-6，假设此表已经存储在 Hive（或者类似的分布式存储系统）中，表名为 recsys.data_itemcf，表的元数据如表 2-11 所示。

表 2-11   打分表字段及格式

字　段 表　名	user	item	score
recsys.data_itemcf	字符串	字符串	浮点型

首先初始化 Spark Session 并读取 Hive 表数据，代码如下：

```
spark_session = (SparkSession.builder.appName('item_cf').master('yarn')
                .config('spark.serializer', 'org.apache.spark.serializer.KryoSerializer')
                .config('spark.network.timeout', '600')
                .config('spark.driver.maxResultSize', '5g')
                .enableHiveSupport().getOrCreate())

data_set = spark_session.sql("select user, item, score from recsys.data_itemcf")
```

2.3.2   步骤 2：聚合用户行为

接下来需要对同一个用户的打分进行聚合，将分散在多个分区（partition）的同一个用户的数据聚合在一起。

因为 Spark 将海量数据分布在各个分区中，所以同一个用户的数据可能会存在于多个分区中，在做聚合时，需要两步走（代码如下所示）：

(1) 先在**分区内**将同一个用户的数据合并，这样一个分区内一个用户只有一条记录；

(2) 再在**分区间**将同一个用户的数据合并，这样整个数据中同一个用户只有一条记录。

```python
def _collection_append(collection, element):
    collection.append(element)
    return collection

def _collection_merge(collection1, collection2):
    collection1.extend(collection2)
    return collection1

data_set = (data_set
            .rdd
            .map(lambda record: (record.user, (record.item, record.rating)))
            .aggregateByKey([],
                            _collection_append, # 1
                            _collection_merge) # 2
            # record: [[user, items], [user, items]]
            # 至少消费 2 个物品, record[1] 对应的是 items
            .filter(lambda record: len(record[1]) >= 2)) # 3
```

❏ 注释 # 1 是告诉 Spark **分区内**同一个 Key（用户）如何合并，这里我们把一个分区内同一个用户的记录放在一个集合中。

❏ 注释 # 2 是告诉 Spark **分区间**同一个 Key（用户）如何合并，这里我们把不同分区间同一个用户对应的集合连接起来。

❏ 注释 # 3 过滤掉只消费过 1 个物品的用户。根据协同过滤的计算逻辑，想要计算同一个用户下的物品相似度，单个用户至少需要消费 2 个物品。

2.3.3 步骤 3：局部物品相似度

经过上一步的处理，现在同一个用户的行为记录都聚合在了一起，可以从单个用户的角度去计算物品与物品之间的相似度了，代码如下所示：

```python
def _sim_from_one_user(user_item_ratings):
    user, item_ratings = user_item_ratings
    size = len(item_ratings)
    # itertools.combinations(elements, 2) 函数返回集合内元素的两两排列组合
    # 遍历 combinations 生成的两两组合
    for (item_rating1, item_rating2) in itertools.combinations(item_ratings, 2): # 1
        # 每个 item_rating 都是 (item, rating) 的二元组
        item1, rating1 = item_rating1
        item2, rating2 = item_rating2

        # 采用得分绝对差值计算相似度
```

```
        local_similarity = 1 / (1 + math.fabs(rating1 - rating2))
        # 得到单个用户下物品的两两相似度，key 为 (item1, item2)，value 为单个用户视角下的物品相似度
        yield (item1, item2), local_similarity

# 得到所有用户的局部物品相似度
item_sim_from_one_user = data_set.flatMap(_sim_from_one_user)
```

❑ 注释 # 1：combinations(elements, 2) 函数会生成集合内元素的两两排列组合，比如
  combinations([1, 2, 3, 4], 2) => (1,2), (1,3), (1,4), (2,3), (2,4), (3,4)，恰好满
  足在同一个用户下计算物品两两相似度的需求。

2.3.4　步骤 4 和步骤 5：全局物品相似度

到这里，已经有了两两物品对的相似度，但是存在多条记录，比如物品 1 和物品 2 在用户 A
下有一条相似度记录，在用户 B 下也可能有一条相似度记录。为了遵从"物以类聚，人以群分"
的原则，需要将相同两两物品对在所有用户下的相似度聚合后求平均，比如将用户 A 和用户 B 下
物品 1 和物品 2 的两条相似度求平均，就得到了物品 1 和物品 2 的全局相似度，代码如下所示：

```
def _item_sim(pair_similarities): # 1
    (item1, item2), similarities = pair_similarities
    avg_sim = sum(similarities) / len(similarities)
    return (item1, item2, avg_sim), (item2, item1, avg_sim)

item_similarity = (item_sim_from_one_user
                    .aggregateByKey([],
                                    _collection_append,
                                    _collection_merge)
                    .flatMap(_item_sim)
                    .toDF(["item1", "item2", "sim"]))
```

终于得到了协同过滤算法生成的物品相似度表，但是好事多磨，上述代码在物品量小的时候
可以很好地运转，但是当物品量增长到一定程度时，这段代码运行缓慢，甚至有时候会失败，问
题究竟出在哪里呢？

答案就是：如果同一个物品对同时出现的次数非常多，# 1 处的 pair_similarities 会非常
大，很容易造成 OOM 或者程序运行特别慢。因此我们可以思考能不能摆脱将所有记录集中在一
起这样的处理方式。

优化思路如下。

❑ 聚合时，不保留相似度数组，只累加相似度值以及 [物品 1，物品 2] 同时出现的次数。

❑ 最终按照相似度平均公式计算相似度：$\dfrac{\text{SIM1}+\text{SIM2}+\cdots+\text{SIM}N}{N}$，分子为相似度值的累加，
  分母为[物品 1，物品 2]同时出现的次数。

根据此优化思路，对上述计算物品相似度的代码稍做优化。当数据量特别大时，优化后的代码运行速度远超优化前的代码：

```python
def _intra_partition(sim_sum_count, local_sim):
    sim_sum, count = sim_sum_count
    return sim_sum + local_sim, count + 1

def _inter_partition(sim_sum_count1, sim_sum_count2):
    sim_sum1, count1 = sim_sum_count1
    sim_sum2, count2 = sim_sum_count2
    return sim_sum1 + sim_sum2, count1 + count2

def _item_sim(pair_sim_sum_count):
    (item1, item2), (sim_sum, count) = pair_sim_sum_count

    sim = sim_sum / count
    return (item1, item2, sim), (item2, item1, sim) # item1 和 item2 的相似度与 item2 和 item1 的
                                                     # 相似度是一样的

item_similarity = (item_sim_from_one_user
                    .aggregateByKey((0.0, 0),
                                    _intra_partition,
                                    _inter_partition)
                    .flatMap(_item_sim)
                    .toDF(["item1", "item2", "sim"]))
```

2.3.5 步骤 6：Top *N*

在协同过滤算法正式上线前，还有最后一步工作需要做。

如表 2-1 所示，每个物品，有可能会计算出数以万计的相似物品，但是在实际应用中，不可能保留这么多的相似物品，一般会选择 Top *N*，代码片段如下所示，*N* 设置为 10：

```python
top_n = 10

window = Window.partitionBy(item_similarity.item1).orderBy(item_similarity.sim.desc())
item_top_n_similarity = (item_similarity
                            .select('*', rank().over(window).alias('rank'))
                            .filter(col('rank') <= top_n)
                            .select("item1", "item2", "sim"))
item_top_n_similarity.write.mode("overwrite").saveAsTable("recsys.model_itemcf")
```

这一步完成后，我们得到了一个线上可用的协同过滤算法结果表。但是这个算法的最终结果依然有不少可以优化的地方。

2.4 算法优化

在探讨具体的优化策略之前，先来看看百分位数的概念。

假设有一个集合，内部元素都是数字，第 *i* 个百分位数的值等于 *j* 的意思是：**有百分之 *i* 个数的值小于 *j***。比如，集合大小是 150，第 10 个百分位数对应的数值是 20，说明集合中 10% 的数小于 20；第 99 个百分位数对应的数值是 100，说明集合中 99% 的数小于 100。

2.4.1   无效用户过滤

首先，按照用户聚合，统计数据集内每个用户消费的物品个数：

```
-- 数据集如表 2-5 所示
SELECT
COUNT(DISTINCT item) AS item_count
FROM user_log_table
GROUP BY user;
```

在此基础上可以统计每个用户消费的物品个数对应的百分位数，过滤掉消费过多或者过少的用户，比如过滤掉大于 99.9 百分位数或者小于 1 百分位数的用户，可以认为这些是异常用户，他们的数据对算法来说是一定程度的噪声，查询语句如下：

```
SELECT
PERCENTILE_APPROX(item_count, array(0.01, 0.25, 0.5, 0.75, ,0.999, 1.0),9999) as percentiles
FROM (
    SELECT
    COUNT(DISTINCT item) AS item_count
    FROM user_log_table
    GROUP BY user
) user_item_count;
```

> 消费行为过多的用户，可能是爬虫用户或者黄牛客，这些用户会带来非常多的数据，但是算法开发者需要能够甄别出此类数据，否则会对算法结果产生负面影响。

2.4.2   热门惩罚

所谓的热门惩罚，分为热门用户惩罚和热门物品惩罚。

对于消费行为越多的用户，我们认为利用他的数据计算出的物品相似度要打点儿折扣，比如电商中经常做代购的用户或者经常从网上进货的店主，这样的用户，其行为非常多且很杂乱，那么据此计算出的相似度需要降权/惩罚。

同理，日用品或者消耗品，比如牙膏、大米、纸巾等，它们与其他物品同时出现的次数非常多；再比如，短视频领域，一些热度爆表的短视频会迅速传播，结果可能是几乎每个用户都会去消费它。也就是说，从协同过滤计算逻辑来看，热门物品几乎会和任何物品产生**相似性**，那么这样的物品在与其他物品计算相似度时也需要降权/惩罚。

2.5　完整代码

我们将 2.3 节中的代码片段以及 2.4 节中的优化策略整合在一起后，对代码稍加整理，得到了最终协同过滤算法的实现代码：

```python
# -*- coding: utf-8 -*-
import math
import itertools
from pyspark.sql import SparkSession
from pyspark.sql.window import Window
from pyspark.sql.functions import countDistinct, rank, col


"""
spark: 2.4.0
python: 3.6
"""


class ItemCF:
    def __init__(self, spark, table,
                 user_col='user', item_col='item', rating_col='rating',
                 top_n=10, lower=2, upper=3000):
        self._spark = spark
        self._table = table
        self._user_col = user_col
        self._item_col = item_col
        self._rating_col = rating_col
        self._top_n = top_n
        self._lower = lower
        self._upper = upper

    def _data_set(self):
        return self._spark.sql(f'select {self._user_col}, {self._item_col}, '
                               f'{self._rating_col} from {self._table}')

    def _clean_data_set(self):
        data_set = self._data_set()
        # 过滤无效用户
        invalid_users = (data_set
                         .groupBy(self._user_col)
                         .agg(countDistinct(self._item_col).alias('item_count'))
                         .filter(f'item_count < {self._lower} and item_count > {self._upper}')
                         .select(self._user_col).collect())

        invalid_users = [record.user for record in invalid_users]
        invalid_users = self._spark.sparkContext.broadcast(invalid_users)
        data_set = (data_set
                    .filter(~data_set
                            .user
                            .isin(invalid_users.value)))

        # 热门物品惩罚，统计每个物品的消费人数
        item_count = (data_set
```

```
                        .groupBy(self._item_col)
                        .agg(countDistinct(self._user_col).alias('user_count'))
                        .select(self._item_col, 'user_count')
                        .rdd
                        .collectAsMap())

        item_count = self._spark.sparkContext.broadcast(item_count)

        def _collection_append(collection, element):
            collection.append(element)
            return collection

        def _collection_merge(collection1, collection2):
            collection1.extend(collection2)
            return collection1

        data_set = (data_set
                    .rdd
                    .map(lambda record: (record.user, (record.item, record.rating)))
                    .aggregateByKey([],
                                    _collection_append,
                                    _collection_merge)
                    # record: [[user, items], [user, items]]
                    # 至少消费 2 个物品
                    .filter(lambda record: len(record[1]) >= 2))

        return item_count, data_set

    @property
    def similarities(self):
        item_count, data_set = self._clean_data_set()

        def _sim_from_one_user(user_item_ratings):
            user, item_ratings = user_item_ratings
            # 单个用户消费的物品个数
            size = len(item_ratings)
            for (item_rating1, item_rating2) in itertools.combinations(item_ratings, 2):
                item1, rating1 = item_rating1
                item2, rating2 = item_rating2

                # 惩罚热门用户
                local_similarity = 1 / (1 + math.fabs(rating1 - rating2)) / math.log1p(size)

                yield (item1, item2), local_similarity

        item_sim_from_one_user = data_set.flatMap(_sim_from_one_user)

        def _intra_partition(sim_sum_count, local_sim):
            sim_sum, count = sim_sum_count
            return sim_sum + local_sim, count + 1

        def _inter_partition(sim_sum_count1, sim_sum_count2):
            sim_sum1, count1 = sim_sum_count1
            sim_sum2, count2 = sim_sum_count2
            return sim_sum1 + sim_sum2, count1 + count2
```

```python
    def _item_sim(pair_sim_sum_count):
        (item1, item2), (sim_sum, count) = pair_sim_sum_count
        item_count1 = item_count.value[item1]
        item_count2 = item_count.value[item2]

        # 热门物品惩罚
        sim = sim_sum / count / math.sqrt(item_count1 * item_count2)
        return (item1, item2, sim), (item2, item1, sim)

    item_similarity = (item_sim_from_one_user
                        .aggregateByKey([0.0, 0],
                                        _intra_partition,
                                        _inter_partition)
                        .flatMap(_item_sim)
                        .toDF(["item1", "item2", "sim"]))

    window = (Window
                .partitionBy(item_similarity.item1)
                .orderBy(item_similarity.sim.desc()))

    item_top_n_similarity = (item_similarity
                                .select('*', rank()
                                        .over(window)
                                        .alias('rank'))
                                .filter(col('rank') <= self._top_n)
                                .select("item1", "item2", "sim"))

    return item_top_n_similarity


if __name__ == '__main__':
    spark_session = (SparkSession
                        .builder
                        .appName('item_cf')
                        .master('yarn')
                        .config('spark.serializer',
                                'org.apache.spark.serializer.KryoSerializer')
                        .config('spark.network.timeout', '600')
                        .config('spark.driver.maxResultSize', '5g')
                        .enableHiveSupport()
                        .getOrCreate())

    item_cf = ItemCF(spark=spark_session,
                    table='recsys.data_itemcf')

    similarities = item_cf.similarities

    (similarities
     .write
     .mode("overwrite")
     .saveAsTable("recsys.model_itemcf"))

    spark_session.stop()
```

由算法的原理可知，协同过滤计算量巨大，因为要计算两两物品的相似度，这几乎是 $O(n^2)$ 的时间复杂度，n 是物品个数。当物品量很大时，一般会采用天级别的运行周期来更新物品的相似度。但是当物品的上线和下线都非常频繁时，这种更新速度很可能无法满足业务需求，怎样让算法不再一天更新一次，而是能够做到准实时（比如分钟级）更新呢？

2.6　准实时更新

准实时指的是秒级或者分钟级更新，这里我们把它称作增量更新。2.3 节中的更新为全量更新——使用全量数据，从零计算。然而线上的增量更新需要以全量更新的结果为基础。

 实际工程中这种准实时的更新一般采用的技术栈是：HBase/Redis、Kafka、Spark Streaming/Flink。

篇幅所限，本书不会详述上述技术框架的使用方法。

在详细讲述增量更新的思路之前，先要弄清楚线上的数据流是什么样子的，如图 2-10 所示。

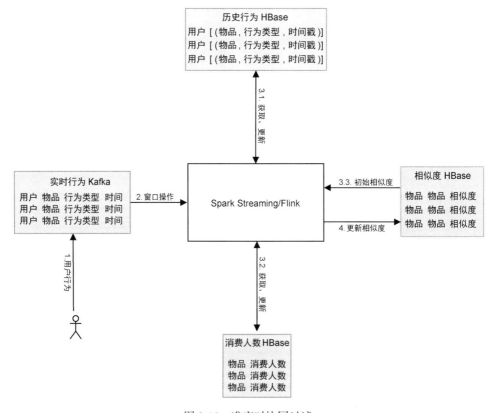

图 2-10　准实时协同过滤

图 2-10 展示的具体过程描述如下。

(1) 用户的行为通过手机或者 PC 等终端上报到服务器，Kafka 不断接收用户行为。

(2) 流处理程序（Spark Streaming/Flink）将流数据通过窗口操作转换成批数据（一般以分钟粒度为一个窗口）。

(3) 开始获取更新物品相似度所需要的一切数据。

读者可以稍作思考：为什么需要下面这三份数据？

1) 批数据中用户的历史行为（图 2-10 中的 3.1）。

从存储和计算性能角度考虑，一般单个用户的历史行为最多可以存储 M 条或者 N 天的数据。

2) 批数据中用户的实时行为和历史行为中的物品对应的消费人数（图 2-10 中的 3.2）。

3) 批数据中物品的两两相似度（图 2-10 中的 3.3）。

(4) 更新物品相似度、用户历史行为以及物品的消费人数。

我们将通过一个具体示例来说明协同过滤的增量更新是如何完成的。

2.6.1 数据准备

按照流程第 (3) 步中提到的那样，我们需要准备三份数据——用户历史行为、消费物品的人数和全量物品离线相似表——它们都存储在 HBase 中。

> 这里只是用 HBase 来演示说明，读者可以结合自身情况选择适合的数据库。可以简单地认为 HBase 是一个超大的 KV 数据库，本节中关于 HBase 的表格，第一列均为 HBase 的 Key，第二列可以简单理解为 Key 对应的 Value，这里用的 Key 是明文，一般工程中使用的是 MD5 等分布比较均匀的值，以降低数据倾斜的概率。

用户历史行为中存储的数据如表 2-12 所示，Key 是用户 ID，Value 是该用户的历史行为，格式为[(物品, 行为类型, 行为时间)、……]。

消费物品的人数中存储的数据如表 2-13 所示，Key 是物品 ID，Value 是消费该物品的人数。

全量物品离线相似表中存储的数据如表 2-14 所示，Key 是两个物品 ID，Value 是离线计算出来的这两个物品的全局相似度，这份数据可以通过离线 Hive 表同步到 HBase 中。

表 2-12　用户行为 HBase

rowkey	history
小明	[(Huawei P40 Pro, 浏览, 20210610)、(iPhone 12, 浏览, 20210615)、(iPad, 浏览, 20210530)]

表 2-13   消费物品的人数

rowkey	users
Huawei P40 Pro	1000
iPhone 12	800
iPad	500

表 2-14   全量物品离线相似表

rowkey	sim
Huawei P40 Pro, iPhone 12	0.05
iPhone 12, iPad	0.04
Huawei P40 Pro, iPad	0.03

2.6.2   实时数据取数逻辑

首先处理用户历史行为。假设以 5 分钟为一个窗口（window），生成了一份批数据：

[小明, Huawei P40 Pro, 购买, 20210620] [小明，三体，浏览，20210620]

那么，实时数据的取数逻辑是：从**用户历史行为 HBase** 中获取小明的历史行为，与实时行为合并，则小明的行为数据变为

[(Huawei P40 Pro, 购买, 20210620)、(iPhone 12, 浏览, 20210615)、(iPad, 浏览, 20210530)、(三体, 浏览, 20210620)]。

注意，Huawei P40 Pro 同时存在于历史行为和实时行为中，因此这里我们采用最大合并而不是求和合并。

然后取出消费物品的人数。这里有三个物品，分别是 Huawei P40 Pro、iPhone 12 和《三体》。从**消费物品的人数 HBase** 获取它们的历史消费人数：

USERS_HuaweiP40Pro = 1000 USERS_iPhone12 = 800 USERS_三体 = 0

2.6.3   准实时更新相似度

我们再对两两物品相似度的计算公式稍微加以总结。

(1) 计算局部相似度：单个用户下的物品相似度，这里就是 $\text{SIM}_{小明}$。

(2) 计算全局相似度：考虑热门物品惩罚，则公式为

$$\text{SIM}(\text{item}_1, \text{item}_2) = \frac{\sum_{\text{user}=1}^{n} \text{SIM}_{\text{user}}}{\sqrt{\text{count}_{\text{item}_1} \times \text{count}_{\text{item}_2}}} \tag{2-1}$$

观察式 (2-1)，为了更新物品 1 和物品 2 的相似度，只要更新分子和分母即可。分子和分母怎么更新呢？只要拿到原始数据，再加上新增数据即可，即：

$$\text{NEW\_SIM}(\text{item}_1, \text{item}_2) = \frac{\text{SUM\_SIM}_{\text{new\_users}} + \sum_{\text{user}=1}^{n} \text{SIM}_{\text{user}}}{\sqrt{\text{new\_count}_{\text{item}_1} \times \text{new\_count}_{\text{item}_2}}}$$

$$\text{SUM\_SIM}_{\text{new\_users}} = \sum_{\text{new\_user}=1}^{m} \text{SIM}_{\text{new\_user}}$$

$$\text{new\_count}_{\text{item}} = \text{count}_{\text{item}} + \text{window\_count}_{\text{item}}$$

以 Huawei P40 Pro 和 iPhone 12 为例，两者的相似度准实时更新逻辑如下。

相似度计算公式采用：$\text{SIM}(\text{item}_1, \text{item}_2) = \dfrac{1}{\left(1 + \left|\text{score}_{\text{item}_1} - \text{score}_{\text{item}_2}\right|\right) \times \log_2(\text{用户消费的物品个数})}$

$$\text{OLD\_USERS\_HuaweiP40Pro} = 1000$$
$$\text{OLD\_USERS\_iPhone12} = 800$$
$$\text{OLD\_SIM} = 0.05$$
$$\text{OLD\_SUM} = \text{OLD\_SIM} \times \sqrt{\text{OLD\_USERS\_HuaweiP40Pro} \times \text{OLD\_USERS\_iPhone12}}$$
$$\approx 44.721$$
$$\text{NEW\_USERS\_HuaweiP40Pro} = 1000 + 1 = 1001$$
$$\text{NEW\_USERS\_iPhone12} = 800 + 0 = 800$$

$$\text{SIM}_{\text{小明}} = \frac{1}{\left(1 + |5-1|\right) \times \log_2(3+1)} = 0.1 \quad //\text{ 3个已有物品+1个《三体》}$$

$$\text{NEW\_SIM} = \frac{\text{OLD\_SUM} + \text{SIM}_{\text{小明}}}{\sqrt{\text{NEW\_USERS\_HuaweiP40Pro} \times \text{NEW\_USERS\_iPhone12}}}$$

$$= \frac{44.721 + 0.1}{\sqrt{1001 \times 800}}$$

$$\approx 0.0501$$

瞧，Huawei P40 Pro 与 iPhone 12 在全量物品离线相似表中的相似度为 0.05，增量更新后修正为 0.0501 了。

当一个窗口的数据处理完成后，HBase 中的以下数据会更新：用户行为、消费物品的人数和物品相似度。

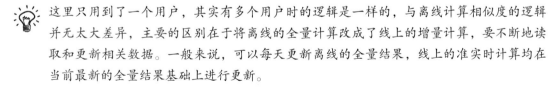 这里只用到了一个用户，其实有多个用户时的逻辑是一样的，与离线计算相似度的逻辑并无太大差异，主要的区别在于将离线的全量计算改成了线上的增量计算，要不断地读取和更新相关数据。一般来说，可以每天更新离线的全量结果，线上的准实时计算均在当前最新的全量结果基础上进行更新。

2.7　总结

❑ 基于邻居决策的协同过滤算法在当今的推荐系统中依然广泛使用。它不仅可以计算物品相似度，还可以计算用户相似度，优点在于简单易用，通常来说效果也不会太差，不过缺点也很明显：对于没有用户行为的新品，它显得无能为力。

❑ 用户的反馈一般分成显式和隐式两种。在推荐领域，对于像电商、短视频、社交等业务场景，隐式反馈占据着绝对的比重，因此在建模时需要算法工程师通过对业务的理解将隐式反馈的数据转化为显示反馈。

❑ 计算用户对物品的打分时，一个合理的打分策略会决定算法结果的好坏，比如每种用户行为（点击、加购、收藏、购买等）应该如何确定分值、用户行为距离当前时刻的时长、用户对同一个物品存在多种行为等因素都需要在处理数据时详加考虑，因为这些都是在真正运行算法得到结果之前需要确定的事项，最好能够在分析完毕之后再进行后续的动作。

❑ 计算物品相似度时，先计算单个用户下两两物品的局部相似度，再将局部相似度进行聚合，得到两两物品的最终相似度。

❑ 算法优化方面，对于无效用户的去除是提高算法质量的一个很重要的手段，同时针对行为过多的用户以及过于流行的物品，也需要施加相应的惩罚。实践证明这种热门惩罚有助于提升效果。

❑ 如果每天更新物品相似度满足不了业务需求，那么可以考虑采用实时增量更新的方式，其优点是算法能捕获到用户行为的即时变化，缺点是提高了对于工程实现方面的要求。

第 3 章

关联规则

打开手机京东，点击一本叫作《影响力》的书，然后一直往下翻，翻过商品详情页时会出现**看了又看**小板块，如图 3-1 所示。

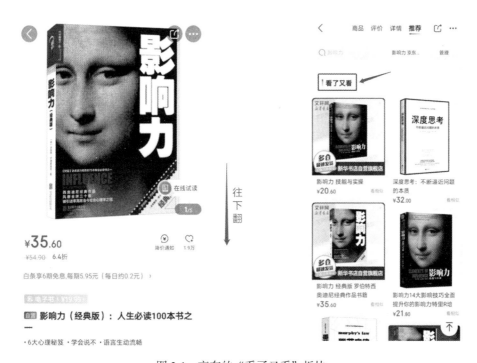

图 3-1 京东的"看了又看"板块

打开亚马逊网站，点击游戏机，同样会出现**看了又看**，如图 3-2 所示。

仔细查看后，会发现这些推荐的物品，跟当前点击的物品可能相似，也可能不相似，但是它们看上去都彼此有些许关联——比如游戏机和 SSD 以及手柄等。那么，这种看着与当前的行为物品不相似却好像也有点儿关系的推荐策略是如何实现的呢？

图 3-2　亚马逊的"看了又看"板块

3.1　关联规则

当我们去商场/网上购物时，通常提前准备好了购物清单。比如学生可能会购买本子和笔，游戏达人可能置办游戏机及其外设，程序设计者可能会购买机械键盘、4K/8K 显示器等。了解这些购物规律（buying pattern）显然可以帮助商场/平台售卖出更多的商品。这些购物规律可以稍加总结：**用户在购买商品 X 时，是否会同时购买商品 Y ？**

如果商场/平台能够挖掘出类似的规律，当它发现用户经常将 X 和 Y 放在一起购买时，就可以做出如下决策：

- ❑ X 和 Y 可以摆放在同一个货架上/展示在网站同一页，道理不言而喻；
- ❑ 对于已经购买了 X 的目标群体，商场/平台可以向他们展示 Y 的广告；
- ❑ X 和 Y 可以捆绑销售；
- ❑ ……

上述**规律**，尤其对于电商来说极具商业价值，因为电商拥有更多的用户数据，可以更好地分析和挖掘数据，特别是在购物车、收藏和订单页，用户已经加购/收藏/购买商品 X 了，我们要做的不仅仅是推荐 X 的相似商品，还需要推荐与 X 经常一起出现在购物清单/愿望单/订单中的商品，即**相关商品**。

问题是，如何发现这种规律？怎样才能挖掘出物品与物品之间的**关联**？

3.1.1 定义

关联规则（association rule）是数据挖掘中最活跃的技术之一，用于从海量数据中发现事物与事物之间的关联，经典的**啤酒和尿不湿**的故事即是其体现。

啤酒和尿不湿的故事

"啤酒和尿不湿"的故事产生于 20 世纪 90 年代的美国沃尔玛超市。沃尔玛的数据分析师在分析销售数据时发现，每到星期五的晚上，尿不湿和啤酒的销售量会呈现出正向的关联性，也就是说每周五晚上两种产品的销量都会涨。

这种独特的销售现象引起了数据分析师的注意，经过后续调查发现，原来，美国的年轻妈妈们通常在家照顾孩子，所以她们经常会叮嘱丈夫在下班回家的路上为孩子买尿不湿，而丈夫在买尿不湿的同时又会顺手购买自己爱喝的啤酒。从时间上来看，尤其是星期五的晚上，父亲常常去超市购买尿不湿，顺便为周末看球提前购买啤酒。

后来沃尔玛采取销售捆绑策略，固定在每周五将啤酒和尿不湿摆放在一起进行售卖，通过它们之间的关联性，使得这两种产品的销量提升 30%。

"啤酒与尿不湿"的故事一度是营销界的神话，它的真实性已经不再重要，重要的是物品与物品之间确实存在某种关联关系，而这种关系需要算法工程师挖掘出来。

在深入介绍关联规则之前，先熟悉以下两个概念。

- transaction：一次交易，比如同时出现在购物清单中的商品集合可以称为一次交易，某个时间段观看的视频集合也可以称为一次交易。一个用户可以产生多个交易。
- itemset：项集，若干个物品的集合。如果这个集合长度为 k，那么就称它为 k-项集。

如表 3-1 所示，第一列是 transaction 名称，第二列是该 transaction 对应的物品集合。

表 3-1 transaction 数据

transaction	item	transaction	item
transaction 1	ABCD	transaction 5	AFC
transaction 2	ABC	transaction 6	AFC
transaction 3	AB	transaction 7	AF
transaction 4	BE	transaction 8	F

一般有以下三个指标来衡量物品与物品之间的相关性：支持度（support）、置信度（confidence）和提升度（lift）。

- **支持度**：这个指标用来衡量 itemset 的**流行度**，即 itemset 出现的次数在所有 transaction 中的占比，本质上是概率。比如表 3-1 中，物品 B 的支持度为：

$$support\{B\} = \frac{4}{8}$$

- **置信度**：这个指标用来衡量当 X 出现时，Y 也同时出现的可能性，表示为 {$X \to Y$}。计算方式为 X 和 Y 组合的整体支持度除以 X 的支持度，即可得到 {$X \to Y$} 的置信度。可以看出置信度就是条件概率 $P(Y/X)$，在表 3-1 中，{B $\to$ A} 的置信度为：

$$confidence\{B \to A\} = \frac{support\{B, A\}}{support\{B\}} = \frac{3/8}{4/8} = \frac{3}{4}$$

但是，稍加思考就会产生这样的疑问：这个指标真的什么问题都没有吗？如果 X 和 Y 都是特别热门的物品，比如都是常见的日用品或者热度爆表的视频，那么置信度就会很高（因为热门的物品可能会和很多物品同时出现在一次 transaction 中），但是可能两者并无关联。熟悉协同过滤算法之后，我们立刻就想到了热门物品惩罚，是的，在考虑了热门物品惩罚之后，置信度就会变成提升度。

- **提升度**：这个指标与置信度类似，但是要考虑 Y 的流行度，依然以表 3-1 中的 A 和 B 为例：

$$lift\{B \to A\} = \frac{support\{B, A\}}{support\{B\} \times support\{A\}} = \frac{confidence\{B \to A\}}{support\{A\}} = \frac{3/4}{3/4} = 1$$

计算出 {B $\to$ A} 的提升度等于 1，也就是 B 和 A 并没有什么关系。在计算 lift{$X \to Y$} 时，如果结果大于 1，则表明当 X 出现时，Y 有可能也会出现，否则 Y 出现的可能性就比较小了。

在掌握了以上三种指标之后，就可以介绍**频繁项集**（frequent itemset）的概念了。

3.1.2　频繁项集

如果项集的支持度和置信度都能满足一定的阈值，就可以称为频繁项集。

之所以只考虑满足条件的项集，一方面起到降低计算复杂度的作用，另一方面也可以去除噪声，从而提高算法结果质量。

整个关联规则挖掘最重要的就是从数据集中找到频繁项集：

(1) 找出数据集中所有大于或等于最低支持度的项集；

(2) 利用上一步中的项集生成关联规则，根据最低置信度（即过滤掉置信度小于一定阈值的项集）筛选得到强关联规则。

假设商店中总共有 10 个商品，那么到底一共有多少个这样的项集需要挖掘呢？我们来计算一下。

- □ 1-项集：含有 1 个商品的项集，需要挖掘的项集个数为 $C_{10}^{1} = 10$。
- □ 2-项集：含有 2 个商品的项集，需要挖掘的项集个数为 $C_{10}^{2} = 45$。
- □ ……
- □ 10-项集：含有 10 个商品的项集，需要挖掘的项集个数为 $C_{10}^{10} = 1$。

一共 1023 个。根据上述逻辑，具有 N 个商品的数据集需要计算支持度和置信度的项集总数为：

$$N(\text{itemset}) = C_N^1 + C_N^2 + \cdots + C_N^N = 2^N - 1$$

也就是说，如果不加任何限制，项集的遍历时间复杂度为 $O(2^N)$。这在实际应用中几乎是不可接受的，那么有没有办法提前减少肯定不是频繁项集的项集呢？

Apriori 算法便是能够降低时间复杂度的关联算法之一。

3.2　Apriori 算法

Apriori 算法基于这样一种思想：**如果一个项集不是频繁项集，那么所有包含此项集的项集都不是频繁项集。**

这就意味着，如果项集 {A} 不是频繁项集，那么 {ABCD}、{ABC}、{AB} 等所有包括 {A} 的项集均不是频繁项集，即这些项集不需要进行后续的计算了，很显然计算量会大幅减少。那么，这种算法的计算逻辑又是怎样的呢？接下来我们深入 Apriori 算法的细节，瞧一瞧这个算法的执行步骤。

3.2.1　频繁项集生成

这一步，主要是根据最低支持度生成频繁项集，计算逻辑如下：

(1) 求 k（初始值为 1) 项集的支持度，比如 {A} 和 {B} 等 1-项集的支持度；
(2) 过滤掉小于支持度阈值的项集；
(3) 使用第 (2) 步中得到的项集，排列组合所有可能的组合，得到 k+1-项集；
(4) 重复第 (2) 步和第 (3) 步，直到没有新的项集产生。

以表 3-1 为例，假设支持度阈值为 2/8，则具体生成频繁项集的过程如下。

(1) 求 1-项集的支持度：

项　集	{A}	{B}	{C}	{D}	{E}	{F}
support(2/8)	6/8	4/8	4/8	1/8	1/8	4/8

(2) 去除小于 2/8 的项集，得到：{A}、{B}、{C}、{F}。

(3) 排列组合第 (2) 步的项集，得到 1 + 1 = 2-项集，2-项集为：{AB}、{AC}、{AF}、{BC}、{BF}、{CF}。计算这些 2-项集的支持度：

项　集	{AB}	{AC}	{AF}	{BC}	{BF}	{CF}
support(2/8)	3/8	4/8	3/8	2/8	0/8	0/8

(4) 去除小于 2/8 的项集，得到：{AB}、{AC}、{AF}、{BC}。

(5) 排列组合第 (4) 步的项集，得到 2 + 1 = 3-项集，3-项集为：{ABC}、{ABF}、{ACF}、{BCF}。计算这些 3-项集的支持度：

项　集	{ABC}	{ABF}	{ACF}	{BCF}
support(2/8)	2/8	0/8	2/8	0/8

(6) 去除小于 2/8 的项集，得到：{ABC}、{ACF}。

(7) 排列组合第 (6) 步的项集，得到 3 + 1 = 4-项集，4-项集为：{ABCF}。计算该 4-项集的支持度：

项　集	{ABCF}
support(2/8)	0/8

(8) 去除小于 2/8 的项集，得到：{}。

(9) 算法结束。

因此根据最低支持度得到的所有（去除 1-项集后的）频繁项集如表 3-2 所示。生成频繁项集后，接下来的任务是从中挖掘出物品与物品之间的关联关系。

表 3-2　频繁项集

频繁项集	
2-项集	{AB}、{AC}、{AF}、{BC}
3-项集	{ABC}、{ACF}
最终结果	{AB}、{AC}、{AF}、{BC}、{ABC}、{ACF}

3.2.2 关联规则生成

基于表 3-2 的频繁项集，以置信度或者提升度为判定关联性强弱的标准，生成最终的物品与物品之间的关联关系。假设将置信度作为判定标准，具体的计算逻辑如下所示。

(1) 输入为上一节中的输出：{AB}、{AC}、{AF}、{BC}、{ABC}、{ACF}。

(2) 根据置信度的计算公式 $confidence\{X \rightarrow Y\} = \dfrac{support\{X, Y\}}{support\{X\}}$ ，依次计算所有输入的置信度：

- confidence{A → B} = support{AB} / support{A} = 1/2；
- confidence{A → C} = support{AC} / support{A} = 2/3；
- confidence{A → F} = support{AF} / support{A} = 1/2；
- confidence{B → C} = support{BC} / support{B} = 1/2；
- {ABC} 又可以分裂成 {A → BC}、{B → AC}、{C → AB} 等多种组合，分别计算每种组合的置信度。

  同理，{ACF} 也有 {A → CF}、{C → AF}、{F → AC} 等多种组合。

(3) 第 (2) 步结束后，所有 {X → Y} 的置信度均计算完毕，过滤小于置信度阈值的弱关联关系，得到最终的强关联关系。

(4) 挖掘结束。

最终生成了可供线上使用的物品关联关系，元数据如表 3-3 所示。

表 3-3 关联关系表

物品 1	物品 2	关联度
X	Y	confidence / lift

在线上服务时，与协同过滤类似，根据用户行为物品 X 来推荐与之关联度比较高的物品 Y。因此，对于关联规则，一般只计算 2-项集产生的关联规则，因为大多数时候我们只关注单个物品与单个物品之间的关联。

通过以上描述不难发现，Apriori 是一种优点和缺点都特别明显的算法：

❑ **优点**是简单易懂、易实现；

❑ **缺点**是当物品数量很多时，该算法每次计算排列组合时的计算量依然很大，而且在算法运行过程中每一步都需要计算支持度，每次计算都需要对数据集做全量扫描。

可以看出 Apriori 算法的主要问题在于多次扫描数据集，在海量数据下这种扫描显然不可接受，因此有没有这样一种算法，不需要多次扫描，运行速度可以大幅提高。答案是肯定的，这种算法有很多种，接下来详细介绍另外一种比较常用的关联规则算法——FPGrowth 算法。

3.3 FPGrowth

FPGrowth[①] 中的 FP 是 frequent pattern（频繁模式），频繁模式一般是指数据集中频繁出现的模式。我们知道，Apriori 算法为了找到**频繁项集**需要多次扫描整个数据集生成很多候选集，正是这一步极大地影响了算法的性能。FPGrowth 算法巧妙地避开了这一步：找到频繁模式并不需要多次扫描。整个 FPGrowth 算法的核心在于 FP 树的建立。

不明白 FP 树是什么也不用担心，后面会详细剖析。现在只要知道它是为了找到 FP 而构建的一种树形数据结构即可。

3.3.1 FP 树

图 3-3 就是一棵简单的 FP 树，现在我们可以暂时不用管它是怎么生成的。

FP 树中的每一个节点（除了根节点），比如 A、B、C 等，都是数据集中的具体物品，节点中的数字是**此物品在路径中出现的次数**。FP 树存在的意义就是用于挖掘数据中**最频繁的模式**（most frequent pattern）。

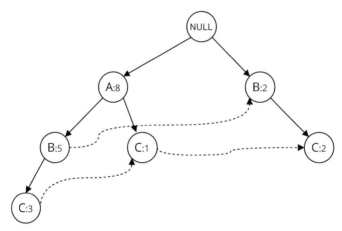

图 3-3 简单的 FP 树

有了 FP 树之后，FPGrowth 算法将会利用它来找到物品与物品之间的关联。

3.3.2 逻辑

前面提到 FPGrowth 算法不需要多次扫描整个数据集就可以找到频繁模式，原因是什么呢？了解算法的计算逻辑后，就知道答案了。FPGrowth 算法的计算逻辑如下。

---

① Jiawei Han, Jian Pei, Yiwen Yin. *Mining frequent patterns without candidate generation*, 2000.

(1) 与 Apriori 算法一样，首先需要**扫描全量数据集**，得到所有物品及其出现的次数，去除不满足最低支持度的物品。

(2) 然后再次**扫描全量数据集**，建立 FP 树：

　　1) 扫描第一个 transaction，将其中的物品按照次数降序排列，排序后将此记录插入到 FP 树的一根树枝上；

　　2) 扫描第二个 transaction，同样按照次数降序排列，插入到一根新的树枝上，如果此树枝上有物品与另一根树枝上的物品一样，那么此树枝与另一根树枝共享同一个祖先树枝；

　　3) 每插入一个节点，该节点对应的物品数就加 1；

　　4) 重复 1)～3)，直到扫描完整个数据集。

(3) 构建**条件 FP 树**，由条件 FP 树生成最终的频繁模式。

可见，FPGrowth 算法只需要扫描全量数据集 2 次即可完成，大大提高了挖掘速度。

不过上述算法逻辑的文字描述太过抽象、晦涩难懂，接下来以一个具体案例来演示 FPGrowth 算法的执行过程。

3.3.3　举例

任何算法都需要数据集，FPGrowth 当然也不例外，与 Apriori 算法的数据集类似，依然需要构造**交易数据集**。假设交易数据集如表 3-4 所示，这份数据集共有 10 个 transaction 和 8 个物品。

 可以暂时不用关心数据集是如何生成的，后面会详细说明如何构造数据集。

表 3-4　关联规则数据集

transaction	item	transaction	item
transaction 1	ABF	transaction 6	ABCD
transaction 2	BCD	transaction 7	A
transaction 3	ACDE	transaction 8	ABCG
transaction 4	ADE	transaction 9	ABD
transaction 5	ABCH	transaction 10	BCE

按照 3.3.2 节的算法逻辑，一步一步根据表 3-4 来剖析利用 FPGrowth 算法生成关联规则的过程。

1. 步骤 1：物品出现次数统计

扫描表 3-4 的交易数据表，很容易得到各个物品的出现次数，如表 3-5 所示。最低支持度设置为 2/10，则表 3-5 中不满足最低支持度的使用删除线标记，剩下的有效物品为 ABCDE。

表 3-5 物品的出现次数

item	count	item	count
A	8	E	3
B	7	F̶	1̶
C	6	G̶	1̶
D	5	H̶	1̶

2. 步骤 2：构建 FP 树

开始构建 FP 树，需要再次扫描表 3-4 的数据。

初始的 FP 树是一棵空树，如图 3-4 所示，只有一个 NULL 节点。

图 3-4 FP 树根节点

(1) 扫描第 1 个 transaction，去除其中的无效物品，同时根据物品次数降序排序，结果如下。

transaction	原始	过滤排序后
transaction 1	ABF	AB

将这条记录插入图 3-4 的 FP 树中，新增节点中的物品 count 初始均为 1，如图 3-5 所示。

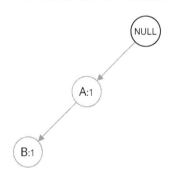

图 3-5 第 1 个 transaction

(2) 扫描第 2 个 transaction（与第 (1) 步一样，需要去除无效物品、根据物品次数降序排序等操作，后续就不再赘述了），结果如下。

transaction	原始	过滤排序后
transaction 2	BCD	BCD

将这条记录插入图 3-5 的 FP 树中。插入 B，因为并没有与根节点直接相连的 B 节点，所

以新建一个 B 节点作为根节点的孩子节点，并依次将 C 节点和 D 节点插入。新插入的三
个节点的 count 均为 1，形成了一条新的路径 NULL→B→C→D。

同时，另一根树枝上的 B 节点生成一个指向新的 B 节点的指针，供后续计算条件 FP 树
使用，如图 3-6 所示。

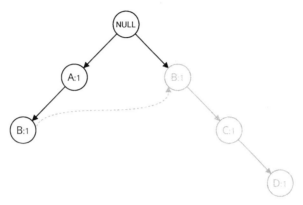

图 3-6　第 2 个 transaction

(3) 扫描第 3 个 transaction，结果如下。

transaction	原始	过滤排序后
transaction 3	ACDE	ACDE

将这条记录插入图 3-6 的 FP 树中。插入 A 节点，因为根节点的孩子节点已经有了一个 A
节点，所以直接将 A 节点的 count 加 1 即可，如图 3-7 所示。

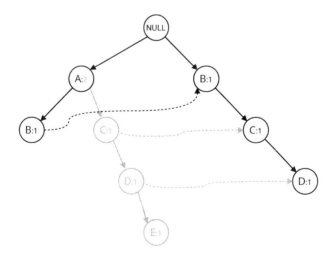

图 3-7　第 3 个 transaction

(4) 扫描第 4 个 transaction，结果如下。

transaction	原始	过滤排序后
transaction 4	ADE	ADE

将这条记录插入图 3-7 的 FP 树中。插入 A 节点，将 A 节点的 count 加 1；插入 D 节点，因为 A 节点没有 D 孩子节点，所以新建了一个 D 节点作为 A 节点的孩子节点，E 节点作为新建的 D 节点的孩子节点，如图 3-8 所示。同时注意到，由于新增了一个 D 节点，所以 D 节点的所有指针发生了变化（红色线为原先的指针连接，绿色线为更新后的指针连接）。

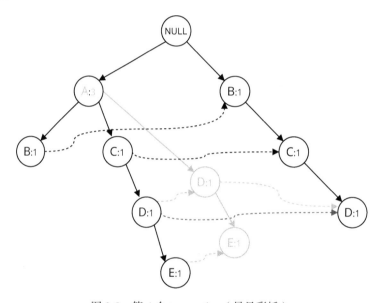

图 3-8　第 4 个 transaction（另见彩插）

(5) 扫描第 5 个 transaction，结果如下。

transaction	原始	过滤排序后
transaction 5	ABCH	ABC

将这条记录插入图 3-8 的 FP 树中，更新后的 FP 树如图 3-9 所示。

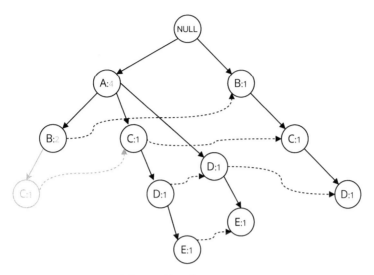

图 3-9 第 5 个 transaction

(6) 扫描第 6 个 transaction，结果如下。

transaction	原始	过滤排序后
transaction 6	ABCD	ABCD

将这条记录插入图 3-9 的 FP 树中，更新后的 FP 树如图 3-10 所示。

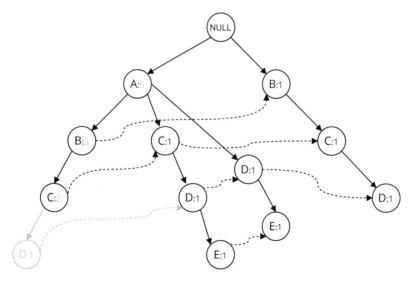

图 3-10 第 6 个 transaction

(7) 扫描第 7 个 transaction，很简单，就一个物品 A，结果如下。

transaction	原始	过滤排序后
transaction 7	A	A

将这条记录插入图 3-10 的 FP 树中，更新后的 FP 树如图 3-11 所示。

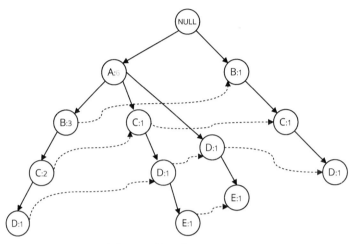

图 3-11　第 7 个 transaction

(8) 扫描第 8 个 transaction，结果如下。

transaction	原始	过滤排序后
transaction 8	ABCG	ABC

将这条记录插入图 3-11 的 FP 树中，更新后的 FP 树如图 3-12 所示。

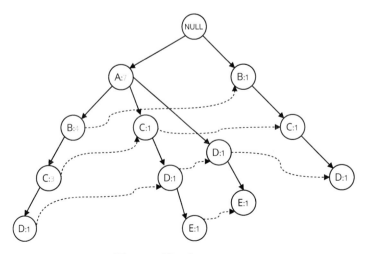

图 3-12　第 8 个 transaction

(9) 扫描第 9 个 transaction，结果如下。

transaction	原始	过滤排序后
transaction 9	ABD	ABD

将这条记录插入图 3-12 的 FP 树中，更新后的 FP 树如图 3-13 所示。

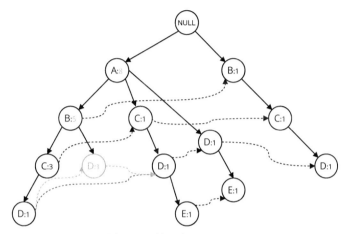

图 3-13　第 9 个 transaction

(10) 扫描第 10 个 transaction，结果如下。

transaction	原始	过滤排序后
transaction 10	BCE	BCE

将这条记录插入图 3-13 的 FP 树中，更新后的 FP 树如图 3-14 所示。

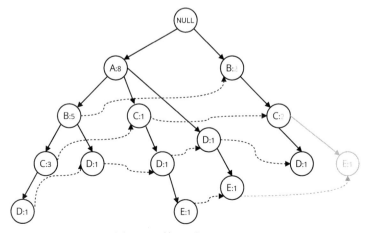

图 3-14　第 10 个 transaction

扫描完整个数据集后，最终得到了图 3-15 所示的 FP 树。一旦 FP 树生成，就可以挖掘频繁模式了，这需要借助条件 FP 树。

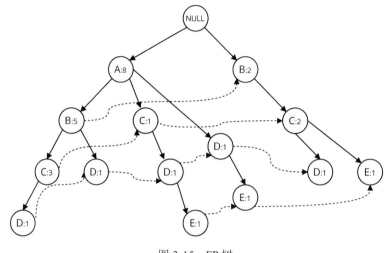

图 3-15   FP 树

3. 步骤 3：条件 FP 树与频繁模式

在讲述**条件 FP 树**之前，需要先了解节点的**前缀路径**（prefix path），它指的是包含该节点和该节点祖先节点的所有路径。

比如，图 3-15 的 FP 树中，节点 D 的前缀路径如图 3-16 所示，将节点 D 的孩子节点全都修剪之后，D 节点作为叶子节点。图 3-17 为节点 E 的前缀路径。

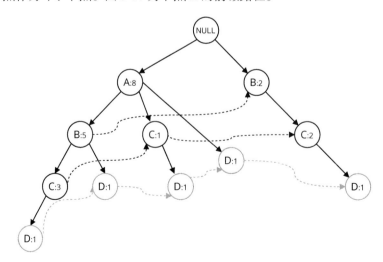

图 3-16   节点 D 的前缀路径

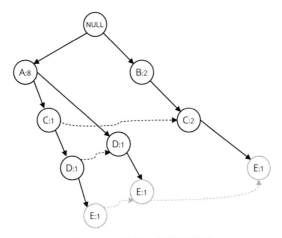

图 3-17 节点 E 的前缀路径

为了得到最终的频繁模式，需要构建条件 FP 树；为了构建条件 FP 树，需要用到前缀路径。下面以节点 E 为例，说明如何根据 E 的前缀路径（图 3-17）生成条件 FP 树。

(1) 删除图 3-17 中所有节点 E，并将路径中所有节点的个数更新为本路径中 E 的个数。

- 对于节点 A，因为它出现在了两条含有 E 的路径中，所以它的次数更新为 1 + 1 = 2。
- B 和 C 所在的路径中 E 的个数为 1，所以它们的个数从 2 更新为 1。

更新完毕后，如图 3-18 左图所示。该树中的物品个数如下所示。由于最低支持度为 2/10，因此删除 B，如图 3-18 右图所示，为节点 E 的条件 FP 树（即在以 E 为叶子节点的条件下对应的 FP 树，所以叫条件 FP 树）。

item	count	item	count
A	2	C	2
B	1	D	2

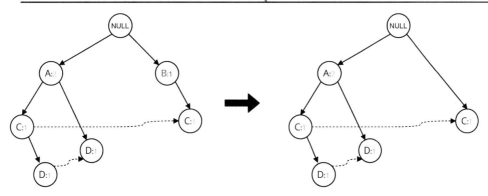

图 3-18 节点 E 的条件 FP 树

删除 B 后，条件 FP 树中还剩下物品 ACD，因此物品 E 对应的频繁项集肯定包含 2-项集 {AE}、{CE}、{DE}，但是为了找到 E 对应的所有频繁项集，还需要递归地建立刚才生成的 2-项集 {AE}、{CE}、{DE}对应的条件 FP 树（可以看到，哪里需要处理树数据结构，哪里就很可能出现递归）。

(2) 以图 3-18 右图的树为基础，构建 {DE} 的条件 FP 树，步骤与第 (1) 步完全相同：先找前缀路径，再确定条件 FP 树，如图 3-19 所示。最后剩下物品 A，因此 A 与 {DE} 又组成了 E 的 3-项集 {ADE}。同理，可以构建出 {CE}、{AE} 的条件 FP 树，分别如图 3-20 和图 3-21 所示。

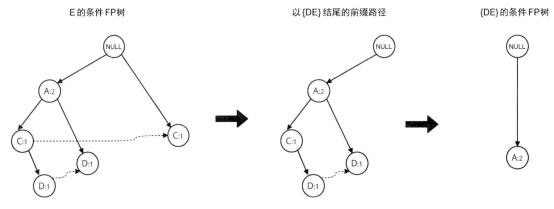

图 3-19   节点 DE 的条件 FP 树

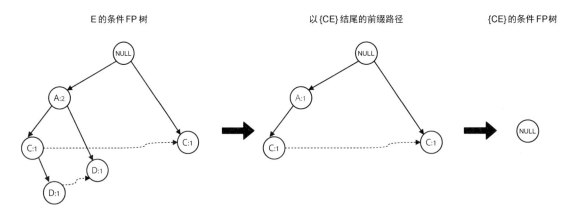

图 3-20   节点 CE 的条件 FP 树

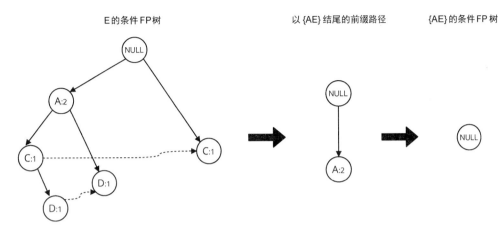

E 的条件 FP 树　　　　以 {AE} 结尾的前缀路径　　　{AE} 的条件 FP 树

图 3-21　节点 AE 的条件 FP 树

(3) 遍历完 2-项集之后，还剩下 3-项集 {ADE}，于是继续递归地建立 {ADE} 对应的条件 FP 树。经过上述步骤之后，得到了空树。

(4) 此时已经没有需要继续挖掘的项集了，则物品 E 对应的频繁模式（项集）如下。

item	frequent pattern/itemsets
E	{E} {DE} {CE} {AE} {ADE}

最终将相同的逻辑运用在其他物品上，可得到所有的频繁模式，如表 3-6 所示。

表 3-6　所有物品的频繁模式

item	frequent pattern/itemsets
E	{E} {DE} {CE} {AE} {ADE}
D	{D} {AD} {BD} {CD} {BCD} {ACD} {ABD}
C	{C} {AC} {BC} {ABC}
B	{B} {AB}
A	{A}

最后对**根据条件 FP 树挖掘频繁模式/项集**的过程加以总结，对后续理解 FPGrowth 算法的源码很有帮助。

(1) 将物品按照支持度从高到低排序，得到物品集 itemsets。

(2) 遍历 itemsets 中的每个 itemset。

　　1) 初始化此 itemset 的频繁模式为 **FP**。

　　2) 生成 itemset 对应的前缀路径。

　　3) 根据前缀路径以及最低支持度构建条件 FP 树。

4）根据条件 FP 树生成 *k*-项集（*k*-项集中的每个组合都包含当前 itemset），添加到 FP 中。

5）遍历 *k*-项集中的每个 itemset：

i. 生成 itemset 对应的前缀路径；

ii. 根据前缀路径以及最低支持度，构建条件 FP 树；

iii. 根据条件 FP 树，生成 *k*+1-项集（其中每个组合都包含当前 *k*-项集），添加到 FP 中；

iv. 遍历 *k*+1-项集中的每个 itemset……

（3）可见挖掘的过程是一个递归操作，直到某个 *k*+*n*-项集生成的条件 FP 树为空树才停止。

至此，FPGrowth 算法的理论部分基本上就分析完毕了，其中最最核心的当然是条件 FP 树的建立，这也是该算法唯一有挑战性的部分。

那么如何将 FPGrowth 算法落地，为实际业务提供服务呢？这是接下来要探讨的主题。

3.3.4   运行

假设交易数据集已准备好，其元数据如表 3-7 所示，其中的 items 格式为字符串，包含了一次交易中所有物品 ID，以空格分隔。

 后面会讨论如何构造交易数据集。

表 3-7   交易数据集表字段及格式

字　　段　　＼　　表　　名	transaction	items
recsys.data_fpgrowth	字符串	字符串，以空格分隔

首先初始化 Spark Session 并读取 Hive 表数据，代码如下：

```
spark_session = (SparkSession.builder.appName('fpgrowth').master('yarn')
                    .config('spark.serializer', 'org.apache.spark.serializer.KryoSerializer')
                    .config('spark.network.timeout', '600')
                    .config('spark.driver.maxResultSize', '5g')
                    .enableHiveSupport().getOrCreate())

dataset = (spark_session.sql('select transaction, items from recsys.data_fpgrowth')
                .select(split("items", '\\s+').alias("items")))
```

FPGrowth 算法还需两个参数：最低支持度和最低置信度。它们的设置要根据具体的业务来定，如果每天会发生 *N* 次交易，希望有效物品至少出现在 3 个交易中，则最低支持度设置为 3/*N*，最低置信度则没有那么直观。最低支持度和最低置信度设置得越大，计算出的物品的关联性就越强，但是相应地，被过滤的物品就越多。所以设置最低置信度时需要考虑关联性和物品数量的折中，这里假设为 0.1。

Spark 官方提供了 FPGrowth 的实现，代码如下：

```
from pyspark.ml.fpm import FPGrowth

dataset = ...
transactions_count = dataset.count()
fp = FPGrowth(minSupport=3 * 1.0 / transactions_count, # 最低支持度
              minConfidence=0.1, # 最低置信度
              itemsCol="items", # 物品集合对应的列
              numPartitions=1000) # 分区数，根据数据集大小设置
fpm = fp.fit(dataset) # 运行 FPGrowth，这行代码就完成了 3.3.2 节中的所有步骤
```

运行上述代码后，得到一个 FPGrowth 的对象，其中包含了我们希望得到的所有信息，尤其是关联规则：

```
association_rules = (fpm.associationRules
                     # 只保留长度为 1 的结果
                     .filter((size("antecedent") == 1) & (size("consequent") == 1)) # 1
                     .withColumn('antecedent', col("antecedent")[0])
                     .withColumn('consequent', col('consequent')[0]))
```

注释 #1 处需要解释一下，antecedent 和 consequent 分别是 $\{X \to Y\}$ 中的 X 和 Y。以表 3-6 为例，E 是 antecedent 时，其 consequent 有 $\{D\}$、$\{C\}$、$\{A\}$、$\{AD\}$，因此注释 #1 处的代码会只保留 $\{E \to D\}$、$\{E \to C\}$、$\{E \to A\}$ 这三条记录。原因也很好理解，一般情况下我们希望得到的结果是 {啤酒 → 尿不湿}，而不是 {(啤酒, 牛奶) → 尿不湿}。

- 因为线上需要根据用户的行为去做推荐，比如用户对啤酒产生行为，那么我们就可以推荐尿不湿。
- 而 {(啤酒, 牛奶) → 尿不湿} 这条关联规则要求用户同时对啤酒和牛奶都产生行为，才会推荐尿不湿，无疑这样的用户会少很多。antecedent 的长度越长，能命中的用户就越少，所以我们只保留 antecedent 长度为 1 的关联规则。

计算出关联规则之后，与协同过滤类似，按照关联性（这里使用的是提升度）降序排列，取 Top N 保存：

```
window = Window.partitionBy(association_rules.antecedent).orderBy(association_rules.lift.desc())
association_rules = (association_rules.select('*', rank().over(window).alias('rank'))
                     .filter(col('rank') <= self._top_n)
                     .select("antecedent", "consequent", "lift")) # 物品1，物品2，关联性
# 保存
association_rules.write.mode("overwrite").saveAsTable("recsys.model_fpgrowth")
```

这段代码运行结束，得到类似表 3-3 所示的最终关联规则后，就可以根据用户行为去做推荐了，比如用户点了物品 1，则给该用户推荐与物品 1 关联性最强的 N 个物品。

3.3.5   完整代码

将上述代码整合在一起后，稍加整理，得到了最终关联规则的算法代码：

```python
# -*- coding: utf-8 -*-
from pyspark.sql import SparkSession
from pyspark.ml.fpm import FPGrowth
from pyspark.sql.window import Window
from pyspark.sql.functions import col, split, size, rank


"""
spark: 2.4.0
python: 3.6
"""


class FPG:
    def __init__(self,
                 spark,
                 table,
                 items_col='items',
                 min_support_count=3,
                 min_confidence=0.1,
                 top_n=10,
                 partitions=2000):
        self._spark = spark
        self._table = table
        self._items_col = items_col
        self._min_support_count = min_support_count
        self._min_confidence = min_confidence
        self._top_n = top_n
        self._partitions = partitions

    def _dataset(self):
        return (self._spark.sql(f'select {self._items_col} from {self._table}')
                .select(split(self._items_col, '\\s+').alias("items")))


    @property
    def rules(self):
        dataset = self._dataset()
        transactions_count = dataset.count()
        fp = FPGrowth(minSupport=self._min_support_count * 1.0 / transactions_count,
                      minConfidence=self._min_confidence,
                      itemsCol="items",
                      numPartitions=self._partitions)
        fpm = fp.fit(dataset)

        association_rules = (fpm.associationRules
                             # 只保留长度为 1 的结果
                             .filter((size("antecedent") == 1) & (size("consequent") == 1))
                             .withColumn('antecedent', col("antecedent")[0])
                             .withColumn('consequent', col('consequent')[0]))
        window = Window.partitionBy(association_rules.antecedent).orderBy(association_rules.lift.desc())
```

```
            association_rules = (association_rules.select('*', rank().over(window).alias('rank'))
                                  .filter(col('rank') <= self._top_n)
                                  .select("antecedent", "consequent", "lift"))
        return association_rules


if __name__ == '__main__':
    spark_session = (SparkSession.builder.appName('fpgrowth').master('yarn')
                     .config('spark.serializer', 'org.apache.spark.serializer.KryoSerializer')
                     .config('spark.network.timeout', '600')
                     .config('spark.driver.maxResultSize', '5g')
                     .enableHiveSupport().getOrCreate())

    fpg = FPG(spark_session, table='recsys.data_fpgrowth')
    rules = fpg.rules
    rules.write.mode("overwrite").saveAsTable("recsys.model_fpgrowth")
    spark_session.stop()
```

至此，关于 FPGrowth 算法的原理和实现都已经讲述完毕，还剩下最后一个，也是最重要的问题——如何得到算法需要的类似表 3-1 所示的交易数据集？

3.3.6　数据集

假设数据仓库中存在这样一张分区数据表，如表 3-8 所示。

表 3-8　分区数据表

user	item	action_type	session_id	timestamp	day
用户 ID	物品 ID	行为类型	会话 ID	行为时间戳	分区日期

表中字段说明如下。

❑ user：用户 ID。

❑ item：物品 ID。

❑ action_type：行为类型。电商领域，可能是点击、加购、收藏、购买；视频领域，可能是播放、点赞、下载、分享。

❑ session_id：用来标识一次会话的 ID，用户从打开 App 开始直到关闭 App，会话 ID 是唯一的。再次打开 App 时会重新生成一个 session_id。

❑ timestamp：本次行为发生的行为时间戳。

❑ day：数据表的分区字段。

关联规则挖掘需要 transaction，所以我们需要定义什么才算是一次 transaction。实际应用中，大部分会选择在一定时间范围内用户的行为作为一次 transaction，比如用户在 3 天内看过的所有物品作为一次 transaction。

当然，读者可能会有疑问：为什么不以一个 session_id 内用户的行为作为一次 transaction？

这是因为在大规模推荐系统中，用户行为特别稀疏，更别提加购、收藏和购买等更稀疏的用户行为了。如果单单以 1 个 session_id 或者 1 天的用户行为作为 transaction，那么很可能会导致大部分的 transaction 中含有的物品个数为 1，而这对于关联规则挖掘算法来说基本等同于无用数据。当然，算法工程师在代码实现的过程中可以根据自己的数据来设定到底是用 1 周、3 天还是 1 天内用户的行为物品作为一次 transaction。

图 3-22 展示了 transaction 的生成过程，为了演示清楚，只用一个用户——小明。

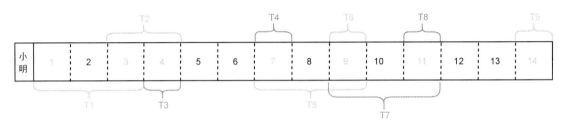

图 3-22   transaction 划分（另见彩插）

图 3-22 中，T 表示 transaction，数字代表日期，transaction 时间窗口设为 3 天，绿色日期代表小明在当天有行为。从 1 号开始不断地向右滑动时间窗口，将 3 天内的所有行为物品放在一起，就形成了一个 transaction。按照此逻辑处理完所有数据，即可得到表 3-1 的内容。

3.3.7   源码分析

本节主要看看 FPGrowth 算法在 Spark 中是如何实现的，如果对此兴趣不大，可以跳过本节，不影响对后续章节内容的理解。

虽然 3.3.5 节中的代码使用 pyspark 来运行 FPGrowth 算法，但是 Spark 内部还是调用 Scala Spark 来执行程序的。通过查看 pyspark FPGrowth 的 __init__ 方法，会发现该类其实只是一个封装类，将 Scala Spark 中的 FPGrowth 实现包裹在其中，而 Scala Spark 中具体的实现类是 org.apache. spark.ml.fpm.FPGrowth，这个类最重要的方法是 fit 方法，如下所示：

```
// org.apache.spark.ml.fpm.FPGrowth#fit
override def fit(dataset: Dataset[_]): FPGrowthModel = {
  transformSchema(dataset.schema, logging = true)
  genericFit(dataset) // 这行是真正干活的代码
}
```

此 fit 方法正是 3.3.5 节中生成关联规则的 fit，它又调用了 genericFit：

```
// org.apache.spark.ml.fpm.FPGrowth#genericFit
private def genericFit[T: ClassTag](dataset: Dataset[_]): FPGrowthModel = {
```

```
......
val data = dataset.select($(itemsCol))
val items = data.where(col($(itemsCol)).isNotNull).rdd.map(r => r.getSeq[Any](0).toArray) // 1
// MLlibFPGrowth 的完整类名是 org.apache.spark.mllib.fpm.FPGrowth
val mllibFP = new MLlibFPGrowth().setMinSupport($(minSupport)) // 2

val parentModel = mllibFP.run(items) // 3
val rows = parentModel.freqItemsets.map(f => Row(f.items, f.freq))
val schema = StructType(Seq(
  StructField("items", dataset.schema($(itemsCol)).dataType, nullable = false),
  StructField("freq", LongType, nullable = false)))
val frequentItems = dataset.sparkSession.createDataFrame(rows, schema)

......
}
```

上述代码只保留了一些重要的片段,注释 // 1 处是将 transaction 中的物品集合变成数组,注释 // 2 处发现又创建了 MLlibFPGrowth 类的对象,最核心的代码出现在注释 // 3 处,原来 Scala Spark 的 FPGrowth 是通过 MLlibFPGrowth 来实现的,在深入 // 3 处的 run 方法之前,简单总结一下 FPGrowth 算法的计算逻辑,否则源码里的逻辑可能不太好理解。

(1) 统计物品次数:去除不满足 minSupport 的物品。

(2) 构建 FP 树:根据 transaction 构建 FP 树。

(3) 条件 FP 树与频繁模式:根据 FP 树生成条件 FP 树并得到频繁模式。

按照这三步的逻辑继续往下走,深入注释 // 3 的 run 方法:

```
// org.apache.spark.mllib.fpm.FPGrowth#run
def run[Item: ClassTag](data: RDD[Array[Item]]): FPGrowthModel[Item] = {
  ......
  val count = data.count() // 交易数
  val minCount = math.ceil(minSupport * count).toLong // minSupport * 交易数得到对应的 minCount
  val numParts = if (numPartitions > 0) numPartitions else data.partitions.length
  val partitioner = new HashPartitioner(numParts)
  // 1. FPGrowth 的计算逻辑步骤 (1)
  val freqItems = genFreqItems(data, minCount, partitioner)
  // 2. FPGrowth 的计算逻辑步骤 (1)、步骤 (2)
  val freqitemsets = genFreqItemsets(data, minCount, freqItems, partitioner)
  new FPGrowthModel(freqitemsets)
}
```

上述代码片段中注释 // 1 处的 genFreqItems 方法逻辑(FPGrowth 的计算逻辑步骤 (1))如下:

```
// org.apache.spark.mllib.fpm.FPGrowth#genFreqItems
private def genFreqItems[Item: ClassTag](
    data: RDD[Array[Item]],
    minCount: Long,
    partitioner: Partitioner): Array[Item] = {
  data.flatMap { t =>
    val uniq = t.toSet // t 就是 transaction,可以看到这里对 transaction 里的物品进行去重
```

```
    if (t.length != uniq.size) {
      throw new SparkException(s"Items in a transaction must be unique but got ${t.toSeq}.")
    }
    t
  }.map(v => (v, 1L)) // 这里开始统计每个物品出现的次数
    .reduceByKey(partitioner, _ + _)
    .filter(_._2 >= minCount) // 过滤掉次数小于 minCount 的物品
    .collect() // 得到的结果类型是 Array[(Item, Count)]
    .sortBy(-_._2) // _2 即每个物品出现的次数（Count），按照 Count 从大到小排序
    .map(_._1) // _1 即 Item，也就得到了所有满足 minSupport 的物品，且按照出现次数从大到小排序
}
```

那么，就剩下注释 // 2 处的 genFreqItemsets 方法了，方法名称很直观——生成频繁项集。

同样，深入 genFreqItemsets 方法之前，需要掌握 FP 树这种数据结构在 Spark 中是如何设计和实现的，直接看 FP 树和条件 FP 树的建立容易让人一头雾水。为了方便说明，图 3-23 沿用了图 3-12 的 FP 数。

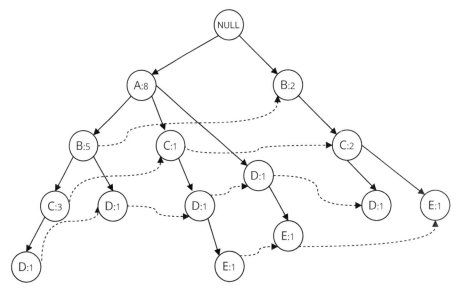

图 3-23　图 3-12 的 FP 数

将图 3-23 与代码一一对应：

(1) 图中每个节点由 org.apache.spark.mllib.fpm.FPTree.Node 来抽象，Node 可以表示节点之间的父代和孩子的关系（parent ↔ children）；

(2) 图中节点与节点之间的虚线连接的关系，由 org.apache.spark.mllib.fpm.FPTree.Summary 来抽象。

有了这两个类，一棵 FP 树就能完整地表达出来了。

Node

```
// org.apache.spark.mllib.fpm.FPTree.Node
// Node 类记录每个节点的信息
class Node[T](val parent: Node[T]) extends Serializable {
    // 节点中的 Item 表示, 比如图 3-23 中的 B
    var item: T = _
    // 节点中 Item 在本路径中出现的次数, 比如 B:5, 表示路径中 B 出现了 5 次
    var count: Long = 0L
    // 记录每个节点的孩子节点, 比如 B:5 节点的 children 包含了 C:3 和 D:1
    val children: mutable.Map[T, Node[T]] = mutable.Map.empty
    // 通过 parent 是否为 NULL 来判断它是否为根节点
    def isRoot: Boolean = parent == null
}
```

Summary

```
// org.apache.spark.mllib.fpm.FPTree.Summary
// Summary 记录每个物品在树中的连接情况
private class Summary[T] extends Serializable {
    // 物品在整个数据集中出现的次数, 比如 C 物品出现 3 + 1 + 2 = 6 次
    var count: Long = 0L
    // 链表记录本物品在树中的虚线连接情况, 比如对于 C 物品, nodes 里的内容应该是 C:3 -> C:1 -> C:2
    val nodes: ListBuffer[Node[T]] = ListBuffer.empty
}
```

掌握了这两个类的作用之后，下面我们正式介绍 FPTree。

FPTree

org.apache.spark.mllib.fpm.FPTree

FPTree 最为核心的两个方法是 add 和 extract，add 方法用于 FPTree 的构建（FPGrowth 计算逻辑步骤 (2)），extract 方法用于抽取前缀路径和生成条件 FP 树（FPGrowth 计算逻辑步骤 (3)）。

add 方法

```
// org.apache.spark.mllib.fpm.FPTree#add
// t 是一次 transaction, count 为该 transaction 出现的次数
def add(t: Iterable[T], count: Long = 1L): this.type = {
    require(count > 0)
    var curr = root // 0
    curr.count += count // 1
    t.foreach { item =>
        val summary = summaries.getOrElseUpdate(item, new Summary) // 2
        summary.count += count // 3
        val child = curr.children.getOrElseUpdate(item, {
            val newNode = new Node(curr) // 4
            newNode.item = item
            summary.nodes += newNode // 5
            newNode
        })
        child.count += count // 6
```

```
        curr = child // 7
    }
    this
}
```

再以一个具体的例子来分析 add 方法的执行过程。

假设有这样一个 transaction 数据集，如表 3-9 所示。

表 3-9   transaction 数据集

transaction	items
transaction 1	AB
transaction 2	BC

首先将 transaction 1 - AB 添加到 FPTree 中，插入过程如图 3-24 所示。

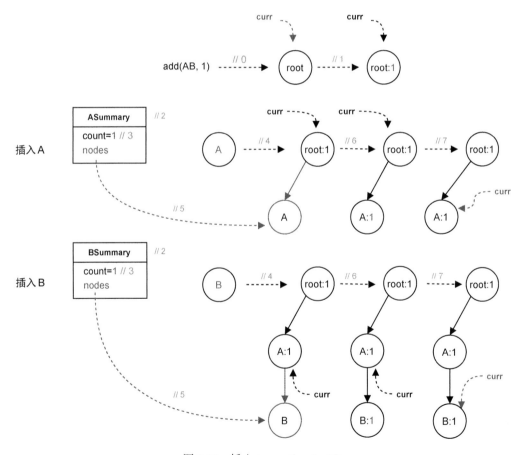

图 3-24   插入 transaction 1 - AB

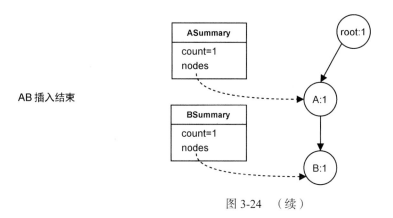

AB 插入结束

图 3-24 （续）

图 3-24 中 // 0 表示执行 add 方法代码片段中 // 0 处的语句执行后的效果，// 1、// 2 等同理。

继续将 transaction 2 - BC 插入 FP 树中，插入过程如图 3-25 所示。

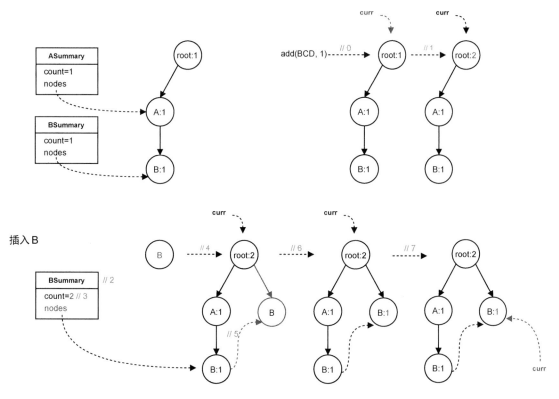

插入 B

图 3-25 插入 transaction 2 - BC

插入 C

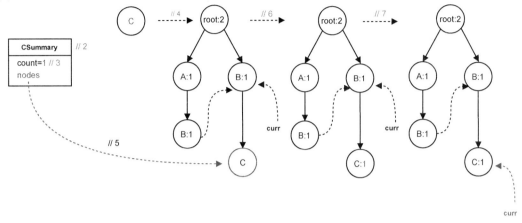

BC 插入结束

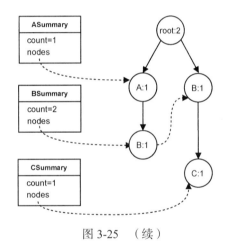

图 3-25 （续）

add 方法就是通过图 3-25 中的步骤完成了 FP 树的建立。

extract 方法

通过 add 方法建立了 FP 树，接下来的任务就是生成条件 FP 树了，而这正是 extract 的职责所在。extract 方法的具体执行逻辑就不再展开了，可以参考 add 方法的分析方式。

3.3.8　算法优化

分析 FPGrowth 算法时会发现，它会生成如下关联规则：$\{(A, B) \rightarrow C\}$、$\{(A, B, C) \rightarrow D\}$、$\{B \rightarrow C\}$，等等。

但是大部分时候我们只想要类似 {B → C} 这样的关联规则，这样可以很方便地根据 B 推荐出 C 。我们当然可以通过 3.3.5 节中所使用的方法，过滤掉 antecedent 长度不为 1 的关联规则。

但是如果在 FPGrowth 在生成条件 FP 树时就实现这样的功能，将会大幅减少 FPGrowth 算法的运行时间，也就是说，在建立条件 FP 树时对其进行修剪，找到 2-项集时立刻停止，比如 3.3.3 节中，物品 E 找到 2-项集 {AE}、{CE}、{DE} 后不再递归建立后续的条件 FP 树。那么，怎么做呢？

答案就在 extract 方法中，既然它的职责是生成条件 FP 树，那么可以对其源码进行修改，让它在找到 2-项集后不再递归，修改后的 FPGrowth 算法运行时间会显著减少。

3.4 总结

□ 关联规则是一种常用的数据挖掘方法，在海量数据下，它可以挖掘出物品与物品之间的关联。把握了这种关联关系，对于业务大有帮助，比如电商中常见的“看了又看”“买了又买”以及“看了又买”“买了又看”，等等。对应的挖掘算法，本章主要介绍了 Apriori 算法和 FPGrowth 算法。

□ 衡量关联性的指标一般有三个：支持度、置信度和提升度。支持度是物品在交易中出现的概率，一定程度上可以反映物品的流行度；置信度是一个条件概率，表示物品 X 出现时，物品 Y 出现的概率，但是这个指标可能会带来一定的误导，特别是当 Y 是很热门的物品时，因此又引入了提升度的概念；提升度可以理解为在置信度的基础上做了一定的热门惩罚，实际应用中一般使用它来衡量两个物品之间的关联性。

□ Apriori 算法简单易懂，计算过程也比较符合人的思维，当物品量不大时可以考虑采用它。它的缺点在于需要多次扫描数据集，当数据集比较大时，算法的运行时间可能让人无法接受。因此在大规模推荐系统中，它的使用频率并不是很高。

□ FPGrowth 算法只需要扫描两次全量数据集，这一步就节省了很多时间。首先需要统计每个物品出现在数据集中的数量，进行一定的过滤之后，开始构建 FP 树，然后根据构建好的 FP 树生成条件 FP 树从而找到物品与物品之间的关联关系。算法的性能比较好，因此实际应用中如果想要使用关联规则算法，可以优先考虑 FPGrowth。最重要的是 Spark 官方已经实现了该算法，无须算法工程师重复造轮子。如果想学习 FPGrowth 的实现方式，Spark 的源码是很好的学习资料。

第 4 章

Word2Vec

某班有 5 位学生：A、B、C、D 和 E。每位学生需要学习 5 门课程：语文、数学、英语、物理和化学。

班主任计划组织一次考试，根据考试分数来安排 5 位学习座位。5 位学生的分数如表 4-1 所示。

表 4-1　5 位学生的分数

姓　　名	语文（150）	数学（150）	英语（150）	物理（100）	化学（100）
A	120	120	120	80	80
B	120	120	112	90	85
C	90	105	90	75	60
D	105	75	90	70	60
E	105	60	105	65	60

班主任编排座位的设想是这样的：尽量让成绩互补的学生坐在一起，以起到相互促进的作用。那么，怎么知道哪些学生之间可以互补呢？班主任想到了如下方法：

(1) 将每位学生的分数用向量代替，比如学生 A 的分数向量为 [120, 120, 120, 80, 80]；

(2) 计算每位学生与其他学生的相似性，分别得到一个相似度；

(3) 对于每位学生，选择与其相似度最低的，即为最互补的学生。

首先，用向量表示所有学生的考试分数，同时采用 Min-Max 方法，按照相同科目对所有向量元素做归一化，比如语文最高分（Max）为 120 分，最低分（Min）为 90 分，则学生 A 的语文分数归一化后为 $\dfrac{A_{语文} - Min_{语文}}{Max_{语文} - Min_{语文}} = 1.0$，得到表 4-2。

表 4-2 分数的向量表示

姓　　名	原始向量	归一化向量
A	[120, 120, 120, 80, 80]	[1.0, 1.0, 1.0, 0.6, 0.8]
B	[120, 120, 112, 90, 85]	[1.0, 1.0, 0.73, 1.0, 1.0]
C	[90, 105, 90, 75, 60]	[0.0, 0.5, 0.0, 0.4, 0.0]
D	[105, 75, 90, 70, 60]	[0.5, 0.75, 0.0, 0.2, 0.0]
E	[105, 60, 105, 65, 60]	[0.5, 0.0, 0.5, 0.0, 0.0]

其次，为了计算两两学生间的相似度，班主任决定采用余弦相似度，计算方式为：

$$\operatorname{sim}(\vec{v}_1, \vec{v}_2) = \frac{\vec{v}_1 \cdot \vec{v}_2}{\|\vec{v}_1\| \times \|\vec{v}_2\|} \tag{4-1}$$

根据式 (4-1) 班主任得到了学生相似表，如表 4-3 所示。

表 4-3 学生相似表

学　　生 ＼ 相似学生	A	B	C	D	E
A	＼	0.985	0.789	0.871	0.854
B	0.985	＼	0.830	0.867	0.788
C	0.789	0.830	＼	0.885	0.5
D	0.871	0.867	0.885	＼	0.691
E	0.854	0.788	0.5	0.691	＼

根据这张相似表，班主任从每位学生的相似学生中选择与之最不相似的学生作为其同桌，于是 A 与 C、B 与 E 成为了同桌，D 只好一个人占用一张课桌了。

但是显然，评判两位学生的相似性，并不能只看 5 门课程的分数，假如还可以加上政治、历史、生物、地理等课程，再考虑性格、品行等因素，那么向量的长度就会变长（维度变高），向量的表现力会更强，计算出的结果应该会更准确，但是对算力的要求更高。

(1) 可以用向量来表示任何实体（人或者物）。

(2) 利用向量计算两两实体之间的相似度特别方便。

将实体表示成向量的技术起源于 NLP（自然语言处理）技术，旨在将一个个单词转化为一个个向量，以便发现近义词/同义词/反义词等，更重要的是，表示为向量之后，自然而然地可以融入机器学习算法模型参与建模，提高模型性能。Word2Vec 就是单词向量化的工具之一。

4.1 词向量示例

在深入 Word2Vec 的细节之前，先来直观地感受一下向量化。通过一些已经训练好的模型生成的单词向量，接下来我们将会看到向量化的神奇之处及其强大的表达能力。这里使用著名的 GloVe 模型[①]生成的词向量来作为示例。

下面的代码片段加载了 GloVe 模型生成的向量长度为 100 的词向量文件：

```
# pip install gensim==4.0.1
import gensim.downloader as api
wv = api.load("glove-wiki-gigaword-100")
# 单词 king 对应的向量
king = wv['king']

# output
array([-0.32307 , -0.87616 ,  0.21977 ,  0.25268 ,  0.22976 ,  0.7388  ,
       -0.37954 , -0.35307 , -0.84369 , -1.1113  , -0.30266 ,  0.33178 ,
       -0.25113 ,  0.30448 , -0.077491, -0.89815 ,  0.092496, -1.1407  ,
       -0.58324 ,  0.66869 , -0.23122 , -0.95855 ,  0.28262 , -0.078848,
        0.75315 ,  0.26584 ,  0.3422  , -0.33949 ,  0.95608 ,  0.065641,
        0.45747 ,  0.39835 ,  0.57965 ,  0.39267 , -0.21851 ,  0.58795 ,
       -0.55999 ,  0.63368 , -0.043983, -0.68731 , -0.37841 ,  0.38026 ,
        0.61641 , -0.88269 , -0.12346 , -0.37928 , -0.38318 ,  0.23868 ,
        0.6685  , -0.43321 , -0.11065 ,  0.081723,  1.1569  ,  0.78958 ,
       -0.21223 , -2.3211  , -0.67806 ,  0.44561 ,  0.65707 ,  0.1045  ,
        0.46217 ,  0.19912 ,  0.25802 ,  0.057194,  0.53443 , -0.43133 ,
       -0.34311 ,  0.59789 , -0.58417 ,  0.068995,  0.23944 , -0.85181 ,
        0.30379 , -0.34177 , -0.25746 , -0.031101, -0.16285 ,  0.45169 ,
       -0.91627 ,  0.64521 ,  0.73281 , -0.22752 ,  0.30226 ,  0.044801,
       -0.83741 ,  0.55006 , -0.52506 , -1.7357  ,  0.4751  , -0.70487 ,
        0.056939, -0.7132  ,  0.089623,  0.41394 , -1.3363  , -0.61915 ,
       -0.33089 , -0.52881 ,  0.16483 , -0.98878 ], dtype=float32)
```

100 个枯燥无味的浮点数看上去没有任何头绪，试着将单词 king 对应的向量可视化，如图 4-1 所示。

图 4-1 可视化单词 king 对应的向量

再来看看单词 man 和 woman 对应向量的可视化，如图 4-2 和图 4-3 所示。

图 4-2 可视化单词 man 对应的向量

---

① GloVe 是训练词向量的模型之一。

图 4-3 可视化单词 woman 对应的向量

从这几张图中可以隐约地发现词向量捕获了单词与单词之间某种有意义的关联，虽然说不上来具体有哪些关联，但是至少从语义上来说，相似的单词，向量的相似程度看上去比较高。这就是词向量擅长的地方，虽然没有办法解释词向量每个维度具体的含义，但是它确实可以挖掘出很有趣也很有用的信息。

接下来再来看看更有趣的：

```
wv.most_similar(positive=['woman', 'king'], negative=['man'], topn=1)
# output: [('queen', 0.7698541283607483)]
```

上述代码片段是要找出与 king + woman − man 最相似的单词，结果出人意料又在情理之中，它给出的是 queen，即 king + woman − man = queen。单词 queen 对应向量的可视化结果以及 king + woman − man 对应向量的可视化结果如图 4-4 和图 4-5 所示。

图 4-4 可视化单词 queen 对应的向量

图 4-5 可视化 king+woman−man 对应的向量

可以发现，这两张图不仅纵坐标的范围一致（−2 ~ 0），而且可视化中对位颜色的深浅都极为相近。多么神奇的算法呀！居然能找出如此奇妙的关系。但是在感慨的同时，也不禁会发出这样一个疑问：这样的结果是怎么得到的呢？到底是如何建模的呢？训练数据集又是怎么构造的呢？

4.2 数据准备

在机器学习领域，学习方法一般分为两种：监督学习和无监督学习。如果输入数据有标签（label），则视作监督学习，比如点击率预估任务；否则（输入数据没有标签）视作无监督学习，比如聚类任务等。

Word2Vec 属于**半监督学习**，原因是**数据本身没有标签，但是在训练时人为给数据打上了标签**。它的学习方式一般有两种：CBOW（continuous bag-of-words）和 Skip-Gram，前者通过周围的词来预测中心词,后者正好相反,以中心词来预测周围的词,本章将会重点讲述 Skip-Gram [1],CBOW 的训练过程与之极为相似, 故不再赘述。

Word2Vec 需要的原始数据集为一句句话组成的语料库, 比如豆瓣的影视剧评论集合或者电商的物品评论集合等。这里为了演示方便, 做了简化, 假设整个训练语料库只有下面这一句话, 后续的所有步骤都基于此数据集:

无论精神多么独立的人, 感情却总是在寻找一种依附, 寻找一种归宿。

4.2.1　词汇表

首先, 需要根据语料库生成词汇表, 即组成语料库的全部不重复的单词。在原始语料库的基础上, 经过分词、去除停用词和标点符号等步骤, 得到词汇表, 并给每一个词编好序号, 如表 4-4 所示。

表 4-4　词汇表

词	序号	词	序号
无论	0	感情	5
精神	1	总是	6
多么	2	依附	7
独立	3	归宿	8
人	4	寻找	9

词汇表中已经去除了类似 “的” “在” “一种” 之类的词, 并且已经去重 (“寻找” 在语料库中出现了两次), 词的序号一般也是按照词出现的次数升序排列后得到的。

4.2.2　训练数据

得到词汇表之后, 接下来的任务就是把原始语料库转换为 Word2Vec 算法需要的数据格式。本节采用 Skip-Gram 的训练方法, 通过中心词来预测周围词, 那么**特征/输入**是中心词, **标签/输出**是周围词。从语料库中去除不在词汇表中的词, 得到如下数据:

无论 精神 多么 独立 人 感情 总是 寻找 依附 寻找 归宿

既然输入是中心词, 输出是周围词, 那么就需要界定距离中心词多远范围之内的词可以作为周围词, 而这个距离就由**窗口长度** (window length) 来界定。

---

[1] 在论文 “Efficient Estimation of Word Representations in Vector Space” 中, 作者 Tomas Mikolov (同时也是 Word2Vec 的发明者) 提到 Skip-Gram 的准确度比 CBOW 高, 尤其是生僻字上表现更佳, 所以本章主要讲解 Skip-Gram 的训练过程。

举例来说，如果窗口长度是 1，中心词是"多么"，那么它与"精神"处在同一个窗口内，与"无论"不在一个窗口内。如果窗口长度是 2，那么它与"无论"在同一个窗口内。处在同一个窗口内的词又叫作处在同一个**上下文**（context）中。

窗口的概念如图 4-6 所示，红色为中心词，绿色为周围词，蓝色框表示同一个上下文。窗口长度为 1，因此中心词的前 1 个词和后 1 个词都与中心词处在同一个上下文中。

图 4-6　窗口（另见彩插）

假设窗口长度为 1，则根据图 4-6 可以得到数据中的输入和输出，如表 4-5 所示，这也正是最终要输入 Word2Vec 的训练数据。

表 4-5　训练数据

输入	输出	输入	输出
无论	精神	感情	总是
精神	无论	总是	感情
精神	多么	总是	寻找
多么	精神	寻找	总是
多么	独立	寻找	依附
独立	多么	依附	寻找
独立	人	依附	寻找
人	独立	寻找	依附
人	感情	寻找	归宿
感情	人	归宿	寻找

4.3　算法原理

Word2Vec 算法模型的结构较为简单，只有输入层（input layer）、隐藏层（hidden layer）以及输出层（output layer）。以输入是**人**、输出是**独立**为例，简单描述一下 Word2Vec 算法如何学习到单词的向量（也就是模型参数），如图 4-7 所示。

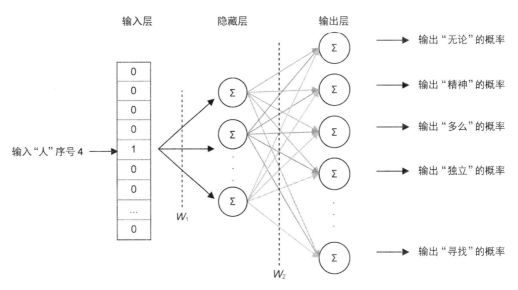

图 4-7　Word2Vec 输入输出的一个例子

　　假设词汇表长度为 V，隐藏层的长度为 H，表 4-1 对应词汇表的 V 等于 10。图 4-7 依次从输入到输出的数据流转说明如下。

(1) 虽然输入是人，但是模型只能识别数字，因此这里将词做了 one-hot encoding 处理，得到了输入层的向量表示，长度为 V，即 0000100000，设为 x。

💡　one-hot encoding，又称一位有效编码，其方法是使用 V 位二进制来对 V 个状态进行编码，每个状态非 0 即 1，并且在任意时候，V 位 bit 只有 1 位有效。以人为例，V 为词汇表长度，这里为 10，人在词汇表中出现在第 4 位（索引从 0 开始），因此人的 one-hot encoding 为 0000100000。

(2) 输入层到隐藏层的参数矩阵为 W_1，形状为 $V \times H$，第 (1) 步的 x 与 W_1 相乘（$1 \times V$ 与 $V \times H$ 相乘，得到 $1 \times H$），得到隐藏层的向量表示，长度为 H，设为 h。

(3) 隐藏层到输出层的参数矩阵为 W_2，形状为 $H \times V$，第 (2) 步的 h 与 W_2 相乘（$1 \times H$ 与 $H \times V$ 相乘，得到 $1 \times V$），得到输出层的向量表示，长度为 V，同时对此向量应用 softmax 函数得到最终的输出向量，设为 o。

假设向量为 v，长度为 V，v_i 表示 v 中第 i 个元素，那么该元素的 softmax 值等于

$$\text{softmax}(v_i) = \frac{\mathrm{e}^{v_i}}{\sum_{j=1}^{V} \mathrm{e}^{v_j}}$$

输出 o 是长度为 V 的向量，且由于是应用 softmax 函数后得到的结果，因此 o 中的每一个数字都表示某个概率，即：当输入是 X 时，输出是 Y 的概率。图 4-7 中，o 中第 1 个元素解读为：当输入是人时，输出是**无论**的概率。同理，o 中第 2 个元素解读为：当输入是人时，输出是**精神**的概率，以此类推。o 也是模型在一次训练时的预测值，真实值也特别容易理解，它也是一个 one-hot 向量，长度为 V，周围词对应的索引处比特有效，其他位均为 0，比如输入为人时，周围词为**独立**，**独立**在词汇表的第 3 位，因此此时的真实值为 0001000000，与预测值 o 结合，就可以计算 loss，然后计算梯度、更新参数，完成一次学习过程。

上述过程粗略地展示了一个具体的 Word2Vec 的训练示例，那么该算法的理论基础到底是怎样的呢？loss 如何计算？参数又如何更新？工程实现上又做了哪些优化和改进呢？

4.3.1 模型结构

图 4-8 是 Skip-Gram 的模型结构，很容易发现，它就是图 4-7 的一般形式。

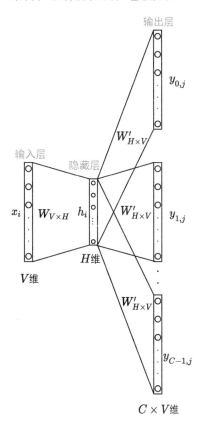

图 4-8　Skip-Gram 模型结构

图 4-8 中所用到的符号说明如下：

- V 是词汇表中词的个数；
- H 是隐藏层节点的个数；
- C 是 context（上下文）长度，如果窗口长度为 win_len，上下文长度就是 2×win_len（中心词前 win_len 个词和后 win_len 个词组成了上下文）；
- x_i 是输入的 one-hot 表示，$i \in [0, V)$；
- $y_{c,j}$ 是输出的 one-hot 表示，$j \in [0, V), c \in [0, C)$，有 C 个输出是因为这里将同一个输入词对应的 C 个上下文词放在一起同时参与训练；
- $\boldsymbol{W}_{V \times H}$ 是输入层到隐藏层的矩阵，称为输入矩阵；
- $\boldsymbol{W}'_{H \times V}$ 是隐藏层到输出层的矩阵，称为输出矩阵。

可以看到，每个词有两个向量表示，一个是来自 $\boldsymbol{W}_{V \times H}$ 的行向量，一个是来自 $\boldsymbol{W}'_{H \times V}$ 的列向量，模型最终产出供外部使用的词向量来自于前者。

4.3.2 前向传播

前向传播是一条从输入层到输出层的链路：输入数据与模型参数经过各种各样的数学运算之后，最终在输出层得到了预测值。

1. 输入层到隐藏层

定义 w_0 为输入词，周围词为 $\text{context}(w_0)$，$\boldsymbol{x}$ 是词 w_0 对应的 one-hot 表示，即 $\boldsymbol{x} = \{x_1, x_2, \cdots, x_V\}$，向量中的元素

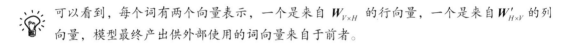

$$x_i = \begin{cases} 1, & i = k, \ k \text{为} w_0 \text{在词汇表中的位置索引} \\ 0, & \text{其他} \end{cases}$$

隐藏层的向量表示 $\boldsymbol{h}_{w_0} = \boldsymbol{x}^{\mathrm{T}} \boldsymbol{W}$，显然，$\boldsymbol{h}_{w_0}$ 是矩阵 $\boldsymbol{W}$ 的第 k 行，其计算公式也很简单，如下所示：

$$\boldsymbol{x} = \begin{bmatrix} x_1 \\ x_2 \\ \vdots \\ x_k \\ \vdots \\ x_V \end{bmatrix}$$

$$W_{V \times N} = \begin{bmatrix} w_{11} & w_{12} & \cdots & w_{1H} \\ w_{21} & w_{22} & \cdots & w_{2H} \\ \vdots & \vdots & \ddots & \vdots \\ w_{k1} & w_{k2} & \cdots & w_{kH} \\ \vdots & \vdots & \ddots & \vdots \\ w_{V1} & w_{V2} & \cdots & w_{VH} \end{bmatrix}$$

$$\boldsymbol{h}_{w_0} = \boldsymbol{x}^{\mathrm{T}} \boldsymbol{W} \tag{4-2}$$

$$= \begin{bmatrix} x_1 & x_2 & \cdots & x_k & \cdots & x_V \end{bmatrix} \begin{bmatrix} w_{11} & w_{12} & \cdots & w_{1H} \\ w_{21} & w_{22} & \cdots & w_{2H} \\ \vdots & \vdots & \ddots & \vdots \\ w_{k1} & w_{k2} & \cdots & w_{kH} \\ \vdots & \vdots & \ddots & \vdots \\ w_{V1} & w_{V2} & \cdots & w_{VH} \end{bmatrix}$$

$$= \begin{bmatrix} x_k w_{k1} & x_k w_{k2} & \cdots & x_k w_{kH} \end{bmatrix}$$

$$= \begin{bmatrix} w_{k1} & w_{k2} & \cdots & w_{kH} \end{bmatrix}$$

2. 隐藏层到输出层

虽然有 $y_{1,j}, y_{2,j}, \cdots, y_{C,j}$ 个输出，但是它们都共享 $\boldsymbol{W}'_{H \times V}$，所以就简化成 $\hat{y}_j$，它的含义为：输入词是 w_0 时，输出词是 w_j 的概率。$\hat{y}_j$ 的计算也比较简单：

$$\begin{aligned} \hat{y}_j &= p\left(w_j \mid w_0\right) \\ &= \mathrm{softmax}\left(\boldsymbol{h}_{w_j}'^{\mathrm{T}} \cdot \boldsymbol{h}_{w_0}\right) \\ &= \frac{\mathrm{e}^{\boldsymbol{h}_{w_j}'^{\mathrm{T}} \cdot \boldsymbol{h}_{w_0}}}{\displaystyle\sum_{i=1}^{V} \mathrm{e}^{\boldsymbol{h}_{w_i}'^{\mathrm{T}} \cdot \boldsymbol{h}_{w_0}}} \quad \in (0,1) \end{aligned} \tag{4-3}$$

其中值得注意的是，$\boldsymbol{h}_{w_j}'$ 是词 w_j 在矩阵 $\boldsymbol{W}'$ 中的列向量，$\boldsymbol{h}_{w_0}$ 是词 w_0 在矩阵 $\boldsymbol{W}$ 中的行向量。

对于 $w_j \in \mathrm{context}(w_0)$，当然是希望 $\hat{y}_j$ 越接近 1 越好；对于 $w_j \notin \mathrm{context}(w_0)$，$\hat{y}_j$ 越接近 0 越好，即 $1 - \hat{y}_j$ 越接近 1 越好。自然而然地，多分类问题在这里转化成了二分类问题。对于周围词 w_c，目标是最大化式 (4-3)，即：

$$
\begin{aligned}
LL &= \max\left(\hat{y}_c\right)\\
&= \max\left(\log\hat{y}_c\right)\\
&= \boldsymbol{h}_{w_c}^{\prime\mathrm{T}}\cdot\boldsymbol{h}_{w_0}-\log\sum_{i=1}^{V}e^{\boldsymbol{h}_{w_i}^{\prime\mathrm{T}}\cdot\boldsymbol{h}_{w_0}}
\end{aligned}
\tag{4-4}
$$

对式 (4-4)[①] 稍加转化，将最大化任务变成最小化任务，得到损失函数，如式 (4-5) 所示：

$$
\begin{aligned}
E &= -LL\\
&= -\left(\boldsymbol{h}_{w_c}^{\prime\mathrm{T}}\cdot\boldsymbol{h}_{w_0}-\log\sum_{i=1}^{V}e^{\boldsymbol{h}_{w_i}^{\prime\mathrm{T}}\cdot\boldsymbol{h}_{w_0}}\right)
\end{aligned}
\tag{4-5}
$$

有了损失值，接下来的任务就是计算梯度以及更新模型参数完成一次学习。

4.3.3　反向传播

反向传播是从输出层到输入层的链路，经过前向传播得到损失值后，反向从后往前不断计算各层参数的梯度，进行参数更新。

1. 输出层到隐藏层

首先来看看矩阵 $\boldsymbol{W}'$ 如何更新。根据式 (4-5)，对 $\boldsymbol{h}_w'$ 求导，得到式 (4-6)：

$$
\frac{\partial E}{\partial \boldsymbol{h}_w'}=\begin{cases}\left(\hat{y}_c-1\right)\cdot\boldsymbol{h}_{w_0}, & i=c\\[2mm]\left(\hat{y}_i-0\right)\cdot\boldsymbol{h}_{w_0}, & \text{其他}\end{cases}
$$

由此，假设学习率为 η，则 $\boldsymbol{h}_w'$ 的更新公式为

$$
\boldsymbol{h}_w^{\prime\mathrm{new}}=\boldsymbol{h}_w^{\prime\mathrm{old}}-\eta\frac{\partial E}{\partial\boldsymbol{h}_w'}
\tag{4-6}
$$

2. 隐藏层到输入层

再来看看 $\boldsymbol{W}$ 如何更新。根据式 (4-5)，对 $\boldsymbol{h}_{w_0}$ 求导，得到式 (4-7)：

$$
\frac{\partial E}{\partial \boldsymbol{h}_{w_0}}=\begin{cases}\left(\hat{y}_c-1\right)\cdot\boldsymbol{h}_{w_c}', & i=c\\[2mm]\left(\hat{y}_c-0\right)\cdot\boldsymbol{h}_w', & \text{其他}\end{cases}
$$

由此，假设学习率为 η，则 $\boldsymbol{h}_w$ 的更新公式为

$$
\boldsymbol{h}_w^{\mathrm{new}}=\boldsymbol{h}_w^{\mathrm{old}}-\eta\frac{\partial E}{\partial\boldsymbol{h}_w}
\tag{4-7}
$$

---

① 若无特别说明，书中的 log 均表示以 e 为底的对数。

从 Word2Vec 算法的原理可以看出，虽然模型结构有点儿类似于神经网络多层结构，但是整个模型结构中，除了最后的输出层需要计算概率而用到 softmax 之外，隐藏层并没有任何非线性函数，这一点经常被忽视。

4.3.4 算法优化

细心的读者可能已经发现了该算法存在的巨大问题，这个问题会导致算法在单词数量级增长时变得扩展性不够：式 (4-3) 的分母计算量过大，时间复杂度达到了 $O(V)$，也就是每训练一条数据，就要计算 V 次累加，如果 V 在百万、千万或者亿级，那么显然模型训练变得不切实际——此记为**问题 1**。

同时还可能存在这样的问题：虽然提前剔除了类似 "的" "啊" 等意义不大的词，但是依然存在超高频次的词，比如 "什么" "不知道" 等。一般情况下，出现频次越高的词，携带的信息量越少，如何处理才能让出现频次低的词也能充分参与训练呢——此记为**问题 2**。

1. Negative Sampling

问题 1 的关键在于式 (4-3) 分母计算量过大，由于 softmax 函数将数值转化为概率时需要计算所有值的指数和，导致了 $O(V)$ 的时间复杂度高。那么分母的求和项可不可以减少呢？

Word2Vec 算法的作者在论文[①]中通过实验进行了论证，式 (4-3) 分母的求和项可以不计算 V 次，如果数据集足够大，分母只需考虑当前周围词与其他 2~5 个非周围词就可以了。而这 2~5 个非周围词作为训练时的负例，是从 V 个词（准确来说是 $V-1$ 个词，因为要过滤掉当前的正例，即当前的周围词）中随机采样出来的。经过这种优化后，式 (4-3) 变成了式 (4-8)，函数的时间复杂度从 $O(V)$ 降至 $O(1)$。

$$
\begin{aligned}
\hat{y}_j &= p\left(w_j \mid w_0\right) \\
&= \text{sampled\_softmax}\left(\boldsymbol{h}_{w_j}^{\prime \mathrm{T}} \cdot \boldsymbol{h}_{w_0}\right) \\
&= \frac{e^{\boldsymbol{h}_{w_j}^{\prime \mathrm{T}} \cdot \boldsymbol{h}_{w_0}}}{e^{\boldsymbol{h}_{w_j}^{\prime \mathrm{T}} \cdot \boldsymbol{h}_{w_0}} + \sum_{i=1}^{d} e^{\boldsymbol{h}_{w_i}^{\prime \mathrm{T}} \cdot \boldsymbol{h}_{w_0}}}, \quad d \in [2-5]
\end{aligned}
\tag{4-8}
$$

既然负例是随机采样出来的，那么就涉及怎么采样的问题。具体而言，在采样时，每个词都有一定的概率被选作负例。同样，Word2Vec 算法的作者在论文中给出词 w_i 被选作负例的概率 $P(w_i)$ 为：

---

① Tomas Mikolov, Ilya Sutskever, Kai Chen, et al. *Distributed Representations of Words and Phrases and their Compositionality*, 2013.

$$P(w_i) = \frac{c(w_i)^{3/4}}{\sum_{j=1}^{V} c(w_j)^{3/4}} \tag{4-9}$$

其中，$c(w_i)$ 是词 w_i 在数据集中出现的次数。概率 P 在模型开始训练前事先计算好，将结果存储起来，不需要在训练时再次计算。

💡 为什么会设计这么一个函数，作者在论文中说明这是他尝试的多个函数中效果最好的。

2. Sub-Sampling

对于问题 2，也可以通过采样的方式来解决，也就是在每次生成一个样本时，按照一定概率丢弃某个词，比如一个样本原本如下所示：

无论 精神 多么 独立人 感情 总是 寻找 依附 寻找 归宿

随机概率性地丢弃句子中的某些词后，可能会得到如下训练样本：

无论 精神 独立人 感情 总是 寻找 依附 归宿

词的丢弃概率与词在语料库中出现的频率有关：出现的频率越高，被丢弃的概率就越高。作者同样在论文[①]中给出了词被丢弃的概率公式：

$$P(w_i) = 1 - \sqrt{\frac{t}{f(w_i)}} \tag{4-10}$$

其中 $P(w_i)$ 是词 w_i 被丢弃的概率，$f(w_i)$ 是词 w_i 在语料库中出现的频率（即词出现的次数与所有词出现的总次数的比值），t 是一个超参数，一般设置为 10^{-5}。

但是作者在 Word2Vec 的源码[②]中，实现丢弃概率的公式与式 (4-10) 有一点点差异，如式 (4-11) 所示：

$$P(w_i) = 1 - \left(\sqrt{\frac{f(w_i)}{0.001}} + 1 \right) \cdot \frac{0.001}{f(w_i)} \tag{4-11}$$

将式 (4-11) 对应的函数曲线画出来，如图 4-9 所示。

---

① Tomas Mikolov, Ilya Sutskever, Kai Chen, et al. *Distributed Representations of Words and Phrases and their Compositionality*, 2013.
② 源码地址：GitHub 的 tmikolov/word2vec 的 master 分支，commit id：20c129af10659f7c50e86e3be406df663beff438。

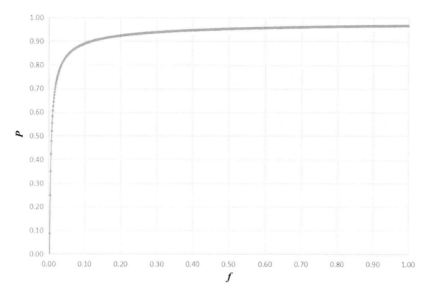

图 4-9 词丢弃概率与频率的关系

通过式 (4-11) 可以得到如下结论。

(1) $f(w_i) \leqslant 0.0026$ 时，$P(w_i) \leqslant 0$：只有频率高于 0.0026 的词才会在训练时被随机丢弃。

(2) $f(w_i) = 0.007\,45$ 时，$P(w_i) = 0.5$：频率等于 0.007 45 的词在训练时有一半的概率被丢弃。

(3) $f(w_i) = 0.1$ 时，$P(w_i) = 0.89$：频率等于 0.1 的词在训练时有 89% 的概率被丢弃。

(4) $f(w_i) = 1$ 时，$P(w_i) = 0.967$：如果整个数据集只有一个词，那么它在训练时有 96.7% 的概率被丢弃。

至此，Word2Vec 算法基于 Negative Sampling 的 Skip-Gram 训练方法的原理基本上已经全部讲述完毕，可以看到还是比较简单的。虽然看上去像是多层网络，但是它的隐藏层没有任何非线性激活函数。不过，即使算法理论非常简单，它的实现也非常值得研究。

4.4　源码分析[①]

为了算法的扩展性和运行性能，作者在代码实现时使用了不少技巧，本节会挑选一些主要的技巧加以说明（涉及模型参数更新的源码部分就忽略了，基本上是完全按照公式来实现的）。

4.4.1　负采样概率表

对于式 (4-9)，在实现时，并不是实时计算概率，而是提前把所有的概率值存储在一个数组中：

---

① 源码地址：GitHub 上的 tmikolov/word2vec 的 master 分支，commit id：20c129af10659f7c50e86e3be406df663beff438。

```
// word2vec.c 第 52 行
void InitUnigramTable() {
  int a, i;
  double train_words_pow = 0;
  double d1, power = 0.75;
  // table_size 大小为 1E8, 也就是 1 亿
  table = (int *)malloc(table_size * sizeof(int));
  // train_words_pow 为式 (4-9) 的分母
  for (a = 0; a < vocab_size; a++) train_words_pow += pow(vocab[a].cn, power);
  i = 0;
  // 第一个词的负采样概率, 因为 vocab 是按照 cn 降序排列的, 所以第一个词的概率最大
  d1 = pow(vocab[i].cn, power) / train_words_pow;
  // ***for 循环中的逻辑***
  for (a = 0; a < table_size; a++) {
    table[a] = i;
    if (a / (double)table_size > d1) {
      i++;
      d1 += pow(vocab[i].cn, power) / train_words_pow;
    }
    if (i >= vocab_size) i = vocab_size - 1;
  }
}
```

以上代码片段的核心逻辑在于 for 循环, 在厘清循环内部的逻辑之前, 先看看图 4-10, 一个示例语料词汇表, 存储了多个词。

图 4-10　语料库词汇表（不去重）

图 4-10 中的 A、B、C、D 出现的次数分别是 4、3、2、1, 表的长度（table_size）为 10。从图 4-10 很容易知道, 随机抽取得到 A 的概率为 0.4, 得到 B 的概率为 0.3。

根据式 (4-9), A 被选作负例的概率为 $\dfrac{4^{0.75}}{4^{0.75}+3^{0.75}+2^{0.75}+1^{0.75}} \approx 0.363$, 如果 table_size 等于 10, 那么 A 必须在表中出现 $\lceil 0.363 \times 10 \rceil \approx 4$ 次。如果 table_size 等于 1000, 那么 A 必须出现 363 次。因此, 总结出 for 循环内部的逻辑如下。

$$将词 w 在表中重复 m 次, 使得 m = \left\lceil \text{table\_size} \times \frac{c(w)^{3/4}}{\sum_{j=1}^{V} c(w_j)^{3/4}} \right\rceil, 通过条件$$

a/table_size > d1 来实现单词 w 重复 m 次: 当该条件不满足时, 词 w 一直在表中重复, 一旦条件满足, 则换成下一个词, 继续重复。

生成负采样概率表之后, 随机从表中抽出词 w 的概率为 $\dfrac{c(w)^{3/4}}{\sum_{j=1}^{V} c(w_j)^{3/4}}$, 满足式 (4-9)。

4.4.2 sigmoid 函数优化

sigmoid 函数如下：

$$\text{sigmoid}(x) = \frac{1}{1 + e^{-x}}$$

这个公式虽然写起来很简单，用起来也很简单，但是运行起来不简单，因为 e 这个无理数的存在，导致计算性能骤降。

$$\text{sigmoid}(x) = \frac{1}{1 + e^{-x}}$$

$$\text{simple}(x) = \frac{1}{1 + x}$$

上述两个函数各循环执行 1 000 000 次，sigmoid 耗时 260 ms，simple 耗时 20 ms（不同的机器可能耗时不一样）。

为了提高 sigmoid 的性能，提前计算好 $x \in [-6, 6]$ 对应的所有结果（sigmoid 函数的值区间是 0～1，输入在 $[-6, 6]$ 之间的 sigmoid 值，已经覆盖了值区间的 99.5%）。优化思路如下：

(1) 将 $[-6, 6]$ 分成 1000 等份，编号 0 到 999；

(2) 对于输入值 x，先找到它的编号 i；

(3) 再使用 expTable（数组结构）存储 x 对应的 sigmoid 值。

$$i = \left\lfloor (x+6) \times \frac{1000}{2 \times 6} \right\rfloor$$

$$\text{expTable}[i] = \frac{1}{1 + e^{-x}}$$

一个定长数组（expTable，$O(1)$ 空间复杂度）就将 sigmoid 函数的时间复杂度变成了 $O(1)$，运行所需的时间大大减少。

4.5 算法实战

本章的前半部分深入探讨了 Word2Vec 算法的理论与部分源码实现，那么如何将这种技术运用在推荐系统中呢？这是大家最为关心的问题。实际上，在推荐系统中，Word2Vec 算法与协同过滤算法类似，也会生成**物品相似表**，线上算法应用的方式与协同过滤也基本没有差别，重要的是，Word2Vec 算法生成的相似表是通过计算两两物品向量之间的相似度（比如余弦相似等）得到的。接下来以一个具体案例来讲述如何在电商中使用 Word2Vec 算法计算物品的相似度。

4.5.1　数据源

电商中的 Word2Vec 算法一般被称为 Item2Vec，顾名思义，就是将物品表示成向量。

Word2Vec 算法以 sentence 为单位，学习组成 sentence 的 word 的向量。在电商系统中，将用户在一段时间内的足迹（历史行为轨迹）作为一个 sentence，将组成 sentence 的物品作为 word。按照这样的思路，可以得到如表 4-6 所示的元数据。

表 4-6　用户行为轨迹

表　名 ＼ 字　段	user	items
recsys.data_w2v	字符串	字符串，访问过的物品 ID 集合，以逗号分隔

用户的历史行为轨迹必须按照时间顺序从远到近排列，因为 Word2Vec 的训练过程其实与词的顺序有很大的关系。同样，用户的历史行为轨迹也必须考虑物品与物品之间的时间间隔，比如用户浏览了 4 个物品，月初浏览了 2 个，月末浏览了 2 个，那么显然这 4 个物品不可以放在同一个历史行为轨迹中，也就是不要出现在一个句子中。

训练数据的生成直接决定了算法结果的质量，所以不同的业务一般按照各自的规则/经验去设置相应的超参数、聚合相应的数据——训练数据是整个算法最重要的一步。

4.5.2　运行[①]

算法默认的超参数如下。

- ❑ vectorSize：物品向量长度，默认为 100。
- ❑ learningRate：学习率，默认为 0.025。
- ❑ numPartitions：Spark 分区数，默认为 1。
- ❑ numIterations：训练迭代次数，默认为 1。
- ❑ minCount：物品在数据集中出现的最少次数，少于此则过滤掉，默认为 5。
- ❑ maxSentenceLength：句子的最大长度，超出则截断，默认为 1000。
- ❑ window：窗口大小，默认为 5。
- ❑ negative：负采样物品数，默认为 5。
- ❑ sample：下采样概率，默认为 10^{-3}。

[①] 本章是全书唯一使用 Scala Spark 编写代码的章。由于 Spark 官方提供的 Word2Vec 并不支持 Negative Sampling，因此这里使用第三方开源实现的基于 Negative Sampling 的 Skip-Gram 模型，仅支持 Scala Spark。版本：Scala 2.12，Spark 2.4.0。

算法的运行代码如下：

```scala
// 读取用户行为轨迹数据
val corpus = spark.sqlContext.sql("select user, items from rec.data_w2v")
val trainingData = corpus.map(r => r.getAs[String]("items").split(",")).toDF("ids")

// 运行 Word2Vec
val word2Vec = new Word2Vec()
  .setInputCol("ids")
  .setVectorSize(vectorSize)
  .setMaxIter(maxIter)
  .setNegative(negative)
  .setHS(0)
  .setSample(sample)
  .setMaxSentenceLength(maxSentenceLength)
  .setNumPartitions(numIterations)
  .setStepSize(learningRate)
  .setWindowSize(windowSize)
  .setMinCount(minCount)

val model = word2Vec.fit(trainingData)

// 得到 word 与向量的映射关系
val w2v = model.getVectors.rdd
  .map(r => {
    val word = r.getAs[String]("word")
    val vector = r.getAs[org.apache.spark.ml.linalg.Vector]("vector").toDense
    (word, vector)
  })
```

如此简短的代码就得到了所有物品向量，是不是特别简单？在日常开发过程中，最耗时的部分往往在于数据分析和数据处理，真正运行模型所需的时间反而占比很低。程序运行完得到物品向量后，接下来的任务就是据此计算每个物品的相似物品。

4.5.3　相似度计算

一般有几种衡量相似度的指标：Jaccard、欧氏距离、夹角余弦等。这里采用计算向量相似度时比较通用的余弦相似。

向量 $\vec{x}$ 与向量 $\vec{y}$ 的余弦相似度计算公式为：

$$\mathrm{cosine\_similarity} < \vec{x}, \vec{y} >= \frac{\vec{x} \cdot \vec{y}}{\|\vec{x}\| \times \|\vec{y}\|} \tag{4-12}$$

对于 M 个物品，计算 Top N 个最相似物品最简单直接的伪代码如下：

```
map = {}
for i from 1 to M:
  heapI: 小顶堆, 保存物品 i 最相似的 N 个物品
```

```
  for j from i+1 to M:
    simIJ = cosine_similarity(vectorI, vectorJ) // 式 (4-12)
    if heapI.size < N: // 堆中元素不足 N
      heapI.enqueue(j)
      continue
    else if simIJ > heapI.head: // 物品 j 相似度排名 Top N 以内
      heapI.dequeue() // 堆顶物品出队
      heapI.enqueue(j) // 物品 j 入队
    else: // 物品 j 相似度排名 Top N 以外
      do nothing
  end for
  map[i] = heapI
end for
# end
```

利用上述逻辑，可以得到每个物品的相似物品，元数据如表 4-7 所示。有了这张表，就可以提供线上服务了（与协同过滤、关联规则等逻辑类似）。不过同样也可以发现，伪代码的时间复杂度为 $O(M^2)$，当 M 较小（万以内）时，运算时间可能不会造成太大问题，但是随着业务规模增长，M 很容易就达到百万甚至更高量级，过高的时间复杂度让计算无法在可以接受的时间内完成。有没有更好的算法能够快速计算海量物品向量的 Top N 相似向量呢？ANN（approximate nearest neighbor，近似最近邻）算法可以解决这个问题。

表 4-7　物品相似表结构

物品 1	物品 2	相似度
物品 ID	物品 ID	0～1 的数字

4.6　LSH 算法

ANN 算法专门用于解决海量物品中找近邻问题。相对于暴力穷举（brute force，BF）在高时间复杂度下得到精确的相似结果（ground truth），ANN 算法在牺牲一点儿精度的情况下可以快速得到相似结果。比如，假设 ANN 算法给出的 Top N 相似结果中有 90%~95% 在 ground truth 的 Top N 中，如果可以接受这种微小的精度损失，那么 ANN 算法是找相似的首选技术。接下来将介绍一种比较简单、易于理解的 ANN 算法——局部敏感散列（local sensitive hash，LSH）算法，掌握该算法，要先从散列说起。

4.6.1　散列

简单来说，散列就是将任意长度的输入，通过散列函数/算法转换成一个固定长度的输出，输出值称为散列值或者桶号。因此不同的输入有可能会得到相同的输出，这种现象叫作散列冲突。

如下就是一个简单的散列函数，将字符串转换成一个 [0, mod) 之间的数：

```python
# python: 3.6
def simple_hash(s: str, mod: int) -> int:
    hash = 0
    for char in s:
        hash += ord(char)
        # print(hash)
    return hash % mod
```

接下来这个散列函数稍复杂，它出现散列冲突可能性远远小于上面的函数：

```python
# python: 3.6
def another_simple_hash(s: str) -> int:
    hash = 0;
    for char in s:
        hash = 31 * hash + ord(char)
        # print(hash)
    return hash
```

LSH 算法高度依赖散列冲突，它的算法思想如下：**如果两份数据的散列值相同，那么它们有很大的概率是近邻**。因此，当查询某份数据的最近邻时，只需要对该数据应用散列函数得到散列值，然后只遍历与该散列值相同的数据，即可找到其近邻。也就是说，通过不断的散列操作，将原始较大的数据集切分成多个较小的子集，每个子集内的数据都具有相同的散列值，在查找近邻时，只对子集内的数据进行计算，这样计算量大大减少了。

如图 4-11 所示，假设有 5 份数据，对所有数据应用某个散列函数后，d4 和 d5 落到了同一个散列桶里，那么根据 LSH 的基本思想，d4 和 d5 很有可能是近邻，二者具有高度相似性。在计算 d4 的最近邻时，只需要在 8 号桶内查找数据就可以了，计算量骤减。

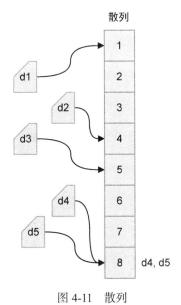

图 4-11 散列

LSH 算法到底是怎么快速找到近邻的呢？散列函数得到的都是随机值，怎么能保证相似度高的数据以高概率落在同一个数据桶内呢？相比最原始的需要 $O(N)$ 时间复杂度去计算得到一份数据的最近邻，LSH 算法的时间复杂度是多少？既然它也会犯错，那么它的错误率怎么预估？

4.6.2 算法逻辑

图 4-12 所示的是一个二维坐标系，有 A、B、C、D、E 5 个点。对于 A 点，如何用 LSH 的算法思想求它的最近邻点？

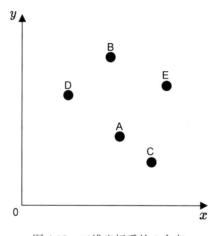

图 4-12 二维坐标系的 5 个点

如果两个点靠得很近，那么它们的 x 坐标应该很接近，先把这些点投影到 x 轴上，如图 4-13 所示。可以看出 B 点在 x 轴上与 A 点最接近，因此 B 点作为 A 点的最近邻点候选。

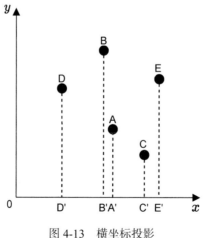

图 4-13 横坐标投影

同理，如果两个点靠得很近，那么它们的 y 坐标也应该很接近，再把这些点投影到 y 轴上，如图 4-14 所示。可以看出 C 点在 y 轴上与 A 点最接近，因此 C 点也作为 A 点的最近邻点候选。因此为了得到 A 的最近邻点，只需要分别计算 A 点与 B 点、C 点的距离即可，由于 AC 比 AB 更短，因此 C 就作为 A 的最近邻点了。

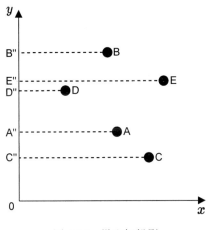

图 4-14　纵坐标投影

基本上 LSH 算法找近邻的逻辑与以上类似，算法当然不会直接使用 x 轴和 y 轴进行投影，而是随机生成 k 条直线，每条直线将二维空间一分为二，其中一个空间中的点全标记为 1，另一个空间中的点全标记为 0，如图 4-15 所示（k 为 3）。

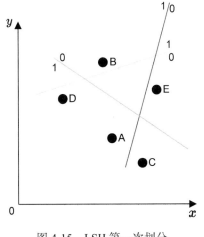

图 4-15　LSH 第一次划分

A 点经过三条线的划分后，得到了一个新的签名（signature）：101。同理，可以得到其他 5 个点的签名，如表 4-8 所示。

表 4-8 所有点的第一个签名

点	签名
A	1 0 1
B	1 1 0
C	0 0 1
D	1 0 1
E	0 0 0

接着，LSH 将具有同样签名的点放在一起，计算近邻点时只考虑同签名的点，因此 A 点和 D 点就会被放在一起。但是问题随之而来了，明明 C 点是 A 点的最近邻点，却因为随机空间划分时没有将 A 点和 C 点划分在一起导致只能选择 D 点，错误率未免有些高。LSH 算法对此的解决方案是：再随机生成第二组 k 条直线，依旧是每条直线将二维空间一分为二，重复上述步骤，如图 4-16 所示。

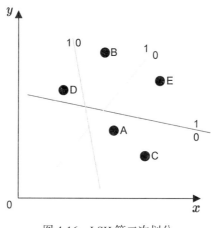

图 4-16 LSH 第二次划分

A 点经过三条直线的划分后，得到了第二个签名：0 0 0。同理，可以得到其他 5 个点的签名，如表 4-9 所示。

表 4-9 所有点的第二个签名

点	签名
A	0 0 0
B	1 1 0
C	0 0 0
D	1 1 1
E	1 0 0

经过这一轮之后可以看到，A 点与 C 点具有相同的签名。加上上一轮与 A 点具有相同签名的 D 点，在计算 A 点的近邻点时，C 和 D 均会作为候选参与计算，最终得到了最近邻 C 点。

总结一下 LSH 算法的逻辑，如下。

LSH 算法

假设数据共有 N 个点，每个点的维度为 D（原始数据的向量长度），签名个数为 L，签名长度为 k。

(1) for p from 1 to N:

    1) 将 D 维的点 p 乘以 D 行 k 列的随机初始化矩阵 W，得到一个 k 维向量（这一步本质上是向量映射的操作，由 D 维映射到了 k 维）

    2) 对于 k 维向量中的每一位，若大于 0 则将其置为 1，否则置为 0

    3) 将经过第 2) 步处理后的向量作为 p 的签名（signature）

    end for

(2) 将上述 for 循环重复 L 轮，即可得到所有点的 L 个签名，每个签名长度为 k。

(3) 将拥有相同签名（只要两个点的 L 个签名中任意一个相同，就可以说它们拥有相同的签名）的点存储在一起。

(4) 在计算近邻点时，只需遍历相同签名的点，计算相似度（距离）即可。

注意第 (3) 步：两个点的签名一样，并不是要求它们 L 个签名完全一样，只要任意一个相同即可。比如 A 点和 C 点，L（L 为 2）个签名中第二个是一样的，那么就可以认为它们签名相同，可以存储在一起。LSH 算法的主要概念如图 4-17 所示。

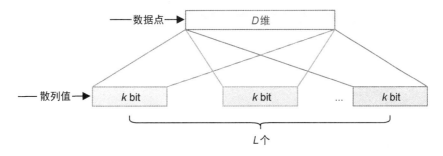

图 4-17 LSH 算法的主要概念

可以发现，算法的逻辑还是很简单的，那么它的时间复杂度如何分析呢？

4.6.3 时间复杂度分析

对于一个点 p，要找到它的最近邻点 q，LSH 算法比暴力穷举好多少呢？它的查找时间复杂度是多少呢？

首先可以明确的是，暴力穷举查找点 p 的最近邻点 q 的时间复杂度为 $O(N)$。

假设数据点个数为 N，每个点维度为 D，签名长度为 k，签名个数为 L，首先只考虑一个签名的情况。

因为 L 个签名彼此独立，所以只计算在一个签名下的时间复杂度，再乘以 L 就可以了。

要查找点 p 的最近邻点 q，步骤如下。

(1) 计算点 p 的签名：将 p 的 D 维向量映射成 k 维，得到签名 sig，时间复杂度为 $T_1 = Dk$（D 维向量乘以 D 行 k 列的矩阵 $\boldsymbol{W}$）。

(2) 签名 sig 下平均点的个数 $n = N / 2^k$（签名长度为 k，每个维度取值 1 或 0，可以表示的签名个数为 2^k，N 个点落在每个签名里的平均个数为 $N / 2^k$）。

(3) 对这 n 个点进行遍历，根据相似度计算公式计算得到最近邻点 q，此时计算的是签名内部点的相似度，都是 D 维的点，所以遍历 n 个点的时间复杂度：$T_2 = Dn = DN / 2^k$。

(4) 综合时间复杂度：$T = T_1 + T_2 = Dk + DN / 2^k$

上述过程计算的是签名个数为 1 时的时间复杂度。当签名个数为 L 时：

$$
\begin{aligned}
T &= L \times (Dk + DN / 2^k) \\
&= LDk + LDN / 2^k \\
&= LD\log N + LD = O(\log N), \text{ 当且仅当} k = \log N
\end{aligned}
\tag{4-13}
$$

由式 (4-13) 可得，LSH 算法在一定条件下可以将近邻搜索的平均查找时间从 $O(N)$ 降到 $O(\log N)$。

LSH 算法解决了速度的问题，那么它的精度呢？

4.6.4 错误率分析

LSH 算法作为一个 ANN 算法，决定了它不可能 100% 保证给出的最近邻是真的最近邻，也就是说它肯定会犯错误。一般而言，它会犯的错误分为两种。

❑ false negative error：本来 a 点和 b 点是近邻，但是 LSH 算法认为不是。

❑ false positive error：本来 a 点和 b 点不是近邻，但是 LSH 算法认为是。

1. false negative error

 本来 a 点和 b 点是近邻，但是 LSH 算法认为不是。

LSH 算法如果认为 a 点和 b 点不是近邻，那么说明必须满足：**a 点的 L 个签名和 b 点的 L 个签名，没有一个是相同的。**

每个签名由 k 个 bit 组成，只要两个签名任意 bit 不同，那么这两个签名就不一样。因此，false negative error 的概率为：

$$
\begin{aligned}
\text{false negative error} &= P(\text{a和b的}L\text{个散列值都不一样}) \\
&= P(\text{hashcode}(a)\,!=\,\text{hashcode}(b))^L \quad //\ \text{假设}L\text{个散列值之间互相独立} \\
&= P(k\text{个bit中至少有一个不一样})^L \\
&= (1 - P(k\text{个bit完全一样}))^L \\
&= (1 - P(\text{某一个bit值一样})^k)^L \quad //\ \text{假设散列值内部的}k\text{个bit互相独立} \\
&= (1 - p^k)^L, \ p = P(\text{点a和点b相同位置bit值一样})
\end{aligned}
$$

(4-14)

2. false positive error

 本来 a 点和 b 点不是近邻，但是 LSH 算法认为是。

同理，对于 a 点和 b 点，LSH 算法如果认为它们是近邻，那么必须满足：**a 点的 L 个签名和 b 点的 L 个签名，至少有一个是相同的。** 这个错误率就好计算了。

$$
\begin{aligned}
\text{false negative error} &= P(\text{a和b的}L\text{个散列值至少有一个一样}) \\
&= 1 - P(\text{a和b的}L\text{个散列值都不一样}) \\
&= 1 - \text{false negative error} \\
&= 1 - (1 - p^k)^L, \ p = P(\text{点a和点b相同位置bit值一样})
\end{aligned}
$$

(4-15)

3. p

现在所有的焦点都聚焦在 p 上了，p 表示 a 点和 b 点相同位置 bit 值一样的概率，这个概率怎么计算呢？

由前面的内容可知，LSH 算法的每个签名都由 k 个 bit 组成，每个 bit 取值 0 或 1，相当于每一 bit 都将空间一分为二，其中一个子空间中的值全为 1，另一个全为 0，如图 4-18 所示，黑色的线即切割线，切割线两侧的点对应的 bit 不一样。所以 a 点和 b 点要想在切割线切割空间时产生的 bit 一样，就必须出现在同侧。也就是说：

$$p = P(\text{a和b经过空间切割后产生的bit值一样})$$
$$= P(\text{a和b出现在分隔线同侧})$$
$$= 1 - P(\text{a和b出现在分隔线两侧}) \tag{4-16}$$
$$= 1 - \frac{\text{a和b的夹角}}{\dfrac{\pi}{2}}$$

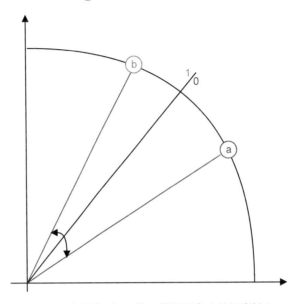

图 4-18　相同位置 bit 值一样的概率（另见彩插）

对于 false negative error，如果 a 点和 b 点确实是近邻，那么它们在坐标系中的夹角应该比较小，夹角越小，则式 (4-16) 中的 p 越大，式 (4-14) 计算出的概率就越小。同理，对于 false positive error，如果 a 点和 b 点确实不是近邻，那么它们在坐标系中的夹角应该比较大，夹角越大，则式 (4-16) 中的 p 越小，式 (4-15) 计算出的概率就越小。

错误率分析关注的是 LSH 算法**做错事**的情况，那么它**做对事**的情况又该如何衡量呢？

4.6.5　召回率分析

召回率的定义：假设 LSH 算法给出 Top N 个近邻，其中有 n 个确实是近邻，那么召回率为 n/N，一般认为召回率达到 95% 以上的 ANN 算法才算合格。

要评估 LSH 的召回率，必须知道每个物品 ground truth 的近邻，即精确的 Top N 近邻，而这只有暴力穷举才能得到。假设有 M 个物品，暴力穷举的时间复杂度约为 $O(M^2)$，当 M 达到百万或者更高量级时，暴力穷举无法在合理的时间范围内结束，在这种情况下，一般的处理方法是随

机抽 S 个物品，只计算它们的精确 Top N 近邻（S 的量级远远小于 M，比如设为 10 000），这样就把时间复杂度控制在了 $O(MS)$，用这 S 个物品的结果去评估算法的性能。

召回率的计算逻辑如下。

召回率计算逻辑

输入

□ Top N：每个商品需要计算 Top N 个近邻。

□ S：随机抽取 S 个物品，用它们的性能指标来衡量 LSH 算法召回性能的优劣。

□ M：物品个数。

评估逻辑

(1) 暴力穷举

```
bf[item, neighbors] = empty map
for sample from 1 to S:
    heap = N size min heap
    for candidate from 1 to M:
        similarity = similarity_calculation(sample, candidate)
        if similarity > heap.head:
            heap.dequeue()
            heap.enqueue((candidate, similarity))
    bf[sample] = heap
end for // 得到 S 个物品对应的真实近邻 true_neighbors
```

(2) LSH

```
lsh[item, neighbors] = lsh_algo(samples, N) // 调用 LSH 算法，得到 S 个物品中每个物品的
                                            // N 个近邻
```

(3) 召回率计算

```
recall_rate = 0.0
for sample from 1 to S:
    truths = bf.get(sample) // 分别获取暴力穷举和 LSH 计算的每个物品的 N 个近邻
    preds = lsh.get(sample)
    recall_rate += len(truths $\cap$ preds) / N // 交集长度除以 N

end for

recall_rate = recall_rate / S
```

4.7 Word2Vec 与 LSH

到了将 Word2Vec 与 LSH 结合的时候了：**使用 LSH 算法基于 Word2Vec 模型生成的物品向量计算物品相似度**。本章采用的 LSH 算法非 Spark 官方提供的，而是第三方开源实现的[①]，原因在于第三方实现的功能更多，使用更加便捷。代码如下所示：

```scala
// Word2Vec 模型训练
val word2Vec = new Word2Vec()
      .setInputCol("ids")   // 用户历史行为轨迹
      .setVectorSize(vectorSize)
      .setMaxIter(maxIter)
      .setNegative(5)
      .setHS(0)
      .setSample(1E-3)
      .setMaxSentenceLength(1000)
      .setNumPartitions(200)
      .setSeed(77L)
      .setStepSize(0.025)
      .setWindowSize(windowSize)
      .setMinCount(minCount)

val model = word2Vec.fit(trainingData)
val embedding = model.getVectors.rdd.map(r => {
    val word = r.getAs[String]("word").toLong // 这里的物品 ID 需要转为 Long 型
    val vector = r.getAs[org.apache.spark.ml.linalg.Vector]("vector").toDense
    (word, vector)
}) // 生成每个物品的向量

// LSH
import com.linkedin.nn.algorithm.CosineSignRandomProjectionNNS

val topN = 100
// 采用余弦相似
val lsh = new CosineSignRandomProjectionNNS()
      .setNumHashes(numHashes) // 对应 LSH 算法中的签名个数 L
      .setSignatureLength(signatureLen) // 对应每个签名长度 k
      .setJoinParallelism(1000) // spark join 并行度，根据自己的数据大小自行设置
      .setBucketLimit(bucketLimit) // 每个散列桶内保留的元素个数 # 1
      .setShouldSampleBuckets(true) // # 2
      .setNumOutputPartitions(100)
      .createModel(vectorSize) // 物品向量长度

val similarities = lsh.getSelfAllNearestNeighbors(embedding, topN)
// 算出来的是距离，这里转换成相似度
.map { case (item1, item2, distance) => (item1, item2, 1 - distance) }
.toDF("item1", "item2", "sim")
```

整段代码的逻辑都很直观，这里主要说明以下标注的两行。

[①] 领英开源的 ANN 算法。

❑ 注释 # 1 处：`bucketLimit` 控制了每个散列桶内的元素个数上限，物品向量一般并非均匀分布，所以可能某些桶内的物品特别多，这时候就只保留 `bucketLimit` 个物品，多出来的**丢弃**。

❑ 注释 # 2 处：对应注释 # 1 的丢弃，这里采用了**水塘抽样**的方式丢弃超过 `bucketLimit` 的物品，关于此种抽样方式这里就不展开了。

4.8　总结

❑ Word2Vec 算法源于 NLP 技术，将单词以向量的形式表示，这样不仅可以捕获单词之间的意义，而且极大地增强了算法在自然语言领域的能力。

❑ 一般有两种方法来训练 Word2Vec：Skip-Gram 和 CBOW，前者通过中心词来预测周围词，后者通过周围词来预测中心词。对于大数据集，一般使用 Skip-Gram 训练方法。

❑ 考虑模型的可扩展性和工程性能，采用 Negative Sampling 对负例进行采样，采样时考虑每个词出现的次数。训练过程中，也可以采用 Sub-Sampling 技术以随机丢弃的方式对热门词进行惩罚。

❑ 当把 Word2Vec 算法套用在推荐系统中时，又称为 Item2Vec 算法，使用类比的手法进行数据处理：将物品作为单词，用户的行为轨迹作为文档。

❑ 训练出物品的向量后，一般根据每个物品的向量去计算物品之间的余弦相似度，得到一张与协同过滤等算法类似的物品相似度表，然后对外提供服务。

❑ 在海量物品向量下计算物品相似度时，常见的做法是使用 ANN 算法，运算的时间复杂度大幅降低的同时结果的精度不会损失太多。

❑ LSH 算法作为 ANN 算法的一员，简单易懂，离线的效果一般也不错。其时间复杂度、错误率、召回率等是理解该算法所需要掌握的一些主要指标。但是 LSH 算法只能在离线环境和对算法延迟要求不高的场景中使用。一旦要求低延迟、高召回率，LSH 算法显然就有点儿力不从心了。第 5 章会介绍另外一种 ANN 算法以满足实时性和高召回率的要求。

第 5 章

深度学习双塔召回

回顾一下 Item-Based CF 算法、关联规则算法以及 Word2Vec 算法，会发现它们都会生成一张物品与物品之间的关系表。不管这种关系是相似性还是关联性，终究是物品间的某种关系，对外提供服务的方式也几乎一样：推荐与用户历史行为物品相似的物品。这种计算物品与物品之间关系的召回方式叫作 item 2 item，简称 i2i，主要用于相似推荐、相关推荐、关联推荐等。图 5-1 展示了京东和淘宝在首页推荐中大量使用了**找相似**功能。当然，i2i（协同过滤、关联规则等）也有天生的缺陷：首先，新品很难被推荐出来，因为新品的用户行为一般较少，所以很难计算出与其他物品的相似/相关关系；其次，因为新用户不存在历史行为，所以没有办法根据其历史行为做推荐。

图 5-1　找相似

除了找相似之外，还有另外一种常用的召回方式：根据用户的兴趣爱好去做推荐，而不仅仅是历史行为轨迹，比如视频网站发现用户喜欢周星驰、喜剧等题材的电影从而为用户推荐沈腾、贾玲、憨豆等的作品——这种计算用户与物品之间关系的召回方式叫作 user 2 item，简称 u2i，同样应用得十分广泛。不同于 i2i 召回方式只关注物品而忽略了用户，u2i 从用户的兴趣角度去做推荐，因而往往更加复杂，但是一旦将这种召回方式设计和运用得当，那么它带来的回报也会相当可观。

i2i 的召回方式十分容易理解，也特别符合正常思维，但是 u2i 的召回方式就不太好理解了：

- 怎么获知用户的兴趣？
- 怎么知道用户的兴趣与物品属性之间的关系？
- 在用户对物品 A 和物品 B 都没有任何历史行为的前提下，如何判定用户更喜欢哪个？

本章将解答以上这些问题。

5.1 向量化

假设小郭打算给自己买一件衣服，并且她有一些购物倾向：**颜色——不要太花哨；款式——均可；风格——偏休闲；面料——最好棉质；价格——适中**。带着这样的预期她逛了几家服装店后，心里有了一些候选，如表 5-1 所示。

表 5-1 小郭的候选服装

衣服 \ 属性	颜 色	款 式	风 格	面 料	价 格
连衣裙	碎花	A 字型	小清新	棉	中
半身裙	黑色	长款	休闲	皮	高
长裤	黑色	西装裤	职业	棉	中高

小郭开始对这几件候选服装进行了打分和排名。

- 连衣裙：颜色+1、款式+1、风格+1、面料+1、价格+1，一共 5 分。
- 半身裙：颜色+1、款式+1、风格+1、面料+0、价格+0，一共 3 分。
- 长裤：颜色+1、款式+1、风格+0.5、面料+1、价格+0.5，一共 4 分。

显然，最后小郭选择了连衣裙。她为什么会做出这样的选择呢？这个问题似乎有点儿过于简单了——她当然要选择最符合兴趣的那个。如果把小郭打分的过程强行用数字化的方式表达出来，借助向量化的概念：将**人的兴趣**和**物的属性**分别表示成向量，两者之间的夹角越小，则表示人越喜欢物，夹角越大则兴趣越低，这恰好是 $\cos\theta$ 的特性，即余弦相似度。也就是说，如果能够知道每个用户的兴趣向量、物品的属性向量，那么自然而然就可以为所有用户做推荐了：取与用户向量余弦相似度最高的 N 个物品向量对应的物品作为推荐结果即可。

问题在于，如何得到图 5-2 中的**用户向量**和**物品向量**呢？

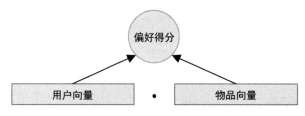

图 5-2　人和物的向量内积

5.2　双塔模型

图 5-3 为最简单的深度学习模型结构，由下至上：输入 x 经过多个隐藏层输出 y。一般来说，每一层的维度都比上一层小，整体看上去像是塔状结构，因此有时简称塔（tower）。

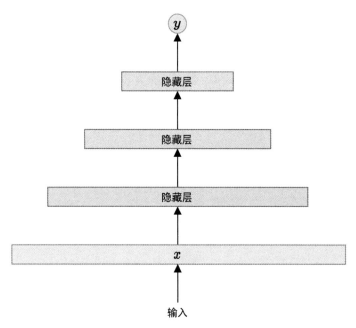

图 5-3　最简单的深度学习模型结构

那么，怎样通过这种模型结构来同时对人的兴趣向量和物品的属性向量建模呢？如果真的可以达到这样的效果，那么每个用户以及每个物品都可以生成对应的向量，然后就可以根据向量的余弦相似度去给用户做推荐了——这正是双塔模型所要完成的任务：一个模型同时对用户向量和物品向量建模。图 5-4 展示了该模型的网络结构，左右各有一个塔形的结构，这也正是它的名字——双塔——的由来。

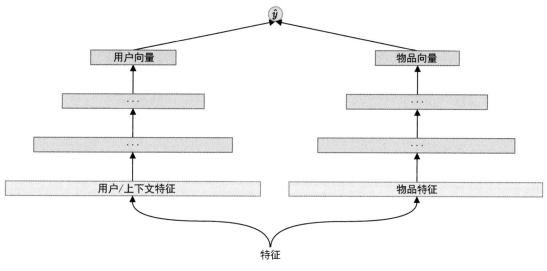

图 5-4　双塔模型结构

可以看到，双塔的输入特征要有所限制。具体来说，用户侧塔的输入特征必须是用户特征或者上下文特征（比如手机型号、网络类型、操作系统等非物品特征），物品侧塔的输入特征必须是物品特征（后文会介绍为什么要这么设计），各自的输入经过前几层隐藏层之后，最后一层隐藏层即为用户向量表示和物品向量表示，根据两者的内积（如果两个向量已经分别归一化，那么其内积就是余弦相似度）得到输出预测值 $\hat{y}$，通过计算预测值与真实值之间的损失，再反向传播更新参数，达到模型"学习"的目的。

因此，双塔模型被设计用来学习用户向量和物品向量，最终目的是通过这两个向量的余弦相似度去获得用户最可能感兴趣的物品，从而完成个性化推荐。双塔模型的原理非常简单，值得关注的是模型训练前的数据处理（尤其是正负样本的选择）以及模型对外服务时对于高性能、低延迟（毫秒级完成一次实时个性化推荐）的要求。

> 本章暂时不会涉及具体的数据处理和模型训练代码：生成适用于 TensorFlow 的训练数据以及使用 TensorFlow 实现深度学习模型训练和对外服务的细节会在本书的第二部分再做详细说明。

接下来以一个具体的业务应用场景为例来说明双塔模型的诞生和应用。

假设该业务的目标是：**提升某电商平台首页"猜你喜欢"的点击率**。那么应该如何根据这个具体目标，通过建模，将双塔模型与实际应用场景结合起来，解决业务问题呢？

5.2.1　数据准备

作为一个点击率预估任务，在准备训练数据时，需要确定标签和特征。

1. 标签

既然目标是提升点击率，那么数据的标签就很容易确定：曝光点击的正样本标签为 1，曝光未点击的负样本标签为 0（此处关于负样本的描述不是很严谨，不过暂时不影响理解本节内容，后文会说明负样本生成需要注意的事项）。

 曝光：用户实际看到了某件物品，就称为一次曝光。点击：用户看到物品之后点击了该物品，就称为一次点击。

2. 特征

一般个性化推荐系统会从以下 4 个方面去挖掘模型所需的特征。

- 用户信息：用户 ID、年龄、性别……
- 物品信息：物品 ID、物品类别 ID、品牌 ID、店铺 ID、价格……
- 上下文信息：事件发生时的一些环境信息，比如用户使用的手机品牌、操作系统，所在城市，事件发生的时间，页面 ID……
- 用户行为信息：用户过去一段时间内浏览/加购/收藏/购买过的物品/店铺/类别/品牌……

5.2.2　模型训练

数据准备好之后，会生成类似表 5-2 所示的训练元数据，表中是一些常用的特征及其格式，包括用户、物品、上下文和用户行为等 4 种最重要的特征。将训练数据输入双塔模型，如图 5-5 所示。

表 5-2　训练数据

user id	gender	age	item id	shop id	phone brand	phone os	city	hour	history clicks
用户 ID	用户性别	用户年龄	物品 ID	店铺 ID	手机品牌	操作系统	城市	时间	历史点击物品 ID

 一般情况下，对于用户的一些信息，比如年龄和性别，如果用户不主动告知，是没法准确知道的（在合法合规的前提下）。因此大多数时候会有另外一个任务，去训练一些算法模型，专门用于预测用户的年龄和性别等信息，然后这些预测信息会被周期性地写入用户画像供其他应用使用，比如推荐和搜索等业务。

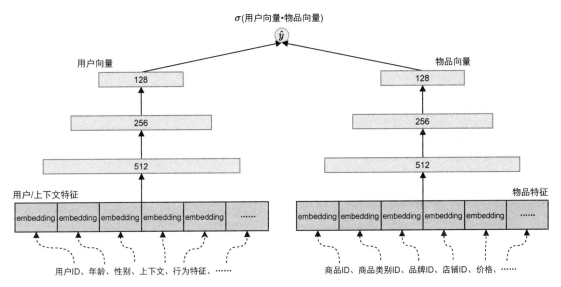

图 5-5　双塔模型数据流

一次训练的流程如下：

- 原始特征经过 embedding 层之后，拼接起来；
- 左右两个塔各自经过 [512, 256, 128] 三层网络；
- 将最后一层隐藏层作为用户向量和物品向量，维度均为 128，注意最后一层隐藏层的维度必须一致，否则无法做向量内积；
- 将用户向量与物品向量分别做归一化处理之后得到的各自单位向量进行内积，对其应用 sigmoid 函数，得到预测点击率 $\hat{y}$；
- 根据预测值 $\hat{y}$ 与真实值 y 计算损失值；
- 反向传播，更新参数梯度，完成一次模型的"学习"；
- 下一批数据继续训练，周而复始直到全量训练数据遍历完毕。

上面描述的是一次完整的双塔模型训练流程，与一般的深度学习训练并无太大差异，只不过需要注意的是，用户侧塔只接收**非物品特征**作为输入，物品侧塔只接收**物品特征**作为输入。

5.2.3　模型对外服务

当模型训练完毕，紧接着就需要让模型对外提供服务。一般来说，双塔模型在召回系统中的使用如图 5-6 所示，从这里可以发现，在对外服务时，两座塔需要分开使用。

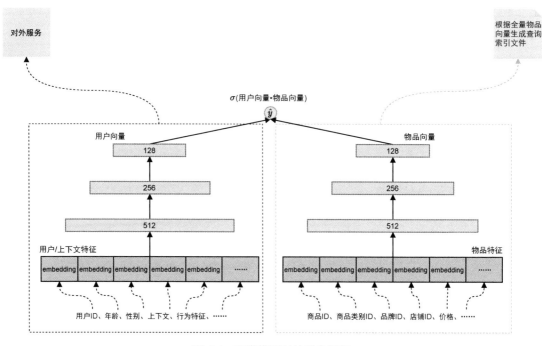

图 5-6　双塔模型对外服务拆解

- □ 用户侧塔：该侧的塔会被推送到线上用于实时预测，输入是用户特征以及上下文特征（无物品特征），输出是用户向量。
- □ 物品侧塔：该侧的塔与用户侧塔的使用方式差异比较大。

  - 在离线环境，遍历所有物品，将每个物品的特征输入该塔，得到每个物品的向量。
  - 将生成的**所有物品向量**同步到线上环境。

因此当用户请求到来时，整个双塔的运用流程如下：

(1) 将用户特征输入用户侧塔，得到用户向量；

(2) 对用户向量与**所有物品向量**求余弦相似度，取最相似的 Top N 个物品作为召回结果返回。

很容易发现，双塔模型的应用——不管是用户侧塔还是物品侧塔——处理方式都比较简单直接，前者在线上环境实时预测得到用户向量，后者在离线环境进行批量推理得到物品向量，然后计算两者的余弦相似度即可完成一次推荐。

可是，这一切真的这么简单吗？**用户向量与所有物品向量求余弦相似度！** 时间复杂度为 $O(N)$，N 是物品个数，当 N 突破百万级的时候，该复杂度会导致根本无法保证在毫秒级的时间内给出召回结果——这是双塔模型在对外服务时最核心也最重要的问题：如何保证一个用户向量在百万/千万级的物品向量中能够在毫秒级的时间内给出 Top N 个相似度最高的结果？因为通过朴素的遍历全量物品已经无法满足要求，所以需要一种高效的近邻搜索算法，它必须具备极低的时间复杂度和较高的检索精度，不仅能够满足实时检索的要求，还必须满足高召回率的要求。双塔模型线上对外服务的核心问题就转化成了——如何从海量物品中在毫秒级的响应时间内返回与用户最相关的 Top N 个物品。而这个问题的解决方案就是接下来要详细讲述的高性能 ANN 算法之一：HNSW 算法。

5.3 HNSW 算法

HNSW 算法[①]，全称是 hierarchical navigable small world graphs，从第一个和最后一个单词可以看出，这种算法依赖的数据结构是分层的图结构。它最主要的功能是根据给定的查询向量，快速地从海量的候选向量中以足够高的精度检索出最相似的元素。作为 ANN 算法的一种，它与 LSH 算法一样，在速度和精度之间需要取舍。本章的后半部分会讲到，HNSW 算法的精度极高（召回率很容易达到 95%+）且检索速度极快。

在详细介绍 HNSW 算法的原理以及诸多细节之前，首先将目光转向**跳表**这种数据结构，如果说 HNSW 算法依赖的是分层的图结构，那么跳表就是分层的链表结构，在掌握了跳表之后，再理解 HNSW 算法会容易得多。要理解跳表，先从二分查找开始。

5.3.1 二分查找

二分查找是在有序数组中查找某个元素时常用的算法之一，比如在生活中经常玩的猜数字的游戏，如图 5-7 所示。这个小游戏完美地将二分查找的思想运用到了实际生活中：

(1) 猜数时，选择上界与下界的中间值，猜对就返回；

(2) 如果答案比中间值小，那么就把上界设为中间值 – 1，如果答案比中间值大，那么就把下界设为中间值 +1；

(3) 使用更新后的上界或者下界，回到第 (1) 步继续猜，直到猜出数字。

① Yu. A. Malkov, D. A. Yashunin. *Efficient and Robust Approximate Nearest Neighbor Search Using Hierarchical Navigable Small World Graphs*, 2016.

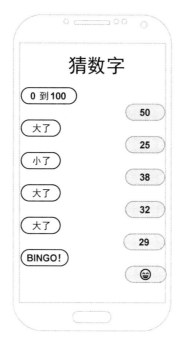

图 5-7　猜数字游戏

每次能够将待查找的元素个数缩减一半。简单分析二分查找的时间复杂度：假设初始的元素个数为 n，第一次查找后个数变为 $n/2$，第三次查找后个数变为 $n/4$，……，第 t 次查找后个数变为 1，查找结束。那么这个 t 就是算法的时间复杂度，由下式可以很容易地计算出时间复杂度是 $\log_2 n$。

$$n \times \left(\frac{1}{2}\right)^t = 1 \Rightarrow t = \log_2 n$$

二分查找的代码实现如下：

```python
def binary_search(arr, x):
    """
    注意：如果查找失败，不能返回 -1，因为在 Python 中，-1 是有效的索引值，表示数组的最后一位
    """
    if not arr:
        return None

    low = 0
    high = len(arr) - 1
    mid = 0

    while low <= high:
        mid = (high + low) // 2
```

```
            if arr[mid] < x:
                low = mid + 1
            elif arr[mid] > x:
                high = mid - 1
            else:
                return mid

        return None
```

5.3.2　有序链表

二分查找虽然简单易懂，查找的时间复杂度也很低，但是它的局限性比较大：只能用在类似数组这样的顺序表结构中，要求能够根据下标来访问。对于有序链表结构，普通的二分查找就显得无能为力了，因为链表不支持随机访问，只能从头指针开始访问（单向链表）。

如果我们把链表中的节点想象成公交站，公交车必须从始发站发车，逐个停靠沿途站点直至终点站。如果不巧乘客正好是从始发站上车，目的地是终点站，如图 5-8 所示，由于公交车在每一站都会停留片刻，因此乘客整个行程会花费很多时间。倘若大部分站点没有人上下车，那么通勤时间就显得更为浪费，有没有比较好的办法来解决这个问题呢？

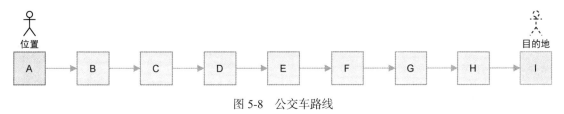

图 5-8　公交车路线

公交公司经过调研发现，有不少站点人流量特别小，因此决定对原先的路线进行优化调整，在这条线路上开通了大站快车——只在大站点停靠、小站点不停的班车。图 5-9 展示了调整后大站快车的路线。

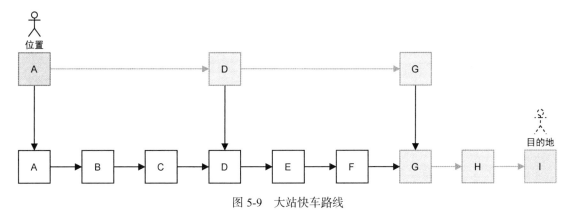

图 5-9　大站快车路线

开通大站快车后，只需要停靠 4 次即可实现从 A 站到 I 站，相比原始路线的 7 次缩短了一半时间。如果乘客的目的地是 F 站，那么他乘坐大站快车的路线可能是这样：

(1) 大站快车从 A 站出发；
(2) 到达 D 站，此时发现大站快车的下一站 G 站比目的地 F 站要远，于是选择下车，换乘普通公交，下一站为 E 站；
(3) 到达 E 站，再到 F 站，下车。

途中只需停靠 D、E 共 2 站（这里不考虑换乘公交所花费的时间），而普通公交需要停靠 B、C、D、E 共 4 站。

由图 5-9 可以看出，相较于有序链表，似乎可以在它的基础上再叠加一层有序链表，从而实现大幅降低算法查找时间复杂度的目的。如果思维再扩展一点儿，是不是叠加的层数越多，时间复杂度越低呢？但是层数越多，似乎空间复杂度又变高了，这种以空间换时间的处理方式值不值得尝试？具体的时间复杂度和空间复杂度到底是多少？如何量化？

这要用到接下来要介绍的数据结构——跳表。

5.3.3　跳表

跳表在原始**有序链表**的基础上增加了多层链表（也叫多级索引），通过多级索引之间的跳转来实现快速查找。

传统的链表我们都知道每个元素会有一个 next 指针，指向下一个元素，而跳表因为其结构的原因，又在每个元素上添加了另外一个指针——down 指针，图 5-10 展示了只有一级索引的跳表结构。

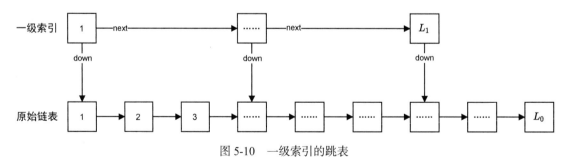

图 5-10　一级索引的跳表

根据图 5-10，跳表的查询逻辑（假设原始有序链表从小到大）如下。

(1) 待查找的元素值为 q。
(2) 从最顶层索引开始，当前节点为 p。

(3) 如果 p 的值等于 q，返回 p。

(4) 如果 p 的值大于 q，返回 NULL（大于 q 的情况只可能出现在首次比较，说明原始有序链表最小值都比 q 大）。

(5) 如果 p 的值小于 q，则查看 p 的 next 节点：

　　1) 如果 next 节点为空，返回 NULL；

　　2) 如果 next 节点的值等于 q，返回 next 节点；

　　3) 如果 next 节点的值小于 q，说明要查找的元素 q 不可能在 p 和 p 的 next 节点之间，p 移动到 p 的 next 节点；

　　4) 如果 next 节点的值大于 q，说明要查找的元素 q 只可能在 p 和 p 的 next 节点之间，p 移动到 p 的 down 节点，如果 down 节点为空，返回 NULL。

(6) 回到第 (3) 步，重复 (3)~(5) 步。

(7) 返回查找到的结果或者 NULL。

跳表的查询逻辑还是比较简单直观的，有意思的是它的时间复杂度和空间复杂度分析：它到底利用了多少空间交换了多少时间？

1. 时间复杂度

观察图 5-10，只含有一级索引的跳表，原始有序链表的长度为 $|L_0|$，一级索引的长度为 $|L_1|$，这里假设 $|L_0|$ 是 $|L_1|$ 的整数倍（该假设不会影响复杂度分析），一级索引把原始链表分成了 $\frac{|L_0|}{|L_1|}$ 段。

当一次查询从 L_1 跳至 L_0 时，在 L_0 上的遍历次数最多为 $\frac{|L_0|}{|L_1|}$。

因为查询一旦从 L_1 跳至 L_0，说明要查找的数在 L_1 上大于当前节点且小于下个节点，而 L_1 上两个节点的距离为 $\frac{|L_0|}{|L_1|}$，所以在 L_0 上最多需要遍历 $\frac{|L_0|}{|L_1|}$ 次。

因此，只含有一级索引跳表的查询时间复杂度（假设原始链表元素个数等于 N，$N=|L_0|$）为：

$$T = \text{在} L_1 \text{上查找的时间} + \text{在} L_0 \text{上查找的时间}$$

$$= |L_1| + \frac{|L_0|}{|L_1|}$$

$$\geqslant 2\sqrt{|L_1| \times \frac{|L_0|}{|L_1|}}$$

$$= 2\sqrt{|L_0|} = 2N^{\frac{1}{2}}$$

这个结果有点儿出人意料：仅仅加了一级索引，但是时间复杂度从 $O(N)$ 降到了 $O(\sqrt{N})$，这样的空间换时间好像性价比很高。那么如果添加更多索引，时间复杂度又是多少呢？

当跳表具有三层链表（即含有二级索引）时，其时间复杂度为：

$$
\begin{aligned}
T &= 在 L_2 上查找的时间 + 在 L_1 上查找的时间 + 在 L_0 上查找的时间 \\
&= |L_2| + \frac{|L_1|}{|L_2|} + \frac{|L_0|}{|L_1|} \\
&\geqslant 3\sqrt[3]{|L_2| \times \frac{|L_1|}{|L_2|} \times \frac{|L_0|}{|L_1|}} \\
&= 3\sqrt[3]{|L_0|} = 3N^{\frac{1}{3}}
\end{aligned} \tag{5-1}
$$

式 (5-1) 中的不等式用到了均值定理，即：

$x_1,\, x_2,\, x_3,\, \cdots,\, x_n$ 为正数时，$\dfrac{x_1 + x_2 + \cdots + x_n}{n} \geqslant \sqrt[n]{x_1 x_2 \cdots x_n}$，当且仅当 $x_1 = x_2 = x_3 = \cdots = x_n$ 时等号成立。

假设最顶层链表的元素个数为常数 m，如果想让式 (5-1) 中的等号成立，则下一层的元素个数为 m^2，再下一层为 m^3，……，最底层的原始链表元素个数为 N，可以很容易地算出从最顶层到最底层的链表层数为 $\log_m N$，而此时的时间复杂度为：

$$
\begin{aligned}
T &= \left(\log_m N\right) \times N^{\frac{1}{\log_m N}} \\
&= \left(\log_m N\right) \times N^{\log_N m} \\
&= m \times \log_m N
\end{aligned} \tag{5-2}
$$

式 (5-2) 表明，跳表的查找时间复杂度出人意料地为 $O(\log_m N)$，与二分查找的时间复杂度一样，也就是说，二分查找可以不再局限于数组这种顺序存储结构了，有序链表这种结构也可以达到与二分查找类似的时间复杂度——这正是跳表的优点所在。

但是，仔细回想跳表的多级索引，为了达到 $O(\log N)$ 的时间复杂度，数据结构上付出了一定的代价——使用了 $\log_m N$ 个链表，每个链表的个数都是 m 的指数次（ $m,\, m^2,\, m^3,\, \cdots,\, m^{\log_m N}$ ）。那么跳表到底占用了多少空间呢？它的空间复杂度是多少？

2 空间复杂度

链表个数为 $\log_m N$，每个链表的长度从最顶层到最底层（原始链表）依次为 $m,\, m^2,\, m^3,\, \cdots,\, m^{\log_m N}$，则总的链表长度为：

$$L = m + m^2 + m^3 + \cdots + m^{\log_m N}$$

$$= m \times \frac{1 - m^{\log_m N}}{1 - m} \quad // \text{等比数列求和}$$

$$= m \times \frac{N - 1}{m - 1}$$

即空间复杂度还是 $O(N)$，这是个好消息，说明跳表并不是那么占空间。很容易计算出，由于多级索引而需要额外增加的空间为 $L - N = \frac{N}{m-1} - \frac{m}{m-1} \approx \frac{N}{m-1}$，当 $N >> m$。

如果 $m = 2$，则额外需要 N 个空间；如果 $m = 3$，额外需要 $\frac{N}{2}$ 个空间，……，因此很容易发现，只需要不超过 N 个额外空间，就能达到 $\log N$ 的时间复杂度，这种空间换时间的交换还是特别划算的。

> 这里的分析只考虑链表中元素本身占用的空间，忽略了 next 指针和 down 指针的空间占用情况。不过实际工作中对于空间复杂度的要求一般远远低于对时间复杂度的要求。

以上便是对跳表的详细讲述，包括其设计原理、时间复杂度和空间复杂度。

> 跳表的性能特别优秀，Redis 底层的某些功能就是通过跳表实现的，这种数据结构是 Java 自带的实现之一，这里就不展开了。

不过，到目前为止我们介绍的都是对于单个元素的查找，如果查询的元素是向量怎么办呢？跳表好像无能为力了，因为它只适用于元素是单值的情况。但是可不可以从跳表的思想中受到启发——也生成多级索引，每一级的索引都是下一级索引的子集，只不过这些索引不再是链表，而是一个个高维度的空间结构——从而能够快速且精确地搜索到查询元素最近邻呢？

5.3.4 HNSW 算法[①]

HNSW 算法的全称为 hierarchical navigable small world graphs，从首字母就可以看出它的实现依赖一种分层的数据结构，每一层都是一张图结构。正是这一层层（是不是想到了跳表的层？）的图结构，实现了 HNSW 算法的高效近邻搜索。每一层的数据结构又叫作 NSW（navigable small world）——NSW 算法本身也是一种 ANN 算法，它之于 HNSW 就像链表之于跳表：跳表是由一层层的链表实现的，HNSW 是由一层层的 NSW 实现的。因此只要掌握了 NSW 算法，HNSW 算法也就基本上掌握了。

---

① Yu. A. Malkov, D. A. Yashunin. *Efficient and Robust Approximate Nearest Neighbor Search Using Hierarchical Navigable Small World Graphs*, 2016.

1. NSW 算法[①]

对于所有的 ANN 算法，理想的情况是它们最好能满足以下几个要求。

- □ 快：查找效率高，能够快速地找到近邻。
- □ 准：给出的近邻点尽可能为真实的近邻点，相近的点尽可能互为"友点"。
- □ 稳：不能有查找不到近邻点的情况，每个点都得有"友点"，不能存在"孤点"。

针对以上三个条件，NSW 算法又是如何一一满足的呢？如图 5-11 所示，13 个点都位于一张图（GRAPH）中，其中的蓝色节点（node）代表真实的数据点，顶点与顶点之间的黑色边（edge）代表数据之间的连接（connection），红色线代表两个节点之间存在"高速公路/远程连接"（long range link，后文会细说），有连接的两个点被称为"友点"（friend）。

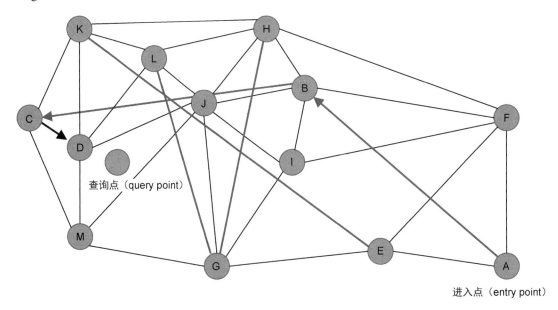

图 5-11   NSW GRAPH（另见彩插）

了解了这些主要概念之后，先来厘清 NSW 算法的最近邻搜索逻辑：给定一个查询点，如何找到该点的最近邻？回答完这个问题，再回头来详细讲述这个神奇的**高速公路**机制。

假设数据已经根据某种规则形成了一张类似图 5-11 中的 GRAPH，对于给定的查询点，查找其最近邻的逻辑如下。

---

① Yury Malkov, Alexander Ponomarenko, Andrey Logvinov, et al. *Approximate nearest neighbor algorithm based on navigable small world graphs*, 2013.

NSW 算法查找逻辑

Search(q, ep, ef)

- 输入：查询点 q，初始进入点 ep，近邻个数 ef
- 输出：查询点 q 的 ef 个近邻点

```
v ← ep // 已访问的点集合 // 1
C ← ep // 候选点集合 // 2
W ← ep // 已找到的近邻点集合 // 3
while |C| > 0
    c ← 从 C 中找到离 q 最近的点 // 4
    f ← 从 W 中找到离 q 最远的点 // 5
    if distance(c, q) > distance(f, q) // 6
      break // c 比 f 还远，停止搜索 // 7
    for each e ∈ neighbourhood(c) // 8 遍历 c 的友点，更新 C 和 W
      if e ∉ v // 9
        v ← v ∪ e // 10
        f ← 从 W 中找到离 q 点最远的点 // 11
        if distance(e, q) < distance(f, q) or |W| < ef // 12
          C ← C ∪ e // 13
          W ← W ∪ e // 14
          if |W| > ef // 15
              从 W 中删除离 q 点最远的点 // 16
return W // 17
```

一旦有了查询算法，构建 GRAPH 就简单了很多，如下伪代码显示了**节点插入**的逻辑。

NSW 算法插入逻辑

Nearest_Neighbor_Insert(q, ep, ef)

- 输入：查询点 q、初始进入点 ep、近邻个数 ef
- 功能：连接 q 和近邻点，生成 GRAPH

```
// 先查找到 q 的最近邻
neighbors = Search(q, ep, ef)
for i ← 0 to f-1
    // 将 q 和 neighbors[i] 连接起来
    neighbors[i].connect(q)
    q.connect(neighbors[i])
```

在了解了 NSW 算法的查询逻辑之后，依然有一个遗留问题——NSW 独有的**高速公路**机制到底是怎么回事儿？

● **高速公路**

为了展现高速公路机制的好处，以图 5-11 的原始 GRAPH 以及伪代码 Search 函数为例，目标是在 GRAPH 中查找绿色点 query 的 1 个最近邻，查找步骤如下（这里为简单起见，所有的数据结构均画成数组形式，实际上是通过大/小顶堆来实现的）。

(1) 伪代码第 1、第 2、第 3 行：初始化 V、C、W，假设初始进入点 ep 为点 A，如图 5-12 所示。

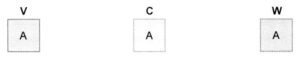

图 5-12　初始化

(2) 第 4、第 5、第 6、第 7 行：此时 C 中只有 A 点，因此变量 c 就是 A 点。取出 A 点，随后从 C 中删除 A 点，此时 W 中也只有 A 点，第 6 行判断条件不成立，直接进入第 8 行。

(3) 第 8 行：此时 c 为 A 点，遍历 A 点的友点 B、E、F。

  1) B 点

    i. 第 11、第 12 行：此行的变量 e 是 B 点，变量 f 是 A 点，B 点与 query 点的距离小于 A 点与 query 点的距离，第 12 行的判断条件满足。

    ii. 第 13、第 14、第 15 行：更新 C 和 W，由于只需要 1 个最近邻，因此删除 W 中离 query 较远的点（A 点），如图 5-13 所示。

图 5-13　更新 B 点

  2) E 点：第 11、第 12 行：此行的变量 e 是 E 点，变量 f 是 B 点，B 点与 query 点的距离小于 E 点与 query 点的距离，第 12 行的判断条件不满足，只更新 V，如图 5-14 所示。

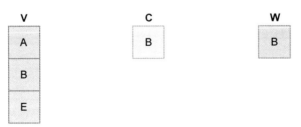

图 5-14　标记 E 点为已访问

3) F 点：与 E 点类似，与 query 点的距离均比 B 点与 query 点的距离远，只更新 V，如图 5-15 所示。

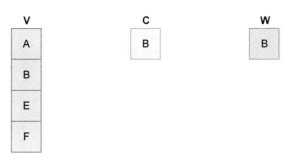

图 5-15　标记 F 点为已访问

(4) 回到第 4、第 5 行：变量 c 和变量 f 均为 B 点，进入第 8 行。

(5) 第 8 行：此时 c 为 B 点，遍历 B 点的友点 A、C、F、H、I、J……

重点来了：在第 (5) 步我们惊讶地发现可以直接通过 B 点找到 C 点，由于 C 点与真实近邻 D 点特别接近，因此再经过一步即可由 C 点找到 D 点，查询结束——B 点和 C 点之间的长连接正是算法中提到的高速公路机制：如果没有它，从 A 点到 B 点再到 C 点到 D 点可能要经过很多步，而现在只需要少数几个节点间的跳转就能到达目的地，查找效率大大提升。

● **高速公路的形成**

现在以 5 个点来演示一遍 NSW GRAPH 的构建，并以此来说明 GRAPH 中最为重要的高速公路的形成以及消失。5 个点在空间中的分布如图 5-16 所示，假定每个点最多只能有 2 个邻居/友点。

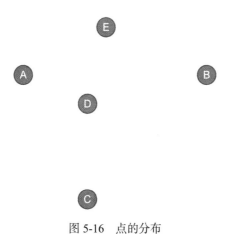

图 5-16　点的分布

(1) 首先插入 A 点，GRAPH 如图 5-17 所示。

图 5-17   GRAPH 插入 A 点

(2) 插入 B 点，此时只有一个 A 点，于是 A 添加 B 为邻居节点，B 也添加 A 为邻居节点（双向箭头表示 A、B 互为邻居节点），如图 5-18 所示。

图 5-18   GRAPH 插入 B 点

(3) 插入 C 点，此时 GRAPH 上有 A 点和 B 点，且 A 和 B 的邻居均少于 2 个，于是 C 将 A、B 作为邻居节点，A 和 B 也各自将 C 添加为邻居节点，如图 5-19 所示。

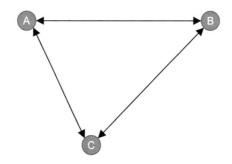

图 5-19   GRAPH 插入 C 点

(4) 插入 D 点，此时 GRAPH 上有 3 个节点，根据节点插入逻辑，D 要先找到近邻点，再与之形成连接。通过近邻查找算法，D 找到了 A 点和 C 点，于是 D 点与 A 点、C 点形成连接。

   □ A 点此时的邻居数大于 2（B、C、D），需要丢弃一个，显然 A 点会丢弃 B 点，因为 B 点最远。

   □ C 点此时的邻居数也大于 2（A、B、D），同理，C 点也丢弃 B 点。

经过上述调整后的 GRAPH 如图 5- 20 所示，红色线表示原先 GRAPH 中的邻居关系发生了变化，此时 B 点到 A 点、C 点的连接均变成了单向箭头：A 点到 B 点的高速公路消失了，C 点到 B 点的高速公路也消失了。

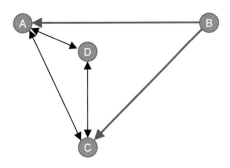

图 5-20　GRAPH 插入 D 点（另见彩插）

(5) 插入 E 点（如图 5-21 所示），同理，E 点要先找到近邻的 2 个点，得到 A 点和 D 点。因为 A 点和 D 点已经有了 2 个邻居了，所以这两个点要再次更新：

❏ A 点会丢弃 C 点，意味着 A 到 C 的高速公路也消失了；

❏ D 点也会丢弃 C 点。

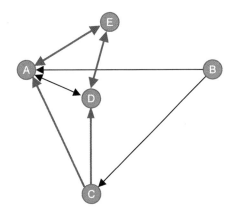

图 5-21　GRAPH 插入 E 点

通过以上节点插入过程的简单演示，可以得到如下结论：

❏ 高速公路机制在 GRAPH 构建的早期更容易产生，因为此时节点较少，两个距离较远的点有很大的可能性会作为邻居节点连接起来；

❏ 随着加入 GRAPH 的节点越来越多，高速公路越来越少。

而在 NSW 算法中，高速公路机制在提高近邻搜索效率上发挥着至关重要的作用，它的消失会大大损害算法的性能，因此需要一种 NSW 的优化算法，这种算法可以保证**即使在节点越来越多的情况下，高速公路也不会减少**——这就是 HNSW 算法。

2. HNSW 算法

高速公路越来越少的根源在于插入的节点越来越多:早期生成的节点之间的连接渐渐被后插入的更近的节点取代。于是,一个绝妙的想法产生了——将跳表的思想与 NSW 算法的思想结合起来,就创造出了 HNSW 算法。图 5-22 展示了它的结构,从中可以看出明显的跳表和 NSW 的痕迹。

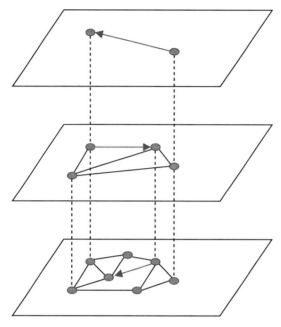

图 5-22　HNSW 结构(另见彩插)

图 5-22 中的蓝色节点为数据节点,绿色节点为待查询近邻节点,红色线为高速公路,黑色线为邻居连接。

每个节点会被随机分层,最底层(第 0 层)含有所有的数据节点,每往上一层,节点数呈指数级减少。每一层都是一张 NSW GRAPH。

在上层结构中,高速公路机制可以很好地发挥作用,能够快速定位到**待查询节点附近**。越往下层,查找越精准,最终到最底层时,候选节点的数量不仅不会太多,而且都在待查询节点附近。这样就做到了既能够保证速度,又能够保证精度。

到这里 HNSW 算法就基本上介绍完毕了。可以看到,在掌握了跳表的原理以及 NSW 算法的细节之后,再来看 HNSW 算法,会发现它非常简单,也会觉得 HNSW 算法的诞生是水到渠成的事情:每一层的操作与普通的 NSW 算法别无二致。

最后关于 HNSW 的 GRAPH，它的构建和查询有若干个参数需要调节，这些参数对算法的精度和速度都会产生或多或少的影响。下面简单讲述一下主要参数的经验值。

- ❏ efConstruction：插入节点时，该参数定义的是该节点的**候选**近邻节点个数。参数越大，召回率越高，代价是构建 HNSW GRAPH 的耗时变长，同时查询时间也会变长。一般设置为 $100 \sim 2000$。
- ❏ M：该参数定义的是每一层（非 0 层）每个节点最大的邻居个数（从 efConstruction 个候选中确定 M 个邻居），参数越大，召回率越高，查询时间越短，但是构建 HNSW GRAPH 的耗时变长。一般设置为 $5 \sim 100$。
- ❏ m_L：插入节点时，决定该节点从哪一层开始插入时用到的标准化因子。因为 HNSW 结构是一种多层的图结构，所以插入节点时，需要决定该点从哪一层开始插入：起始层数 = $\left\lfloor \ln(\text{uniform}(0\cdots1) \times m_L) \right\rfloor$。一般选择设置为 $\frac{1}{\ln M}$。
- ❏ $M_{\max 0}$：该参数定义的是最底层（第 0 层）每个节点最大的邻居个数，一般设置为 $2M$。

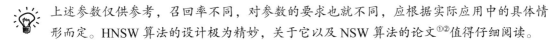 上述参数仅供参考，召回率不同，对参数的要求也就不同，应根据实际应用中的具体情形而定。HNSW 算法的设计极为精妙，关于它以及 NSW 算法的论文[1][2]值得仔细阅读。

5.4　双塔模型与 HNSW 算法

当双塔模型与 HNSW 算法结合后，整体框架如图 5-23 所示。当召回服务接收到外部请求（REQ）时，具体流程如下：

(1) 召回服务请求用户画像服务，得到用户特征；

(2) 召回服务将用户特征送入用户侧塔，经用户侧塔预测后将用户向量返回给召回服务；

(3) 召回服务将用户向量送入 HNSW 索引服务，HNSW 索引服务根据用户向量快速检索得到 Top N 余弦相似度最高的物品，返回给召回服务；

(4) 召回服务将 Top N 物品作为响应（RSP）返回。

由上述流程可以发现，模型从训练到上线并对外提供服务是一个复杂的过程，需要若干个团队的紧密合作，包括但不限于后端开发、系统运维、大数据中心、算法团队等。本书主要讨论算法的设计及应用，它们是算法工程师的核心工作，但是也应该意识到这些内容仅仅是整个推荐系统的一小部分。

① Yu. A. Malkov, D. A. Yashunin. *Efficient and Robust Approximate Nearest Neighbor Search Using Hierarchical Navigable Small World Graphs*, 2016.

② Yury Malkov, Alexander Ponomarenko, Andrey Logvinov, et al. *Approximate nearest neighbor algorithm based on navigable small world graphs*, 2013.

重点关注流程中的第 (3) 步，关于物品向量及其 HNSW 索引的生成逻辑：

(1) 周期性地（比如每天/每小时）处理所有物品的特征，并将处理好的数据存储起来；

(2) 周期性地导出双塔模型中的物品侧塔；

(3) 周期性地使用物品侧塔预测物品特征数据，得到所有物品的向量，并将此份物品向量存储起来；

(4) HNSW 服务监听物品向量存储地址，一旦发现有新的物品向量生成，主动加载，构建新的 HNSW 索引，构建成功后替换旧的索引；

(5) 流程结束。

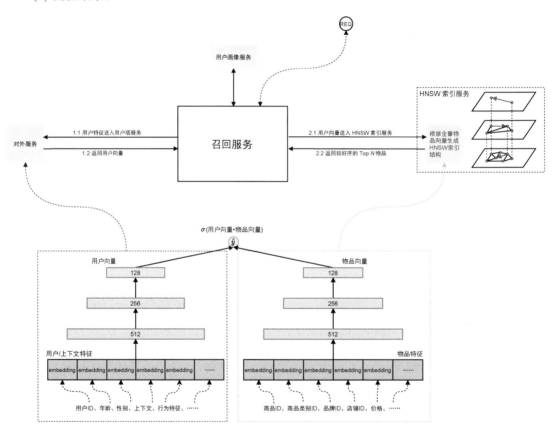

图 5-23　双塔模型与 HNSW 算法结合

至此，关于双塔模型的结构、特征选取、模型训练、模型的线上服务部分都已经详细介绍完毕了，尤其是线上服务的部分，重点是 HNSW 算法的原理以及使用。但是将双塔模型用于召回阶段时，还有一个至关重要的方面没有涉及，它对模型上线后的质量有重要影响——训练数据中负样本的选择。

5.5　负样本策略

召回模型对于负样本选择的重要程度往往被忽略。以点击率预估任务为例，一般情况下，在处理数据时，会选择曝光且点击的样本作为正样本，曝光且未点击的样本作为负样本。但是使用这种方式得到的数据训练出来的模型在线上的效果大概率不会太好——会出现离线指标特别好、上线效果特别差的现象。为什么这种负样本选择策略（曝光且未点击的样本）在召回模型上不奏效呢？

如图 5-24 所示，假设这是某个用户在 App 上的一次浏览，其中 A、B、C、D 对用户完全曝光，E 和 F 只露出一半，物品 D 被用户点击。因此，D 会被作为正样本，A、B、C 会作为负样本出现在最终的训练数据中，这就会导致一个很严重的问题：假如全量物品共 100 万，每日活跃物品（能够曝光出来的物品）50 万，如果只用曝光且未点击的样本作为负样本，则召回模型最多只能看到 50 万物品。这就是推荐系统中著名的选择偏差（selection bias）：模型看到的数据与真实数据不一致。召回模型上线后，一般需要从**全量物品**中筛选出用户最可能感兴趣的物品，而训练时只用了全量物品中的部分数据进行训练，导致模型"窥豹一斑"，也正因如此，才会导致模型在线上进行预测时，当遇见从未见过的物品时，其预测表现可能会非常不稳定。

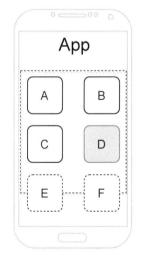

图 5-24　一次曝光

为了防止召回模型继续出现"眼界狭窄"的问题，在负样本的选择上可以参考如此做法——**负样本 = 曝光未点击样本 + 未曝光样本**。除了真实的曝光未点击的物品，额外添加一些未曝光过的物品，在一定程度上减少选择偏差现象的发生。依然以图 5-24 为例，假设物品池有 A 到 J 共 10 个物品，A 到 D 属于曝光样本，E 到 J 属于未曝光样本。正样本很容易选择，D 即为正样本。选择负样本时，曝光未点击样本 A 到 C 作为负样本，未曝光样本 E 到 J 也作为负样本。

当然了，在实际应用中，负样本都会进行某种程度的下采样，比如曝光未点击样本 A 到 C 下采样后只保留 B，未曝光样本 E 到 J 下采样后保留 H 和 L 等。具体的下采样策略又有多种形式：随机采样、按曝光量采样等，这里就不再赘述了。对召回模型的样本选择策略感兴趣的读者，建议仔细研读文献[①]，文中不仅提到了负样本的选择策略，还有一些正样本的选择策略、曝光未点击样本个数与未曝光样本个数比例最佳实践值等多种实用技巧。

5.6　总结

- 不同于协同过滤、关联规则等挖掘物品与物品之间关系的算法，有些算法模型直接寻找用户与物品之间的关系，比较典型的做法是将用户和物品分别向量化，再根据各自的向量计算两者之间的关系。

- 双塔模型[②]广泛用于召回阶段，特地设计出来用于学习用户向量和物品向量。双塔指的是用户侧塔和物品侧塔，这种结构的输入有一个很鲜明的特点——用户侧塔只接收非物品特征，物品侧塔只接收物品特征。

- 双塔模型在线上提供服务时，需要将两座塔拆开来使用：用户侧塔提供实时预测，供使用方获取用户向量；物品侧塔提供全局的物品向量。在大规模推荐系统中，物品个数都是百万甚至亿级的，因此使用用户向量快速获取 Top N 物品具有巨大的挑战性。

- HNSW 算法实现了在极低的时间复杂度下以非常高的召回率拿到相当数量的物品。该算法受到跳表思想的启发，将数据维度扩展到高维空间，利用分层结构快速找到查询向量的近邻。同时该算法也有比较多的超参数需要调试，不过一般情况下，使用默认参数即可达到 95% 的召回率。

- 召回模型的负样本选择需要重点关注。由于召回阶段一般是从全量物品中筛选出用户可能感兴趣的物品，因此训练数据与真实数据必须尽量保持一致，否则会导致模型一叶障目，最明显的现象是离线指标特别高、线上效果一般。负样本的选择可以说是决定召回模型质量的核心因素之一。

- 另外还有一点值得关注：业界已经有不少实践在尝试摆脱双塔结构的限制，毕竟只用向量内积会丢失太多信息。关于这方面的内容，可以参考一些优秀的公开论文[③④⑤]。

---

① Jui-Ting Huang, Ashish Sharma, Shuying Sun, et al. *Embedding-based Retrieval in Facebook Search*, 2020.

② Xinyang Yi, Ji Yang, Lichan Hong, et al. *Sampling-bias-corrected neural modeling for large corpus item recommendations*, 2019.

③ Han Zhu, Xiang Li, Pengye Zhang, et al. *Learning Tree-based Deep Model for Recommender Systems*, 2018.

④ Houyi Li, Zhihong Chen, Chenliang Li, et al. *Path-based Deep Network for Candidate Item Matching in Recommenders*, 2021.

⑤ Weihao Gao, Xiangjun Fan, Chong Wang, et al. *Deep Retrieval: Learning A Retrievable Structure for Large-Scale Recommendations*, 2021.

第6章

召回模型的离线评估

一个算法，历经数据分析、数据处理、特征工程、训练等多个步骤之后，落地为可以对外提供服务的模型，如图 6-1 所示。一般情况下，准备数据和训练模型都会在离线环境中进行，而一旦将模型推送到线上环境对外提供服务，就会对用户体验产生直接影响，这在很大程度上关系到实际的业务效果。因此，在模型上线之前，需要对模型加以评估——它的质量究竟是好是坏？到底能不能达到上线标准？模型的离线评估在一定程度上可以规避直接上线带来的严重负向效果的风险，同时能够提高迭代效率。

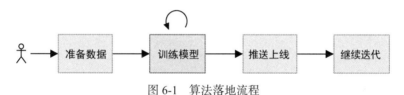

图 6-1　算法落地流程

召回算法也不例外，不管是协同过滤、关联规则，还是词向量或者深度模型，在迭代新的版本时，都有不同的离线指标来表明新版本是不是优于旧版本。比如，如何判断协同过滤模型 A 生成的物品相似度比协同过滤模型 B 好？如何判断词向量模型 C 生成的物品向量比词向量模型 D好？对于算法开发来说，还有一个比较重要的要求：针对不同的算法，能够做到特别了解有哪些指标适合评估它。

6.1　推荐任务类型

在推荐系统中有着各式各样的任务，比如点击率预估任务、转化率预估任务等，但是总的来说这些任务可以分为两类。

❑ **打分型任务**：预测用户对单个物品的打分，这类任务关注**准确性**。比如当目标是优化 GMV（gross merchandise volume，指下单金额）时，由于排序结果一般是按照"点击率 × 转化率 × 物品价格"排序的，因此对于点击率和转化率预测的准确性要求极高，否则会严重影响业务结果。

❑ **排序型任务**：预测用户在 M 个物品中最感兴趣的前 N 个。与打分型任务不同的是，这类任务只关注**排序质量**，即物品与物品之间的相对顺序。比如当目标是优化 CTR（click through rate，点击率）时，由于仅仅根据 CTR 来排序，不关心准不准，因此只关心是否把优质物品排在前面，次优质物品排在后面。

召回模型的目标是从海量物品中选出若干个物品作为用户的推荐列表，不关心具体的预测分值，只要能将用户可能感兴趣的物品排在前面就算完成任务。由此可以看出，它属于典型的排序型任务，所以对于召回的评估，只需要关注排序型任务的评估方法即可。

6.2　混淆矩阵

为了衡量模型的质量，需要把模型的预测结果与真实样本放在一起加以比对。真实样本分为正例和负例（可以简单理解为正例是用户感兴趣的物品，负例是用户不感兴趣的物品）。同样，预测结果有正例和负例之分。以 P（positive）表示正例，N（negative）表示负例，T（true）表示预测正确，F（false）表示预测错误，将真实样本和预测结果两两组合，可以生成如图 6-2 所示的 4 种情况，这就是混淆矩阵（confusion matrix）。

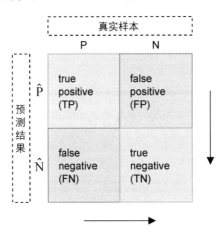

图 6-2　混淆矩阵

从上往下的视角是针对**真实样本**而言的，从左到右的视角是针对**预测结果**而言的。

❑ 第一行表示：**预测**为正的样本。
❑ 第二行表示：**预测**为负的样本。
❑ 第一列表示：**真实**为正的样本。
❑ 第二列表示：**真实**为负的样本。

因此，混淆矩阵中的 4 个单元分别表示如下。

❑ 第一行第一列：正样本被预测为正例，称为 TP（true positive）。
❑ 第一行第二列：负样本被预测为正例，称为 FP（false positive）。
❑ 第二行第一列：正样本被预测为负例，称为 FN（false negative）。
❑ 第二行第二列：负样本被预测为负例，称为 TN（true negative）。

下面以一个简单的例子来说明上述指标。如图 6-3 所示，真实样本分为红绿两类，模型的预测结果也已给出，正例用绿色表示，负例用红色表示，则混淆矩阵各单元如下，可以得到最右侧的混淆矩阵。

❑ TP：正样本被预测为正例，2 个。
❑ FP：负样本被预测为正例，1 个。
❑ FN：正样本被预测为负例，2 个。
❑ TN：负样本被预测为负例，3 个。

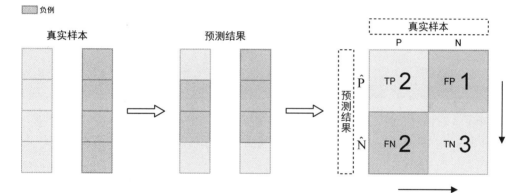

图 6-3　混淆矩阵示例（另见彩插）

接下来基于上述混淆矩阵，介绍一些常见的召回算法离线评估指标。

6.2.1　准确率

准确率（accuracy）的含义是：预测正确的样本数除以样本总数。计算公式如下所示：

$$accuracy = \frac{TP + TN}{TP + FP + FN + TN} \tag{6-1}$$

按照式 (6-1)，可以计算出图 6-3 混淆矩阵的准确率为 $accuracy = \dfrac{2+3}{2+1+2+3} = 62.5\%$。看上

去准确率是个很不错的评判指标，但是它在推荐系统中不怎么使用。问题出在式 (6-1) 的分子上，它考虑了 TN，而在推荐系统中一般不太关心**对负例预测的准确性**，而更为关心**对正例预测的准确性**，尤其是在负例占据绝大多数的情况下准确率的缺点更为严重。以曝光点击为例，假设有 100 条曝光数据，其中 1 条发生了点击（正例），其他 99 条没有发生点击（负例），那么如果模型将这 100 条数据全部预测为负例，准确率也能高达 99%，可以看出此时的准确率具有极高的欺骗性。也就是说，当存在**样本类别不平衡**的问题时（这也是推荐系统中最为常见的问题之一），准确率几乎是失效的。正因如此，诞生了其他两种指标：精确率和召回率。

6.2.2　精确率

精确率（precision）是针对**预测结果**而言的，指的是预测为正例的样本在真实结果中也是正样本的占比。

根据精确率的定义，其计算公式为：

$$precision = \frac{TP}{TP + FP} \quad // 分母为混淆矩阵的第一行之和 \tag{6-2}$$

由式 (6-2) 计算图 6-3 混淆矩阵的精确率为 $precision = \frac{2}{2+1} \approx 66.7\%$。

精确率和准确率看上去特别相似，但是关注对象发生了本质的变化，导致两者的意义完全不同：

- 精确率关注的是 TP，即对正例的预测准确程度；
- 准确率关注的是 TP 和 TN，即对整体的预测准确程度，既包括正例也包括负例。

6.2.3　召回率

相对地，召回率（recall）是针对**真实样本**而言的，指的是真实样本中正样本有多少被预测为正例。

根据召回率的定义，其计算公式为：

$$recall = \frac{TP}{TP + FN} \quad // 分母为混淆矩阵的第一列之和 \tag{6-3}$$

由式 (6-3) 计算图 6-3 混淆矩阵的召回率为 $recall = \frac{2}{2+2} = 50\%$。

召回率除了考虑 TP 之外，还考虑了 FN，即更在乎**不要把正样本预测为负样本**。因此在实际应用中，如果业务允许把负例预测为正例，但是不能接受把正例预测为负例，就应该更关注召回率，比如风控业务和银行贷款业务，一般这种业务建模时会将失信用户作为正例，正常用户作为负例，因此允许模型将正常用户作为失信用户对待（即接受 FP，这样大不了会进入更严格的人工审核流程），不允许将失信用户作为正常用户对待（即不接受 FN，这样就会给银行造成损失）。类似的情形也存在于癌症预测任务中，可以接受将健康用户预测为癌症用户，但是不能接受将癌症用户预测为健康用户（后果不堪设想）。

💡 recall 基本思想是：**宁愿错杀，不能放过**。还有一个常见的指标 hit rate，它只是召回率的另外一种叫法，本质上是一个概念。

6.2.4 F1 分数

仔细观察式 (6-2) 和式 (6-3)，精确率和召回率计算方式的唯一差别体现在分母上，由 FP 和 FN 决定，而这两个指标一般来说是负相关的，比如模型的任务是预测正或负，如果严格一点儿，那么 FP 会比较小，FN 会比较大；相反，如果模型宽松一点儿，FP 会比较大，FN 会比较小。一旦 FP 和 FN 是此消彼长的，那么精确率和召回率也是此消彼长的，如图 6-4 所示[①]，对于精确率和召回率同等重要的业务场景，需要在两者之间找到平衡，这就产生了 F1 分数。

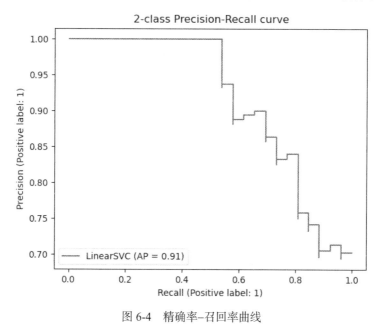

图 6-4 精确率–召回率曲线

F1 分数同时考虑了精确率和召回率，其计算公式为：

---

① 图片来源：sklearn.metrics.precision_recall_curve。

$$F1 = \cfrac{2}{\cfrac{1}{precision} + \cfrac{1}{recall}} = \frac{2 \times precision \times recall}{precision + recall} \tag{6-4}$$

式 (6-4) 中，只要 precision 和 recall 任意一个比较小，F1 就比较小；只有两者都比较大时，F1 的值才会大（最佳点应该是图 6-4 右上角的位置）。

由式 (6-4) 计算图 6-3 混淆矩阵的 F1 分数为 $F1 = \cfrac{2}{\cfrac{3}{2} + \cfrac{4}{2}} = \cfrac{4}{7} \approx 57.1\%$。

6.2.5　@k

不管是精确率还是召回率，都可以在一定程度上反映出模型的质量，但是它们也有很大的不足。举例来说，假设用户对 10 件物品感兴趣，有两个召回模型 A 和 B，它们都向该用户推荐了 40 个物品，且都只有 2 个确实是用户感兴趣的，则：

$$TP_A = TP_B = 2$$
$$FP_A = FP_B = 40 - 2 = 38$$
$$FN_A = FN_B = 10 - 2 = 8$$
$$precision_A = precision_B = \frac{TP}{TP + FP} = \frac{2}{40} = 5\%$$
$$recall_A = recall_B = \frac{TP}{TP + FN} = \frac{2}{10} = 20\%$$
$$F1_A = F1_B = \frac{2 \times precision \times recall}{precision + recall} = 8\%$$

所有指标完全一样，应该如何判断模型 A 和 B 谁更好呢？根据已有信息确实无法判断，但是如果加入一些额外的信息，比如：

❑ 召回模型 A 将这 2 个 TP 排在了 40 个物品的第 1 位、第 3 位；
❑ 召回模型 B 将这 2 个 TP 排在了 40 个物品的第 5 位、第 15 位。

从结果上来看，召回模型 A 在这一次推荐上的表现要比召回模型 B 好。但是怎么衡量到底好多少呢？本节先介绍两个基于精确率和召回率延伸出来的指标：precision@k 和 recall@k。

❑ precision@k：预测结果前 k 个中**正样本被预测为正例的个数** / k。
❑ recall@k：预测结果前 k 个中**正样本被预测为正例的个数** / 真实样本个数。

可以看出，这两个指标的分子本质上都是 TP@k。根据以上定义计算模型 A 和模型 B 的 precision@k 和 recall@k：

$\text{precision}_A @ 5 = 2 / 5, \text{precision}_B @ 5 = 0 / 5; \text{recall}_A @ 5 = 2 / 10, \text{recall}_B @ 5 = 0 / 10$

$\text{precision}_A @ 10 = 2 / 10, \text{precision}_B @ 10 = 1 / 10; \text{recall}_A @ 10 = 2 / 10, \text{recall}_B @ 10 = 1 / 10$

$\text{precision}_A @ 20 = 2 / 20, \text{precision}_B @ 20 = 2 / 20; \text{recall}_A @ 20 = 2 / 10, \text{recall}_B @ 10 = 2 / 10$

// A 和 B 完全一样

@k 指标一定程度上可以反映模型的排序质量，尤其是召回模型通常只关注能不能把用户可能感兴趣的物品筛选出来。但是如果模型 A 和模型 B 的推荐结果出现了如下情况：

- □ 召回模型 A 将这 2 个 TP 排在了 40 个物品的第 1 位、第 4 位
- □ 召回模型 B 将这 2 个 TP 排在了 40 个物品的第 2 位、第 3 位

在这种情况下，所有目前提到的评估指标都不能很好地判别到底谁更优，因此需要一个粒度更精细的能够衡量**排序位置质量**的评估指标。

6.3 nDCG

nDCG（normalized discounted cumulative gain）是一个天然用来衡量列表排序质量的指标，这个指标认为：

(1) 最相关的物品应该比次相关的物品更加重要，次相关的物品比不相关的物品更加重要，比如用户搜索红色长裙，那么搜索结果中红色长裙应该比长裙重要，长裙应该比短裙重要；

(2) 相关的物品越早出现越好，比如用户搜索华为手机，那么搜索结果中华为手机出现在第 1 位和第 20 位显然是完全不同的用户体验；

(3) 指标要具有可比性，比如根据搜索衣服得到的搜索结果算出来的 nDCG，与根据搜索手机得到的搜索结果算出来的 nDCG 要能够互相比较分出优劣，也就是说，nDCG 是经过归一化的，且只与排序结果的顺序有关，与其他因素（比如搜索词等）无关。

上述描述中有一个**相关的物品**的概念，nDCG 假设物品具有相关度（relevance），相关度越高，表示物品越重要，越应该排在前面。假设给用户返回了一个推荐列表，列表中的物品相关度越高，表示用户对该物品越有兴趣。比如，在电商推荐系统中，假设购买行为的相关度是 3，加购行为的相关度是 2，点击行为的相关度是 1，推荐系统给用户推荐了 [A, B, C, D, E] 5 个物品，而用户对这 5 个推荐物品产生了[A 购买, B 点击, C 加购, D 购买, E 加购] 行为，则对应的相关度为 [3, 1, 2, 3, 2]。

了解了相关度的概念后，在详细介绍 nDCG 之前，首先需要介绍 CG 和 DCG。

6.3.1 CG

CG 的全称是 cumulative gain，就是简单地将结果集中的物品相关度累加起来，因此计算公式也特别简单：

$$CG = \sum_{i=1}^{n} \text{relevance}_i \quad // i \text{ 是物品在列表中的位置}$$

根据 CG 的定义，上面提到的结果集 [A, B, C, D, E] 的 CG 值为：$CG = 3 + 1 + 2 + 3 + 2 = 11$。

不过很容易就能看出，CG 的缺点实在太大了，比如另一个结果集 [B, C, E, A, D] 对应的相关度为 [1, 2, 2, 3, 3]，它的 CG 也等于 11，但是显然这个结果集并没有把最相关的物品排在前面，并不是最优的结果集，此时 CG 值具有一定的欺骗性和误导性。因此我们不能只考虑物品的相关度，还需要考虑物品在结果集中的位置，这就是 DCG 的职责所在。

6.3.2　DCG

DCG 的全称是 discounted cumulative gain，它在 CG 的基础上考虑了物品所在的位置：位置越靠后，物品的相关度就越要"打折"（discounted）。加入位置因素后，DCG 的计算公式如下：

$$DCG = \sum_{i=1}^{n} \frac{2^{\text{relevance}_i} - 1}{\log_2(i+1)} \quad // i \text{ 是物品在列表中的位置，注意是从 1 开始的}$$

根据 DCG 的定义，分别计算具有相同 CG 的两个结果集 [A, B, C, D, E] 和 [B, C, E, A, D] 对应的 DCG：

$$DCG_{[A,B,C,D,E]} = DCG_{[3,1,2,3,2]} = \frac{2^3-1}{\log_2(1+1)} + \frac{2^1-1}{\log_2(2+1)} + \frac{2^2-1}{\log_2(3+1)} + \frac{2^3-1}{\log_2(4+1)} + \frac{2^2-1}{\log_2(5+1)} \approx 13.31$$

$$DCG_{[B,C,E,A,D]} = DCG_{[1,2,2,3,3]} = \frac{2^1-1}{\log_2(1+1)} + \frac{2^2-1}{\log_2(2+1)} + \frac{2^2-1}{\log_2(3+1)} + \frac{2^3-1}{\log_2(4+1)} + \frac{2^3-1}{\log_2(5+1)} \approx 10.12$$

由 DCG 的值可以发现，[A, B, C, D, E] 显然比 [B, C, E, A, D] 的排序质量高。解决了 CG 带来的问题之后，再来看看另一个结果集 [A, D, E] 的 DCG，很容易计算出它的 DCG 等于 12.92，按照 DCG 的标准，它的排序质量不如 [A, B, C, D, E]，但是仔细观察会发现 [A, D, E] 是严格按照相关度从高到低排列的，它的排序质量是最高的才合理，也就是说 DCG 也需要改进，要能够让不同长度的排序结果相互比较，这就有了 nDCG。

6.3.3　nDCG

nDCG 是归一化的 DCG。正是由于归一化的存在，nDCG 才可以比较不同长度的列表排序质量。nDCG 的计算公式为：

$$nDCG = \frac{DCG}{iDCG}$$

其中 iDCG 是 ideal DCG，即最优的 DCG。iDCG 的计算也特别容易：按照相关度从高到低排序之后算出来的 DCG 即为 iDCG。

分别计算 [A, B, C, D, E] 和 [A, D, E] 的 nDCG，结果如下：

$$\mathrm{DCG}_{[A, B, C, D, E]} \approx 13.31$$

$$\mathrm{iDCG}_{[A, B, C, D, E]} = \mathrm{DCG}_{[3,3,2,2,1]} = 14.60$$

$$\mathrm{nDCG}_{[A, B, C, D, E]} = \frac{\mathrm{DCG}_{[3,1,2,3,2]}}{\mathrm{iDCG}_{[3,1,2,3,2]}} = \frac{13.31}{14.60} \approx 0.91$$

$$\mathrm{nDCG}_{[A, D, E]} = \frac{\mathrm{DCG}_{[3,3,2]}}{\mathrm{iDCG}_{[3,3,2]}} = \frac{12.92}{12.92} = 1.0$$

按照 nDCG 的结果，[A, D, E] 的排序质量优于 [A, B, C, D, E]。

💡 实际应用中使用 nDCG 时会考虑结果集的长度，一般认为结果集越长，算出来的 nDCG 越可靠，因此会基于长度为 nDCG 加权，比如 [A, D, E] 的权重为 ln(3)，[A, B, C, D, E] 的权重为 ln(5)，最后将权重与 nDCG 相乘得到最终的排序质量评估，这时会得出 [A, B, C, D, E] 优于 [A, D, E] 的结论。

6.3.4 @k

与 precision/recall@k 相似，nDCG@k 也只关注列表中前 k 个结果的排序质量，这是由推荐系统的特性决定的：头部物品的排序质量往往可以决定整个推荐系统的质量，因为如果头部物品排序质量不高，很难吸引用户继续停留在推荐系统中。nDCG@k 的计算公式为：

$$\mathrm{nDCG}@k = \frac{\mathrm{DCG}@k}{\mathrm{iDCG}@k} \tag{6-5}$$

式 (6-5) 的计算步骤如下：

(1) 取推荐结果的前 k 个，计算 DCG，即分子 DCG@k；

(2) 将推荐结果按照相关度降序排列，取排序后的前 k 个，计算 DCG，即分母 iDCG。

再来看结果集 [A, B, C, D, E] 的 nDCG@k 指标值：

$$\mathrm{nDCG}@1_{[3,1,2,3,2]} = \frac{\mathrm{DCG}@1_{[3]}}{\mathrm{iDCG}@1_{[3]}} = \frac{1}{1} = 1$$

$$\mathrm{nDCG}@2_{[3,1,2,3,2]} = \frac{\mathrm{DCG}@2_{[3,1]}}{\mathrm{iDCG}@2_{[3,3]}} = \frac{7.63}{11.42} \approx 0.668$$

$$\mathrm{nDCG}@3_{[3,1,2,3,2]} = \frac{\mathrm{DCG}@3_{[3,1,2]}}{\mathrm{iDCG}@3_{[3,3,2]}} = \frac{9.13}{12.92} \approx 0.707$$

一般在召回阶段，最常使用的离线指标是 recall@k（又叫 hitrate@k 或者 hr@k）和 nDCG@k，k 的取值随着业务场景的不同而不同，典型的取值有 1、5、10、20 等。

6.4　其他指标

除了上述因混淆矩阵而衍生出来的指标和 nDCG 外，还有一些离线指标同样值得关注。

6.4.1　MRR

MRR 的全称是 mean reciprocal rank，一般用在搜索系统中，是将第一个命中查询条件的结果所在位置的倒数作为该指标的量化值。MRR 的计算公式为：

$$MRR = \frac{1}{Q}\sum_{i=1}^{|Q|}\frac{1}{rank_i} \tag{6-6}$$

其中 Q 是所有查询条件，$rank_i$ 是第 i 个查询条件对应的查询结果中第一个命中物品的位置。

以表 6-1[①]为例，根据表中的三条记录，可以计算整体的 MRR 为 $\dfrac{\frac{1}{3}+\frac{1}{2}+1}{3} \approx 0.61$。

表 6-1　MRR 示例

query	proposed results	correct response	rank	reciprocal rank
cat	catten, cati, **cats**	cats	3	1/3
torus	torii, **tori**, toruses	tori	2	1/2
virus	**viruses**, virii, viri	viruses	1	1

将 MRR 引入推荐系统中，式 (6-6) 就可以按照式 (6-7) 计算：

$$MRR = \frac{1}{U}\sum_{i=1}^{|U|}\frac{1}{rank_i} \tag{6-7}$$

其中，U 是所有用户，$rank_i$ 是给第 i 个用户的推荐结果中用户真实感兴趣的第一个物品的位置。

如果我们不仅关心第一个命中结果的位置，还关心后面的命中结果的位置，那么就要使用 MAP 这个指标了。

6.4.2　MAP

MAP 的全称是 mean average precision。顾名思义，为了计算 MAP，首先要计算 AP（平均准

---

① 示例来源：维基百科 mean reciprocal rank 页面。

确率），AP 考虑了位置信息以及基于当前位置的 precision，计算公式如下：

$$AP = \frac{\sum_{k=1}^{n} P(k) \times \text{rel}(k)}{\#\text{ground truth}}$$ (6-8)

其中，n 是推荐结果个数，k 是推荐结果位置，$P(k)$ 是 precision@k，rel(k) 表示当前位置的物品用户是不是真实感兴趣，是则值为 1，否则为 0，#ground truth 是用户真实感兴趣的物品个数。

举个例子来说明 AP 的计算逻辑，假设用户真实感兴趣的物品个数为 3，召回模型推荐出 5 个物品，结果如表 6-2 所示。根据表 6-2 中的数据，计算出对该用户的推荐

$$AP = \frac{0 \times 0 / 1 + 1 \times 1 / 2 + 0 \times 1 / 3 + 0 \times 1 / 4 + 1 \times 2 / 5}{3} = 0.3 \text{。}$$

表 6-2　AP 示例

推荐位置	是否命中	precision@k
1	0	0/1
2	1	1/2
3	0	1/3
4	0	1/4
5	1	2/5

掌握了 AP 之后，MAP 就很简单了，它只是多个 AP 的平均值。具体来说，当有 N 个用户时，对每个用户都计算出 AP，最后求平均，就得到最终的 MAP。

接下来介绍的指标主要用于 i2i 算法评估（如表 6-3 所示，包括通过协同过滤、关联规则和词向量等算法生成的物品与物品相似/相关度评估）。

表 6-3　i2i 表

物品 1	物品 2	相似度
物品 ID	物品 ID	0～1 的数字

6.4.3　多样性

基于每个物品，都会有 N 个相似物品（如表 6-3 所示），因此根据物品之间的相似度可以计算出整个模型的多样性（diversity），此时需要使用 ILS 这个指标，全称是 intra-list similarity，计算公式如下：

$$\text{diversity} = 1 - \text{ILS} = 1 - \frac{\sum_{i \in R} \sum_{j \in R\ i \neq j} \text{sim}(i,j)}{\sum_{i \in R} \sum_{j \in R\ i \neq j} 1}$$ (6-9)

式 (6-9) 中，i 是物品 1，j 是物品 2，$sim(i, j)$ 是 i 和 j 的相似度，分母是物品对的个数。由式(6-9)可以看出，相似度越低则多样性越高。

6.4.4　覆盖度

覆盖度（coverage）指的是算法中涉及的物品占全量物品的比例，主要考察算法对长尾物品的发掘能力。假设全量物品个数为 N，则对于表 6-3，覆盖度的计算公式为：

$$coverage_{物品1} = \frac{\#物品\ 1}{N}$$

$$coverage_{物品2} = \frac{\#物品\ 2}{N}$$

其中物品 1 的覆盖度是为了观察主物品的覆盖情况，物品 2 的覆盖度是为了观察能够根据主物品推测出来的相似物品的覆盖情况。

但是覆盖度只能看有没有覆盖到，具体覆盖了多少、覆盖的分布都不得而知，这时可以考虑查看信息熵。

6.4.5　信息熵

信息熵（entropy）用来衡量信息的不确定性。在推荐系统中，可以用它来衡量**物品流行度的分布**，信息熵越大，说明物品流行度越趋于平衡（强者愈强弱者愈弱的马太效应越不明显）。信息熵的计算公式如下：

$$H = -\sum_{i=1}^{N} p(i) \log p(i) \tag{6-10}$$

式 (6-10) 中，i 表示物品，N 是物品总数，$p(i)$ 表示第 i 个物品的流行度与全量物品的流行度之和的比值。物品流行度可以按照物品在过去一段时间内的曝光次数来统计。

> 推荐系统的离线评估指标还有很多，比如用户信任度、物品重复度、惊喜度、健壮性等，具体使用什么指标一般根据业务需求来判断，比如业务很在乎**新品**，那么**新品率**指标就必须纳入评估体系中。

6.5　代码实现

本节针对 i2i 的算法实现其离线评估代码。此类算法一般会生成表 6-3 所示的物品相似/相关度数据，接下来会使用 Spark 来对这份数据进行评估，主要实现的离线指标有 precision@k、recall@k 以及 nDCG 等。

再回顾一下 i2i 算法生成的物品相似/相关表在线上的服务逻辑：

(1) 用户向推荐系统发出请求，携带用户 ID；

(2) 系统根据用户 ID 获取其最近的行为物品列表；

(3) 根据行为物品列表去物品相似/相关表中查询相似/关联物品；

(4) 进行去重、过滤等一系列操作后，返回推荐列表。

之所以要回顾服务逻辑，是因为在评估时，最好与线上的逻辑尽量保持一致。

6.5.1　实现逻辑

要实现这些指标，除了表 6-3 之外，还需要一份用户行为数据（即 ground truth），一般使用用户行为数据作为用户真实感兴趣的物品集合。这份数据如表 6-4 所示，假设这是一份电商用户数据。

表 6-4　用户行为数据

user	item	relevance	timestamp
用户 ID	物品 ID	相关性	时间戳

说明

- relevance：可以根据用户具体的行为来确定，比如点击行为的 relevance 值为 1，加购行为的 relevance 值为 2 等。
- timestamp：用户行为发生的时间戳。

有了表 6-4 的数据后，就可以对表 6-3 的物品相似/相关度数据进行质量评估，生成想要的各种离线指标。具体评估逻辑如下：

(1) 使用 N 天的数据训练出模型 M；

(2) 使用第 $N+1$ 天的用户行为数据表作为评估数据；

(3) 以单个用户为例，假设用户 U 在第 $N+1$ 天按照时间顺序的行为如表 6-5 所示。

 多用户时，将所有单个用户数据下的指标各自计算完成后取平均即可。

表 6-5　单个用户行为数据

user	item	relevance	timestamp
U	item1	2	1605024000
U	item2	1	1605024010
U	item3	3	1605024030

开始计算用户 U 的推荐指标。

1) 获取第一行数据，得到行为物品 item1，查询**物品相似/关联表**，得到推荐列表 recs1。查看 item2 在 recs1 的命中情况以及排名情况，由此可以计算 TP、FP、nDCG 等指标。这里要注意：根据 item1 得到的推荐列表 recs1 去校验 item2 在 recs1 的命中情况。

2) 获取第二行数据，得到行为物品 item2，查询**物品相似/关联表**，得到推荐列表 recs2，
查看 item3 在 recs2 的命中情况以及排名情况。

3) 用户 U 的评估结束，根据上面第 1) 步和第 2) 步得到的信息，计算精确率、召回率、
F1 以及 nDCG 等指标。

(4) 将单个用户指标进行汇总，求平均，得到最终的算法评估指标。

6.5.2　完整代码

本案例的完整代码如下：

```python
# -*- coding: utf-8 -*-
import math
from pyspark.sql import SparkSession
from pyspark.sql.functions import col
from pyspark.sql.types import DoubleType, LongType

"""
spark: 2.4.0
python: 3.6
"""


class Metrics:
    def __init__(self, spark, ground_truth_table, i2i_table,
                 user_col="user", item_col="item",
                 relevance_col="relevance", timestamp_col="timestamp",
                 item1_col="item1", item2_col="item2", score_col="score"):
        self._spark = spark
        self._ground_truth_table = ground_truth_table
        self._i2i_table = i2i_table
        self._user_col = user_col
        self._item_col = item_col
        self._relevance_col = relevance_col
        self._timestamp_col = timestamp_col
        self._item1_col = item1_col
        self._item2_col = item2_col
        self._score_col = score_col

    def _get_ground_truth_dataset(self):
        return (self._spark.sql(
            f'select {self._user_col}, '
            f'{self._item_col}, '
            f'{self._relevance_col}, '
            f'{self._timestamp_col} from '
            f'{self._ground_truth_table}'))

    def _get_i2i_dataset(self):
        return (self._spark.sql(
            f'select {self._item1_col}, '
            f'{self._item2_col}, '
            f'{self._score_col}, from '
```

```
                f'{self._i2i_table}'))

def _label_predictions(self):
    def _list_append(acc, element):
        acc.append(element)
        return acc

    def _list_merge(acc1, acc2):
        acc1.extend(acc2)
        return acc1

    user = col(self._user_col).alias('user')
    item = col(self._item_col).alias('item')
    relevance = col(self._relevance_col).cast(DoubleType()).alias('relevance')
    timestamp = col(self._timestamp_col).cast(LongType()).alias('timestamp')
    ground_truth = self._get_ground_truth_dataset()
    ground_truth = (ground_truth.select(user, item, relevance, timestamp)
                    .rdd
                    .map(lambda row: (row.item, (row.user, row.relevance, row.timestamp))))

    item1 = col(self._item1_col).alias('item1')
    item2 = col(self._item2_col).alias('item2')
    score = col(self._score_col).cast(DoubleType()).alias('score')
    # 获取算法生成的物品相似/相关表
    i2i = self._get_i2i_dataset()
    # 根据 item1 进行聚合, 得到所有与之相似/相关的物品, 一般是 Top N 个
    i2i = (i2i.select(item1, item2, score)
           .rdd
           .map(lambda row: (row.item1, (row.item2, row.score)))
           .aggregateByKey([], _list_append, _list_merge))

    def _rearrange(record):
        _item1, ((_user, _relevance, _timestamp), _item2_and_rating) = record
        if not _item2_and_rating:
            _item2_and_rating = []
        return _user, ((_item1, _relevance, _timestamp), _item2_and_rating)

    def _single_user_metrics(user_recs):
        # user_recs 格式: (user_id, ((truth, relevance, timestamp), [(rec1, rating1),
        #   (rec2, rating2) ...]))
        _, recs = user_recs
        sort_by_timestamp = sorted(recs, key=lambda r: r[0][2])

        truths = []
        # 注意: 取后 N-1 个 truth
        for t in sort_by_timestamp[1:]:
            (truth, rel, _), _ = t
            truths.append((truth, rel))

        recs = []
        # 注意: 取前 N-1 个 recs
        for t in sort_by_timestamp[:-1]:
            _, rec_and_ratings = t
            # 根据得分降序排列
            rec_and_ratings = sorted(rec_and_ratings, key=lambda r: r[1], reverse=True)
            recs.extend([rec[0] for rec in rec_and_ratings])
```

```
            return zip(truths, recs)

        def _valid_records(user_recs):
            _, recs = user_recs
            return recs

        return (ground_truth.leftOuterJoin(i2i)
                .map(_rearrange)
                .aggregateByKey([], _list_append, _list_merge)
                .filter(_valid_records)
                .flatMap(_single_user_metrics))

    @staticmethod
    def _calc_metrics(ground_truth, relevance, recs):
        def log2(x):
            return math.log(x) / math.log(2)

        index = recs.index(ground_truth) if ground_truth in recs else -1

        if index >= 0:  # 说明命中了
            index += 1  # 计算 ndcg 时, index 从 1 开始
            dcg = (math.pow(2, relevance) - 1) / log2(index + 1)
            idcg = (math.pow(2, relevance) - 1) / log2(1 + 1)
            ndcg = dcg / idcg
            mrr = 1.0 / index
            tp = 1
            tpfn = 1
            tpfp = len(recs)
            return ndcg, mrr, tp, tpfn, tpfp
        else:
            return 0.0, 0.0, 0, 1, len(recs)

    @staticmethod
    def _merge_metrics(metrics1, metrics2):
        ndcg1, mrr1, tp1, tpfn1, tpfp1 = metrics1
        ndcg2, mrr2, tp2, tpfn2, tpfp2 = metrics2
        return ndcg1 + ndcg2, mrr1 + mrr2, tp1 + tp2, tpfn1 + tpfn2, tpfp1 + tpfp2

    @staticmethod
    def _final_metric(metric):
        ndcg, mrr, tp, tpfn, tpfp = metric
        precision = tp * 1.0 / tpfp
        recall = tp * 1.0 / tpfn
        f1 = 2 * precision * recall / (precision + recall + 1E-8)
        mrr = mrr / tpfn
        ndcg = ndcg / tpfn
        return precision, recall, f1, mrr, ndcg

    def metrics_at(self, ks):
        def k_metrics(record):
            (truth, relevance), recs = record
            result = []
            for k in ks:
                top_k = recs[:k]
                this_metric = Metrics._calc_metrics(truth, relevance, top_k)
                result.append((k, this_metric))
            return result
```

```
        label_predictions = self._label_predictions()
        # [(k, metrics), (k, metrics)]
        metrics_at_k = label_predictions.flatMap(k_metrics).reduceByKey(self._merge_metrics).collect()
        # 根据 k 值升序排列
        metrics_at_k = sorted(metrics_at_k, key=lambda m: m[0])
        metrics_at_k = [(k, self._final_metric(metric)) for (k, metric) in metrics_at_k]
        return metrics_at_k


if __name__ == '__main__':
    spark_session = (SparkSession.builder.appName('metrics').master('yarn')
                     .config('spark.serializer', 'org.apache.spark.serializer.KryoSerializer')
                     .config('spark.network.timeout', '600')
                     .config('spark.driver.maxResultSize', '5g')
                     .enableHiveSupport().getOrCreate())

    metrics = Metrics(spark=spark_session,
                      ground_truth_table="recsys.user_behaviour",
                      i2i_table="recsys.i2i_table")
    # [(k1, (precision1, recall1, f11, mrr1, ndcg1)), (k2, (precision2, recall2, f12, mrr2, ndcg2))]
    metrics = metrics.metrics_at([1, 2, 4, 8])
    spark_session.stop()
```

代码的实现比较易懂，基本上就是按照上一节的实现逻辑来执行的。上面只实现了部分指标，也是实际应用中比较常用的一些指标。

6.6 总结

- 将算法从理论落地为模型并且对外提供服务的过程中，为了减小直接上线带来的风险，需要对模型进行离线评估。合理的离线评估方法和指标，不仅可以大幅减少业务的损失，而且可以提高算法开发迭代的效率。
- 推荐系统的任务一般分为两类：打分型和排序型，前者关注预测值的准确性，后者关注排序质量。由于召回算法的目标很明确——从海量物品中筛选出用户可能感兴趣的物品——因此此类算法属于排序型任务。
- 排序型任务的离线指标常用的有因混淆矩阵而衍生出来的精确率、召回率以及 F1，由于关注了 TN，因此准确率的使用频率不如前三个指标高。
- 对于某个推荐列表，除了计算整体的精确率和召回率之外，一般还会计算 Top k 的指标，即 precision@k 和 recall@k，如果整体的指标很高，但是头部物品的指标很低，那么这也不能算是质量很高的推荐。
- nDCG 是专门用来评估某个列表的排序质量的，一般用在搜索系统中，它的优点是指标只与结果有关，而与查询无关，因此不同的查询得到的结果之间可以互相比较 nDCG 的大小。把它引入推荐系统之后，同样可以衡量推荐列表的排序质量。基本上涉及召回算法的评估，nDCG 算是一个必备的离线指标了。

- 除了混淆矩阵和 nDCG 之外，还有一些离线评估指标，比如 MAP、MRR 等排序指标。一般情况下这些指标是呈同增同减的趋势的，所以评估时并不需要计算所有指标，通常召回率和 nDCG 就够了。

- 其他一些与具体业务相关的指标，比如多样性、覆盖度、流行度分布、新品率等，就要视情况而定，如果业务很在乎马太效应，那么就必须将流行度分布、覆盖度和新品率纳入评估体系中。

- 实现评估指标时，一般会使用用户真实数据（电商中的用户消费数据，短视频、文章等内容平台的用户浏览记录等）作为 ground truth 进行评估。本章只实现了 i2i 算法类的评估，u2i 算法类的评估会在第二部分（排序算法）中详细介绍。

- 最后还需要注意的是，在做离线评估时，最好与线上的服务逻辑尽可能保持一致，这样才会尽量避免在线离线不一致的现象发生：通常表现为线下效果很好，但是线上效果很差。关于这部分内容，也会在第二部分（排序算法）再展开探讨。

第二部分

排序算法

使用召回算法，可以从海量的物品池中快速筛选出用户可能感兴趣的物品。从第一部分中不难看出，该筛选过程稍显粗糙，即使是深度模型召回，仅仅局限在双塔结构，建模时将用户特征和物品特征分开使用，两者之间并无任何交叉，也会丢失比较多的信息。

相比召回算法，排序算法更为精细一些，排序阶段需要打分的物品只有百级，因此在这个阶段会使用更为复杂的算法。也正因如此，排序算法的建模也最为耗时，大量时间花在数据处理、模型调参上。由于排序阶段基本上是物品曝光给用户之前的最后一道关卡（暂时不考虑重排），所以它的重要性不言而喻。

实际应用中的排序又会细分为两个阶段：粗排阶段和精排阶段，如图1所示。召回阶段结束后，筛选出来的物品数可能在百/千/万级别。设计出粗排和精排，都是为了性能考虑。如果本身的精排模型可以在合理的时间内将召回出来的物品排序完毕，那么就不需要粗排阶段，否则粗排阶段就显得比较重要：它的复杂度高于召回模型，低于精排模型，可以视作简化版的精排模型（比如，特征比精排模型少，模型比精排模型简单等）。

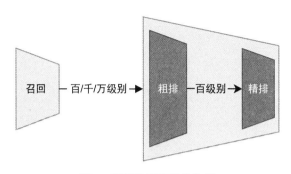

图 1   粗排阶段和精排阶段

但是粗排模型和精排模型又有很大的不同：粗排模型不必关心预测值的准确性，只需关注预测值的相对顺序的准确性；而精排模型需要关注预测值的准确性。因此一般情况下粗排模型可以选择 Listwise 的方式建模，精排模型依然选择 Pointwise 的方式建模。

第二部分从第 7 章到第 12 章，首先会讲述常见的特征工程，以及一些经典的排序算法；然后介绍深度学习模型在排序阶段的应用，Listwise 方式如何建模，排序算法如何做离线评估；最后会探讨深度学习建模过程中的一些最佳实践，包括调参和数据处理等。

第 7 章

特征工程和特征选择

Coming up with features is difficult, time-consuming, requires expert knowledge. 'Applied machine learning' is basically feature engineering.

— Andrew Ng

在应用机器学习领域有一句广为流传的名言：数据和特征决定了机器学习的上限，而模型和算法只是逼近这个上限而已。什么是特征呢？在维基百科中，特征的定义如下，大致可以翻译为**一种现象（phenomenon）表现出来的可衡量的属性（property）**，比如性别是现象，男女是属性；天气是现象，阴晴雨雪是属性。

In machine learning and pattern recognition, a **feature** is an individual measurable property or characteristic of a phenomenon.

具体来说，特征是模型的输入，再狭窄一点，特征是 $y = kx + b$ 中的 x，如果 x 和 y 选得不好，这个简单式子中的 k 和 b 也可能求解不得。因此可以说特征是建模过程中最为重要的部分。

那么什么又是特征工程呢？现实世界中，可以通过各种各样的途径获得各式各样的数据，比如电商领域的用户浏览/加购/收藏/购买数据，短视频领域的用户播放/点赞/下载/分享数据，这些数据中包含的信息类型也各式各样，有的是字符串，有的是整型，有的是浮点型，还有的是音频、图像、视频，等等。并不是所有类型都可以拿来直接使用，那些无法直接输入模型的数据就需要经过一定的处理——这就是特征工程。把原始数据通过一定的手段处理成机器学习模型可以识别的训练数据，旨在提高模型的预测性能。图 7-1 展示了特征工程在整个建模过程中的位置。作为原始数据与模型之间的桥梁，特征工程是机器学习领域最重要的核心技能，它决定着模型的质量。

特征工程为什么会成为最重要的一步？从图 7-1 可以看出，模型的产出是数据和算法共同作用的结果。算法是一门理论学科，只有数据与具体的业务有关，特征工程恰恰可以很好地反映出算法开发者对于业务的理解，并将业务中遇到的问题通过一定的手段加以解决。这也是为什么讲述算法理论的资料特别多，而剖析特征工程的图书却并不多见，因为算法理论具有一定的普适性，但是特征工程并没有这种普适性。比如，电商领域点击率预估任务对于数据的处理，与 NLP 领域机器翻译对于数据的处理大相径庭，同样，计算机视觉领域的数据处理又是另外一种完全不同的方式。

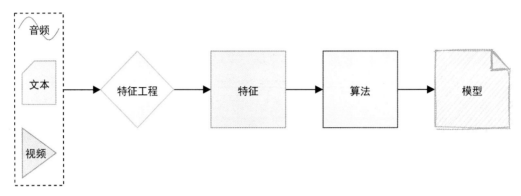

图 7-1 数据、特征、算法和模型

特征选择又是什么呢？当特征的数量增多，甚至模型训练速度开始显著降低或者线上服务的耗时明显增长时，需要在不损害模型指标的情况下对特征进行筛选，这种技术就叫作特征选择。虽然一些技术可以在建模过程中自动完成特征筛选，但是了解特征的重要性还是很有必要的，一旦掌握了某些特征比较重要，就意味着在这些特征上非常值得进行更深层次的挖掘。

虽然在深度学习时代，特征工程的工作量已经大大减少了，但是作为算法工程师，依然需要了解数据，在各自的业务领域熟知不同的数据在不同的模型上如何处理，只有这样才能发挥算法的最大作用，毕竟算法最本质的作用还是为业务带来收益。本章仅仅专注于推荐系统领域的特征工程，为了方便说明不同类型特征的不同处理手段，后续均以电商中的推荐系统为例，且只讨论深度学习建模中的特征工程。

本章的特征工程其实也包括了特征抽取的概念，特征抽取将原始特征转换成某种数字类型，这是模型唯一能识别的格式，然后特征工程针对转换后的数字类型进行加工，提高特征表达能力。

具体到电商推荐系统，推荐算法使用的原始特征多种多样，格式各异：用户 ID 是字符串、物品价格是浮点型、用户历史点击的物品是字符串数组，等等，而深度学习模型的输入只能是数字，类似字符串这样的特征就需要二次加工，更别提字符串数组这样无法直接输入模型的特征。从这可以隐约觉察到，对具体的特征采用何种处理手段需要视情况而定——事实也的确如此，特征有不同的类型，只有清楚地掌握了特征的所有类型，才可以很自如地根据不同的特征类型使用不同的特征处理手段。

7.1 特征类型

特征按照类型大致可以划分为以下三大类，基本上建模用到的特征都可以归为其中之一：

- 类别（categorical）特征
- 数值（numerical）特征
- 序列（sequential）特征

7.1.1 类别特征

类别特征，顾名思义，就是用来表示一个类别的特征，其特征的取值一般只在有限选项内选择，通常表现为字符串。比如性别就是一个类别特征，它的取值有男、女和未知。国家也是一个类别特征，它的取值可以有中国、古巴、越南、老挝等。这类特征没有数学意义，不能对其进行类似加减乘除的数学运算。

类别特征又可以细分成**无序类别特征**和**有序类别特征**。

- 无序类别特征，指的是类别之间没有什么可比性，比如物品的颜色特征，红、黄、蓝等就属于这类特征，这类特征的取值没有任何的顺序性。类似地，物品的 ID，用户的 ID、手机型号、手机品牌，事件发生时的小时、周几等都属于这类特征。
- 相反，有序类别特征，指的是类别具有某种程度上的可比性，比如物品质量特征，差、良、优就属于这类特征，它们的值具有了一定意义的顺序性，但是这种顺序性只能定性，没法定量，只能说"优"比"良"好，具体好多少，就不得而知了。类似地，用户的年龄段、消费等级，物品的尺寸、价格段等都属于这类特征。

7.1.2 数值特征

这类特征本身已经具有了数学意义，可对其进行数值运算，比如物品的重量、价格、曝光次数、点击次数等。这类特征虽然可以直接作为特征输入模型，但是并不意味着不用对其进行处理了，不同的模型对于数值特征的要求也不一样，比如树模型对数值特征的取值范围几乎没有要求，但是线性模型和深度学习模型一般要求数值特征的取值最好在 -1 和 1 之间。

数值特征又可以细分成**离散型数值特征**和**连续型数值特征**。

- 离散型数值特征的取值一般是整数，比如用户的购买次数、点击次数、年龄、注册天数，物品的购买人数等都属于这类特征。
- 连续型数值特征的取值既可以是整数，也可以是小数，比如物品的重量、价格、历史点击率，用户的历史消费金额、历史点击率等都属于这类特征。

7.1.3　序列特征

上述两种特征类型，不管是类别特征还是数值特征，它们的取值都是单值，而序列特征的取值不是**单值**，而是**多值**，可以理解成特征的取值是一个数组，数组里的元素可以是类别特征，也可以是数值特征。这种特征相比上述两种特征，看上去不是很好使用，但是在实际应用中，它的作用往往特别大，甚至可以在很大程度上决定整个模型的质量。比如用户在过去一段时间（例如一个月）内点击的所有物品集合，这就是一个序列特征，序列中的元素是物品 ID，它可以用来捕获用户的历史兴趣爱好。再比如用户过去 N 次（例如 10 次）登录时所处的时间段，这也是一个序列特征，序列中的元素是一天中的时间段（例如可以将时间段划分为凌晨、早晨、上午、中午、下午、傍晚和深夜），它可以用来捕获用户的登录习惯。序列特征是推荐系统中最常用也最重要的特征之一，一旦使用得当，会大幅提高推荐的成功率。本章的后半部分会介绍几种常用的处理序列特征的手段。

7.2　特征工程

了解了特征的类型之后，接下来就可以将重心放在具体的特征工程上了。不过在深入具体的特征处理细节之前，先引入一个具体的示例，即一个基本完整的特征样例，其中会涵盖类别特征、数值特征以及序列特征。之所以要先熟悉这个特征样例，是为了更好地说明不同类型的特征该用不同的处理手段，顺带介绍推荐系统中一些常用的特征。

7.2.1　特征样例

推荐系统是由人和物组成的，推荐算法的数据源一般是人对物的某种行为产生的数据。具体来说，推荐算法关心的是人（用户）和物（物品）在某个时刻（时间）某个场景（比如"猜你喜欢"场景）发生某件事情（用户产生了曝光/点击/加购/购买行为等）时，是哪些因素影响了人做出决策，即什么因素促使人对物产生了行为。正因如此，在推荐系统中，对于原始特征的挖掘一般来源于以下 5 个方面。

□ **用户画像特征**：这种特征主要用来描绘人的属性，比如 ID、性别、年龄、消费等级等。

□ **物品画像特征**：这种特征主要用来描绘物的属性，比如 ID、类别、品牌、价格、尺寸等。

□ **上下文/环境特征**：这种特征主要描绘行为（曝光/点击/加购/购买等）发生时的上下文信息，比如事件发生时的省份、城市、用户使用的手机型号、手机品牌、时间段等。

□ **用户历史行为**：这种特征主要用来描绘用户的历史兴趣偏好，比如过去一段时间的点击物品、加购物品、下单物品等。

□ **交叉特征**：顾名思义，交叉特征就是两个或者两个以上特征的组合，比如可以选择用户特征与物品特征进行交叉，也可以选择物品特征与上下文特征进行交叉，等等，这种特征往往涉及很强的业务知识，比如想要识别不同品牌在不同城市中的表现，就可以选择城市特征与品牌特征进行交叉；想要识别不同性别的不同年龄段对于不同价格段的要求，就可以选择性别特征、年龄特征和价格段特征进行交叉。通常交叉特征不会选择超过 3 种特征，也不会选择粒度过细的特征进行交叉（比如不会选择用户 ID 与物品 ID 进行交叉），否则可能会导致交叉后的特征过于稀疏或者产生特征爆炸的现象，不利于参数学习。还有一点需要注意的是，当面临选择哪些特征进行交叉时，会选择单一特征重要性比较高的多个特征进行交叉，因为一般认为重要性低的单一特征与其他特征进行交叉后得到的特征，重要性也不会高。

对应上述 5 种特征，整理出常用的特征，如表 7-1 所示，表中的特征不仅适用于电商推荐系统，也适用于短视频、音乐推荐等常见的推荐场景。当然，不同的领域选择的特征会有所差异，但是大体上不会超出上述 5 种特征范围。

表 7-1　原始特征

序号	来源	名称	类型	备注
1	用户画像	用户 ID	类别型	
2	用户画像	年龄段	类别型	见说明 (1)
3	用户画像	性别	类别型	见说明 (1)
4	用户画像	会员等级	类别型	
5	物品画像	物品 ID	类别型	
6	物品画像	物品品牌 ID	类别型	
7	物品画像	物品所在店铺 ID	类别型	
8	物品画像	物品一/二/三级类目	类别型	见说明 (2)
9	物品画像	物品价格	数值型	
10	上下文/环境	场景 ID	类别型	见说明 (3)
11	上下文/环境	用户使用的手机型号/浏览器版本号	类别型	
12	上下文/环境	用户使用的手机品牌/浏览器名称	类别型	
13	上下文/环境	用户接入系统的网络类型	类别型	4G/5G/Wi-Fi 等
14	上下文/环境	用户所在省份	类别型	
15	上下文/环境	用户所在城市	类别型	
16	用户历史行为	用户过去 15 天内点击的物品 ID	序列型	见说明 (4)
17	用户历史行为	用户过去 30 天内加购的物品 ID	序列型	
18	用户历史行为	用户过去 30 天内收藏的物品 ID	序列型	
19	用户历史行为	用户过去 60 天内购买的物品 ID	序列型	
20	用户历史行为	用户过去 15 天内点击的店铺 ID	序列型	
21	用户历史行为	用户过去 30 天内加购的店铺 ID	序列型	

（续）

序号	来　源	名　　称	类　型	备　注
22	用户历史行为	用户过去 30 天内收藏的店铺 ID	序列型	
23	用户历史行为	用户过去 60 天内购买的店铺 ID	序列型	
24	用户历史行为	用户过去 15 天内点击的一/二/三级类目 ID	序列型	
25	用户历史行为	用户过去 30 天内加购的一/二/三级类目 ID	序列型	
26	用户历史行为	用户过去 30 天内收藏的一/二/三级类目 ID	序列型	
27	用户历史行为	用户过去 60 天内购买的一/二/三级类目 ID	序列型	
28	交叉特征	性别与一/二/三级类目交叉	类别型	见说明 (5)
29	交叉特征	年龄段与一/二/三级类目交叉	类别型	
30	交叉特征	省份与一/二/三级类目交叉	类别型	
31	交叉特征	城市与一/二/三级类目交叉	类别型	
32	交叉特征	性别与品牌交叉	类别型	
33	交叉特征	年龄段与品牌交叉	类别型	
34	……	……	……	更多的特征

说明

(1) 在很多领域，出于隐私考虑，一般无法直接获取用户的性别和年龄特征，甚至就算用户填写了性别、年龄，也可能不够准确。因此大多数时候，用户的性别和年龄等很难获取的用户信息，是通过其他任务预测出来的，比如根据用户的历史点击率/加购/收藏/购买信息预测性别和年龄。当然，也有极少数领域可以直接拿到用户的身份信息（比如电商领域，用户除非不购买任何物品，否则必须实名制），但是还是需要参考国家的法律法规对于数据的隐私安全要求，用户的隐私不可滥用。同时还要注意到，一般年龄特征会转化为年龄段，具体的划分界限根据业务的不同而不同，如果业务比较重视年轻用户，那么中年以下的年龄会划分得比较细。

(2) 所谓的一/二/三级类目，指的是一般在设计物品属性时，都会有具体的类目层级用来表示物品对应的分类，有的可能设计成了三个层级，有的可能设计成了四个层级，不过本质上都是一样的。以三级类目为例，比如《算法导论》这本书，其一级类目是**图书**，二级类目是**计算机科学**，三级类目是**编程语言与程序设计**。类似的层级关系也可以拓展到其他领域，比如音乐推荐，《后来》这首歌，它的层级关系可能是**华语/女声/情歌**等。

(3) 场景 ID，指的是具体的业务场景都有对应的 ID，比如"猜你喜欢"场景有 ID，物品详情页也有其 ID，购物车页也有其 ID，一般情况下这些 ID 是不会变化的。某些时候场景也会被叫作频道或者页面，不过本质上差别都不是太大。

(4) 这类特征不同于一般的单值特征（比如用户 ID），它是一个数组/列表，用来描述用户过去一段时间内的行为物品序列，比如 [IID2, IID1, IID3] 表示用户过去一段时间内点击了物品 ID2、物品 ID1 和物品 ID3。这里标注的 15 天、30 天、60 天等时间跨度只是一个示例，实际应用中根据不同的业务以及用户活跃度，可以设置不同的时间跨度，本质上都是为了捕获用户的短期/长期偏好。

(5) 交叉特征一般选择类别特征之间的交叉，或者是数值特征离散化之后得到的新特征之间的交叉。即使深度学习模型已经自动完成了特征与特征之间的交叉，但是人工的特征交叉依然很有必要，因为具体的业务特性模型比较难以捕获，还需要人工干预。

　　确定了原始特征后，下一步就需要将这些原始的特征处理成模型可以识别的模型输入，这也是最重要的一步。

7.2.2　特征工程

> 这里的特征工程都是基于深度学习建模来考量的，故不再赘述传统算法模型的特征工程，比如 PCA、LDA 等。

所谓**万物皆可 embedding**，深度学习模型的输入几乎都是 embedding，因此实际应用中，大多数时候特征工程的目的就是把各种类型的原始特征以一些合理的、与自身业务紧密结合的方式转变为 embedding。如图 7-2 所示，不管是类别型、数值型还是序列型特征，最终都会转变成深度学习模型最常见的输入形式——embedding。

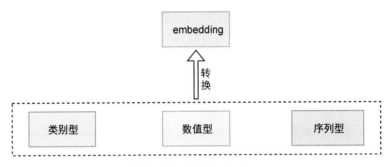

图 7-2　不同类型的特征最终转变成 embedding

1. 类别特征

类别特征的处理方式比较简单，也比较统一。早些时候人们会对一些取值比较少的类别特征（比如性别，只有男、女和未知三个值）做 one-hot 处理，取值比较多的类别特征（比如用户 ID，取值为千万甚至上亿级）做 embedding 处理，但是现在基本上已经统一了：不管特征取值很多还是很少，均可以先进行散列操作再查 embedding 矩阵得到 embedding，如图 7-3 所示。

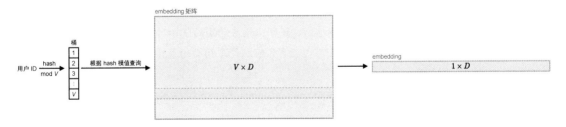

图 7-3　类别特征 embedding

以**用户 ID** 为例，用户 ID 属于类别特征，其取值类型一般是字符串类型，比如 `uid:314159`，从原始字符串到最终 embedding 的过程如下：

(1) 对用户 ID 进行散列操作再求模，得到 $[0, V)$ 范围内的一个整数值 H；

(2) 以 H 为行号，去 $V \times D$ 的矩阵里抽取第 H 行的元素（可以理解为按照索引取数组的第 H 个元素），得到 $1 \times D$ 的向量；

(3) 此向量即为用户 ID uid:314159 的 embedding。

其中 $V \times D$ 矩阵称为**用户 ID embedding 矩阵**，它在训练开始时随机初始化，在训练过程中通过梯度下降更新其中的元素值。

几乎所有类别特征都可以按照上述逻辑来生成最终的 embedding，其中不确定的变量 V 和 D 是需要注意的地方。这两个变量的取值很大程度上决定了 embedding 质量的高低。

● ***V 的大小***

V 表示的是散列桶数：

❑ V 太小，散列冲突会增多，导致大量不同的特征映射到同一个桶里，造成特征区分度不够，不利于模型学习；

❑ V 太大，对内存的要求大大提高，比如 V 是 100 000 000，D 是 300，则矩阵 $V \times D$ 占用的内存大小很容易就超过 100GB 了。

假设类别特征取值的个数为 k，则在散列桶数为 V 的前提下，散列冲突的概率[1]为

$$P = 1 - e^{\frac{-k \times (k-1)}{V}}$$

如果 k 很小，则很容易设置一个不大的 V 使得 P 很小，这种情况下散列冲突的情况很好解决。如果 k 很大，比如 10 000 000，那么即使 V 也设置为 10 000 000，P 还是几乎等于 1。这种情况下一般可以尝试几组不同的 V 值，观察内存使用情况和模型的指标变化，权衡之后，选择既满足计算和内存资源需求又不太影响模型指标的 V。

 关于 V 的设置，有一些经验法则可以作为参考。

❑ k 比较小时：k 的量级在数十万以内，V 可以设置为 k 的 3～4 倍，降低散列冲突的概率。

❑ k 比较大时：k 的量级在百万/千万以上，V 可以设置为 k 的 1.5～2 倍，减少 embedding 矩阵的内存占用。

● ***D 的大小***

D 是特征的 embedding size，也就是向量长度，一般情况下长度越大，向量的表达能力就越强，当然也就越占内存，所以这也需要在效果与资源之间寻求一个平衡。当然，这也有经验法则可以参考，按照下式[2]进行设置通常是一个很不错的选择：

---

① 散列冲突概率计算："Hash Collision Probabilities"（Jeff Preshing）。

② feature column 官方博客："Introducing TensorFlow Feature Columns"。

$$D = 2^{\lceil \log_2 k^{0.25} \rceil} \quad // \text{ 为了让 } D \text{ 是 } 2 \text{ 的幂次方}$$

比如 k 为 10 000 000，则 D 为 64。当然，这只是**经验法则**，也可以根据自身业务需要调整 D 的大小。

2. 数值特征

数值特征在作为深度模型的输入时，通常有两种处理方式：

(1) 依然作为数值特征使用，此时需要进行归一化，因为深度模型的输入最好在 –1~1；

(2) 将数值特征离散化，变成类别特征再处理。

● 归一化

数值特征作为模型输入时，通常需要进行归一化处理，除了常见的 Min-Max 和 Z-score 归一化之外，还可以按照如下思路进行归一化[1][2]：

(1) 假设数值特征为 x，在训练数据集中统计其 n 个分位数，得到 $n-1$ 个区间；

(2) 对特征 x 进行分段，根据具体的数值映射到其中一个区间 i 上（ $i \in [0, n-1]$ ）；

(3) 得到归一化特征 $\tilde{x} = \dfrac{i}{n-1}$；

(4) 为了捕捉数值特征的高次项和低次项，可以再生成两个新特征 $\tilde{x}^2$ 和 $\tilde{x}^{0.5}$。

上述处理逻辑相比 Min-Max 或者 Z-score 的好处是：对特征取分位数能够极大降低异常数据的影响，提高数据质量和模型的健壮性（robustness）。比如年龄特征，表 7-2 展示了它的归一化过程，如果数据集中出现了年龄为 –1 或者 999 的异常数据，则会分别落入第 0 区间和第 7 区间，并不会造成太大的影响。

表 7-2 年龄特征归一化

区间编号	年龄上下界（左闭右开）	归一化
0	[–Infinity, 0.)	0./7.
1	[0., 18.)	1./7.
2	[18., 25.)	2./7.
3	[25., 36.)	3./7.
4	[36., 45.)	4./7.
5	[45., 55.)	5./7.
6	[55., 65.)	6./7.
7	[65., +Infinity)	7./7.

[1] Heng-Tze Cheng, Levent Koc, Jeremiah Harmsen, et al. *Wide & Deep Learning for Recommender Systems*, 2016.
[2] Paul Covington, Jay Adams, Emre Sargin. *Deep Neural Networks for YouTube Recommendations*, 2016.

- **离散化**

特征离散化又叫作特征分桶，按照类似表 7-2 的逻辑将数值特征划分成一个个区间，使用划分后的区间编号作为新的特征。由于区间编号可以作为类别特征对待，因此此时对数值特征的处理方式就转变成了对类别特征的处理方式——先进行散列操作再进行 embedding 处理——这些内容就不再赘述了。

3. 序列特征

序列特征一般表示的是用户的历史行为，下面以**用户过去 15 天内点击的物品 ID** 特征为例，讲述序列特征几种常见的处理方式。

假设物品 ID 的 embedding 矩阵为 $W_{V \times D}$，某用户过去 15 天内点击的物品 ID 为 [ID1, ID2, ID3, ID4]，那么可以对此序列进行 pooling[1][2]、attention[3]、Transformer[4]等操作。

- **pooling**

pooling 主要有两种方式：sum 和 average。

sum pooling 就是对序列中的 4 个 ID 分别进行 embedding 操作，得到 4 个向量，再将这 4 个向量按元素对位相加，得到 1 个全新的向量，然后将此向量作为模型的输入，如图 7-4 所示（省略了散列的过程）。

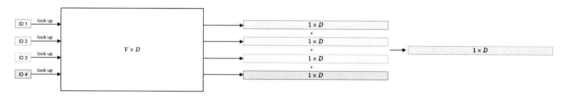

图 7-4　sum pooling

average pooling 顾名思义，就是把 sum pooling 中的求和操作变成求平均操作，输出向量的形状依然与 sum pooling 一致，如图 7-5 所示。

---

① Paul Covington, Jay Adams, Emre Sargin. *Deep Neural Networks for YouTube Recommendations*, 2016.
② Xinyang Yi, Ji Yang, Lichan Hong, et al. *Sampling-bias-corrected neural modeling for large corpus item recommendations*, 2019.
③ Guorui Zhou, Chengru Song, Xiaoqiang Zhu, et al. *Deep Interest Network for Click-Through Rate Prediction*, 2018.
④ Qiwei Chen, Huan Zhao, Wei Li, et al. *Behavior Sequence Transformer for E-commerce Recommendation in Alibaba*, 2019.

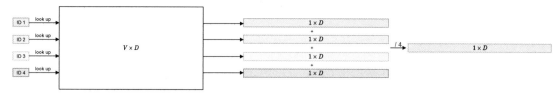

图 7-5　average pooling

- **attention**

pooling 处理方式是将序列中的每个元素当作同等重要来对待，如每个元素的 embedding 权重都是 1。但是一般情况下序列中的历史行为物品，越靠近当前时间越重要，比如 1 个月前点击的物品的重要性应该不如 1 分钟前点击的物品，也就是序列中的物品对当前用户决策的影响力应该不同。每个历史物品都有一个权重，这正是注意力机制的作用，如图 7-6 所示。

$$\text{input embedding} = \text{weight}_1 \times \text{embedding}_1 + \text{weight}_2 \times \text{embedding}_2 + \text{weight}_3 \times \text{embedding}_3 + \text{weight}_4 \times \text{embedding}_4$$

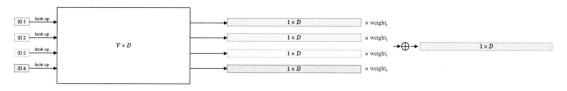

图 7-6　attention

- **Transformer + attention**

不管是 pooling 还是 attention 都忽略了一个重要因素：顺序，即数组中的元素顺序。用户的行为轨迹前后应该是有关联的，这种序列内部元素之间的关系 pooling 和 attention 都无法捕获，而 Transformer[1] 可以很好地完成这个任务，它的自注意力机制考虑了物品在序列中的位置。具体来说，如图 7-7 所示，假设序列的最大长度为 T，当前序列长度为 4，将各自物品的 embedding 与其在序列中的位置 POS 的 embedding 首尾相连（concat），将连接后的 embedding 送入 Transformer，将输出的 4 个 embedding 再通过注意力机制得到 1 个最终的向量。可以看出引入 Transformer 后复杂度提升了很多，但是收益也可能会提升很多。

---

① Ashish Vaswani, Noam Shazeer, Niki Parmar, et al. *Attention Is All You Need*, 2017.

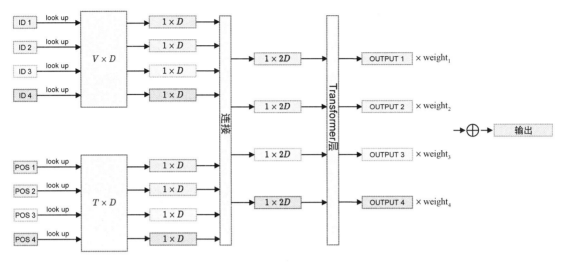

图 7-7   Transformer + attention

7.2.3   TensorFlow 特征列

针对上述几种特征类型，TensorFlow 官方内置了许多特征处理函数，具体的工作逻辑描述如下：

(1) 原始数据为 key-value 格式，比如 {gender: 0}；

(2) 预先定义每个 key 对应的处理函数，比如 {gender: hash(100)}，表示 gender 这个特征需要进行散列处理，且散列桶数为 100；

(3) 当数据到来时，TensorFlow 根据 key（gender）对原始数据（0）执行处理函数（hash(100)），得到处理后的特征（散列值）。

图 7-8 展示了上述逻辑，左边的框为原始数据，中间的框为特征处理函数，右边的框为特征处理函数在模型中的应用。可见，TensorFlow 的 feature column API（下文表示为 tf.feature_column[①]）作为一系列处理函数，是连接原始数据和特征输入的桥梁：它们将原始数据转变为可以作为模型输入的特征。

由于特征种类繁多，因此 tf.feature_column 也包含了不同的处理函数。如图 7-9 所示，tf.feature_column 将特征分为了两大类：类别型 Categorical Column 以及连续型 Dense Column（如果元素是类别型，则可以认为该序列特征属于类别型。同理，如果元素是连续型，则该序列特征属于连续型）。图 7-9 中的 9 个特征处理函数（categorical_column_*、bucketized_column、numeric_column 等），基本上可以覆盖所有深度模型的特征输入，第 9 章会对这些函数做详细说明。

---

① 见 TensorFlow 官方文档。

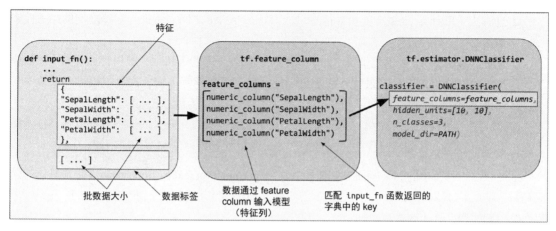

图 7-8　原始数据转变为特征输入

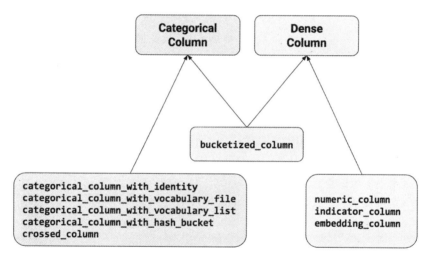

图 7-9　tf.feature_column 层级分类

7.3　特征选择

当特征个数特别多，希望将其减少时，就面临**特征选择**问题，即从若干特征中选择最优的子集作为最终的模型输入。一般地，当线上服务的响应时长达到业务要求的临界点，比如上游调用推荐服务超过 100ms 就自动超时，那么从获取特征到模型输出结果，整个链路用时不能超过100ms，尤其是当特征工程成为耗时的主要节点时，就需要将特征选择纳入重点工作事项。

一般有三种方法完成特征选择。

- □ 过滤法（filter）：根据特征所含信息量或者特征与特征之间、特征与标签之间的相关性来筛选特征。缺点在于与模型无关。
- □ 包裹法（wrapper）：重复训练多次，每次保留或者排除若干特征，根据目标函数（比如模型的离线指标等）确定最优特征子集。缺点在于需要训练多次，在大规模推荐系统中实用性不佳。
- □ 嵌入法（embedded）：为了克服包裹法计算量太大的缺点，嵌入法选择**自身具备特征选择**功能的模型，在训练过程中完成特征选择，常见的有树模型和逻辑回归等。

这里介绍一种简单的测算特征重要性的算法[①]：permutation feature importance，它与具体的模型有关（克服了过滤法的缺点），同时也不需要重复训练多次（克服了包裹法的缺点），甚至不需要修改模型结构，具体测算逻辑如下。

---

permutation feature importance

输入：已经训好的模型 f，数据集 X，目标标签 y，模型损失 $\mathrm{loss}(y, f)$。

输出：特征重要性。

(1) 评估数据集 X 上的 $\mathrm{loss}_{\mathrm{origin}} = \mathrm{loss}(y, f(X))$。

(2) 遍历每一个特征 $j \in \{1, \cdots, p\}$：

- □ 完全打散（random shuffle）数据集 X 中的特征 j 得到新的数据集 X_{shuffle}，注意，只是特征 j 打散，比如将第 1 行的用户 ID 特征打散到了第 100 行等，这样完全破坏了特征 j 和标签 y 的关系；
- □ 评估数据集 X_{shuffle} 上的 $\mathrm{loss}_{\mathrm{shuffle}} = \mathrm{loss}(y, f(X_{\mathrm{shuffle}}))$；
- □ 计算特征重要性 $FI_j = \mathrm{loss}_{\mathrm{shuffle}} - \mathrm{loss}_{\mathrm{origin}}$ 或者 $FI_j = \dfrac{\mathrm{loss}_{\mathrm{shuffle}}}{\mathrm{loss}_{\mathrm{origin}}}$。

(3) 降序排列 FI，得到特征重要性。

上述算法中假设了一个前提，就是如果一个特征越重要，将其随机打散对模型的影响越大。同理，可以将 loss 换成任何模型离线指标（准确率、AUC 等），此时的特征重要性

$$FI = \mathrm{metric}_{\mathrm{origin}} - \mathrm{metric}_{\mathrm{shuffle}} \ 或者 \ FI = \dfrac{\mathrm{metric}_{\mathrm{origin}}}{\mathrm{metric}_{\mathrm{shuffle}}}。$$

---

① Aaron Fisher, Cynthia Rudin, Francesca Dominici. *All Models are Wrong, but Many are Useful: Learning a Variable's Importance by Studying an Entire Class of Prediction Models Simultaneously*, 2018.

当然，除了 permutation feature importance 之外，还有其他很多特征选择方法，具体可以参考优秀的图书和论文等[1][2]。另外，特征选择本身是一个与业务密切相关的主题，在实际应用中业务专家的意见很可能会比纯技术带来的效果更为明显。

7.4 总结

- 特征是影响模型质量最为重要的因素之一，特征工程是将原始数据转换为模型可以识别的输入的过程，旨在提高特征的表达能力；特征选择是从多个特征中选择出一些最有效特征以降低特征维度的过程。本章主要讨论推荐算法中的特征。

- 特征一般分为三类：类别型、连续型和序列型。每种特征都有其特定的处理方法，了解并熟悉这些处理方法会在建模过程中受益良多。

- TensorFlow 作为一个机器学习训练框架，自然内置了很多特征处理函数。熟练掌握每种函数的使用方法是一项必备技能。

- 特征选择在实际应用中使用得并不是很多，一般当特征个数过多造成线上耗时过长时才会考虑进行特征选择。本章介绍的 permutation feature importance 算法可以简单快速地计算出每个特征的重要性。

- 数据和特征的重要性再怎么强调也不为过，本章只展示了特征领域的冰山一角，更多的内容和技巧需要在实际应用中去探索和挖掘。

---

[1] Max Kuhn, Kjell Johnson. *Feature Engineering and Selection: A Practical Approach for Predictive Models*, 2019.
[2] Jie Cai, Jiawei Luo, Shulin Wang, et al. *Feature selection in machine learning: A new perspective*, 2018.

第8章

传统机器学习排序算法

在排序算法大规模使用深度学习建模之前，传统的机器学习算法在推荐系统领域已经服务了很长时间并且发挥了巨大的作用。相比深度模型，传统的机器学习模型具备良好的理论基础，且一般具有较强的可解释性（可解释性：能够从模型的角度对推荐结果做出合理的解释，比如逻辑回归中的系数、决策树中的特征重要性等），图 8-1 展示了比较几种经典排序算法，由 LR 开始，经历了 FM/FFM/GBDT+LR，最终统一于当前的深度学习。其中 LR（逻辑回归）是典型的线性模型，FM（因式分解机）在 LR 的基础上添加了二次项实现了一定程度的非线性，GBDT + LR 融合了 GBDT 和 LR，发挥了 GBDT 自动挖掘特征的功能，大幅减少了特征工程的工作量。虽然如今的排序算法领域已经被深度学习完全占据，但是对于传统机器学习算法的理解依然有助于解决现实世界中的一些问题，尤其是传统机器学习算法背后的理论基础，还是非常值得深入研究的。

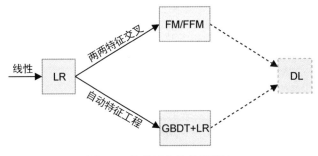

图 8-1　几种经典的排序算法

8.1　数据和模型

数据是算法理论落地为模型时用到的，比如用户的点击/加购/收藏/下单数据等，因为这些数据一般是在一段时间内采集到的，所以可以理解为是从总体 X 中抽样出的有限样本，以 x 来表示，它是已知的。

模型一般有各种各样的参数，比如线性模型 $y = \omega x + b$ 中的 ω 和 b 就是模型参数；深度模型中各层的参数组成了模型参数，这些参数统称为 θ，它是未知的，我们希望将算法应用在数据上，通过训练"学到"参数 θ。一旦 θ 学到了，模型就生成了（模型和参数根据上下文可能会被交替使用，但是两者本质上是一个概念）。

那么如何通过已知的**数据**来"学到"未知的**参数**呢？在深入探讨这个问题之前，首先来看看概率论中的**极大似然估计**（maximum likelihood estimation，MLE）和**最大后验概率估计**（maximum a posteriori estimation，MAP）。

8.1.1　极大似然估计

极大似然估计的前提条件是"分布已知，参数未知"，也就是假定数据服从某种分布，但是该分布的参数是未知的，比如已知数据服从伯努利分布，但是 p 未知，或者已知数据服从正态分布，但是 μ 和 σ 未知，等等。一旦做出了这样的假设，接下来的主要工作就是通过某种方法估算这些未知的参数。

假定总体 X 服从分布 $P(X=x)=p(x;\theta)$，$\theta \in \Theta$，其中 θ 是待估计的参数，Θ 是 θ 可能的取值范围，设 $x_1, x_2, \cdots, x_n$ 是来自 X 的样本值，则总体参数为 θ 时，事件 $\{X_1=x_1, X_2=x_2, \cdots, X_N=x_n\}$ 发生的概率为（这里假设样本独立同分布）：

$$p(x \mid \theta) = \prod_{i=1}^{n} p(x_i \mid \theta), \theta \in \Theta \tag{8-1}$$

概率 $p(x \mid \theta)$ 是 θ 的函数，θ 取值不同，得到的 $p(x \mid \theta)$ 也就不同，注意式 (8-1) 中的 x 是已知的样本值，均可视作常数。

关于极大似然估计，最直观的想法是：对于给定的样本数据 $x_1, x_2, \cdots, x_n$，希望有一个 $\hat{\theta}$ 使得 $p(X \mid \theta)$ 取值最大，我们会很自然地认为之所以能得到这些样本数据，是这些样本出现的概率比较大，因此我们的目标是找到参数 $\hat{\theta}$，使得 $p(x \mid \theta)$ 最大，即：

$$\hat{\theta} = \arg\max_{\theta} p(x \mid \theta) => p(x \mid \hat{\theta}) = \max_{\theta \in \Theta} p(x \mid \theta) \tag{8-2}$$

使用 $\hat{\theta}$ 作为总体参数 θ 的估计，称为极大似然估计。

8.1.2　最大后验概率估计

根据上文的描述，极大似然估计完全根据当前的样本数据来估计总体参数，而没有考虑任何先验信息。举个例子，假设抛了 10 次硬币，正面出现 3 次，那么根据极大似然估计可以算出正面出现的概率 p 为 0.3，但是从经验上来说 p 为 0.5 的概率才比较合理。因此如果既要考虑先验信息，又要考虑最大似然，总体参数 θ 又该怎么估计呢？这就是最大后验概率估计要解决的问题。

MAP 的思想是找到一个参数 $\hat{\theta}$ 使得

$$
\begin{aligned}
\hat{\theta} &= \arg\max_{\theta \in \Theta} p(\theta \mid x) \\
&= \arg\max_{\theta \in \Theta} \frac{p(x \mid \theta) p(\theta)}{p(x)} \\
&= \arg\max_{\theta \in \Theta} p(x \mid \theta) p(\theta) \quad \text{// 因为} x \text{是已知的样本，所以} p(x) \text{是定值，不影响求最大值}
\end{aligned}
\tag{8-3}
$$

式 (8-3) 中的第一项是**极大似然估计**，第二项是**参数的先验分布**信息。

可见根据 MAP 估计得到的 $\hat{\theta}$ 不仅会使极大似然估计要大，先验概率也要大。根据 log 函数单调递增的特性，式 (8-3) 等价于

$$
\begin{aligned}
\hat{\theta} &= \arg\max_{\theta \in \Theta} p(x \mid \theta) p(\theta) \\
&= \arg\max_{\theta \in \Theta} \log(p(x \mid \theta) p(\theta)) \\
&= \arg\max_{\theta \in \Theta} \log \prod_{i=1}^{n} p(x_i \mid \theta) + \log(p(\theta)) \\
&= \arg\max_{\theta \in \Theta} \sum_{i=1}^{n} \log(p(x_i \mid \theta)) + \log(p(\theta))
\end{aligned}
\tag{8-4}
$$

式 (8-4) 非常重要，它在建模过程中发挥着决定性的作用，理解了它，就理解了实际应用中常见的**损失函数**和**正则项**的设计。

 式 (8-4) 可以回答以下问题：

(1) 正则项存在的理论基础是什么？

(2) 为什么 L1 正则假设参数服从拉普拉斯分布，L2 正则假设参数服从正态分布？

(3) 为什么 L1 正则会让模型的参数变得更为稀疏？

(4) ……

8.2 模型训练流程

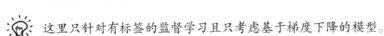 这里只针对有标签的监督学习且只考虑基于梯度下降的模型。

模型本质上是一组参数，它没有思想，因此并没有主动学习的功能。所谓的学习，本质上是参数在拟合数据的过程中不断地更新，参数更新的过程又称模型训练，目前大多数模型参数的更新是通过梯度下降[①]实现的，如图 8-2 所示。

---

① Claude Lemarechal. *Cauchy and the Gradient Method. Doc Math Extra*: p251–254, 2012.

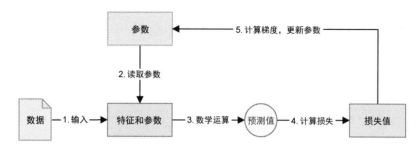

图 8-2　模型训练的流程（从数据输入到最终的参数更新）

图 8-2 描述了基于梯度下降的模型参数更新步骤，从数据的输入到预测值到损失到梯度再到更新参数：

(1) 模型读入预先处理好的训练数据，作为输入；

(2) 获取输入中特征对应的参数；

(3) 根据模型的不同，特征和参数结合的方式也不同，但是无论如何，经过一定的数学运算后最终都会得到**预测值**；

(4) 利用真实值和预测值，根据具体的损失函数，得到损失值；

(5) 得到损失值后，即可对参数进行求导，得到导数后，根据梯度下降的原理更新参数，实现一次"学习"；

(6) 进入第 (1) 步，开始下一轮训练，直到达到某种停止条件（比如数据训练完毕或者离线指标不再增长等）。

从上述过程可知，想让模型具有"学习"的能力，必须：

(1) 需要**预测函数**，这样才能根据输入和参数得到预测值；

(2) 需要**损失函数**，这样才能根据损失来对参数求导从而实现参数更新，达到"学习"的目的。

只要确定了这两者，基本上就确立了整个算法的大方向。在实际应用中，算法开发大都使用现成的框架（比如 Spark、TensorFlow 以及 scikit-learn 等），这些优秀的框架一方面使算法开发变得极为便捷，另一方面也屏蔽了诸多的算法细节，比如损失和梯度计算、参数更新等，会显得算法的"学习"能力有些神秘。接下来我们通过**手写逻辑回归**和**因式分解机**这两个经典的机器学习模型来演示图 8-2 中的各个步骤如何落地。

8.3　手写逻辑回归

逻辑回归是一个二分类模型，因为它的标签只有 0 和 1，同时二分类任务在推荐系统中最常见，比如预测用户**点不点击**、**购不购买**、**播不播放**等，而且逻辑回归最大的优点是它的输出是一个概率，又易于实现，因此早期广泛应用在点击率预估、转化率预估等任务中，用来估计用户发生某种行为的概率。

逻辑回归的**预测函数**为：

$$\hat{y} = \frac{1}{1 + e^{-\left(w_0 + \sum\limits_{i=1}^{n} w_i x_i\right)}}$$

(8-5)

其中，$w_i, i \in [1, 2, \cdots, n]$ 是模型的参数，w_0 是模型 bias 对应的参数，x_i 是具体的输入数据，$\hat{y}$ 是模型的预测输出，如果是点击率预估任务，$\hat{y}$ 可以理解为本次输入 $\boldsymbol{x}$ 对应的预测点击概率。

逻辑回归的**损失函数**为：

$$l(w) = -y \log\hat{y} - (1 - y) \log(1 - \hat{y})$$

(8-6)

式 (8-6) 是关于 w 的函数，y 是真实标签，$\hat{y}$ 是预测值。但是一般情况下会对损失函数稍加修改，加入 L1 正则项或 L2 正则项，式 (8-6) 加入正则项后就变成了式 (8-7)，其中 λ_1 称为 L1 正则项系数，λ_2 称为 L2 正则项系数：

$$L(w) = l(w) + \lambda_1 \sum |w| + \frac{1}{2}\lambda_2 \sum w^2$$

(8-7)

利用式 (8-5)和式 (8-7)，可以计算出 L 对 w 的导数为：

$$g = \frac{\mathrm{d}L}{\mathrm{d}w} = (\hat{y} - y)x + \lambda_1 \mathrm{sign}(w) + \lambda_2 w$$

$$\mathrm{sign}(w) = \begin{cases} 1, & w > 0 \\ 0, & w = 0 \\ -1, & w < 0 \end{cases}$$

(8-8)

到此为止，就可以开始写模型代码了，我们来实现一个基于随机梯度下降（stochastic gradient descent，SGD）的逻辑回归。

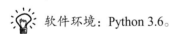 软件环境：Python 3.6。

8.3.1　数据准备

输入数据如下所示，按照 libsvm 格式存放数据，这里为了演示方便，仅仅以字符串数组保存数据：

```
# 格式：label feature1:value1 feature2:value2
data = [
    "0 item_id2:1 user_id2:1",
    "1 item_id1:1 user_id1:1",
    "0 item_id2:1 user_id1:1",
```

```
    "0 item_id1:1 user_id2:1",
    "1 item_id1:1 user_id1:1"
]
```

该数据集有两个特征，分别为物品 ID 和用户 ID。因为这些特征都是离散型特征，所以特征的值都是 1。

---

libsvm 数据格式

libsvm 格式的数据如下所示：

```
[label] [feature 1]:[value 1] [feature 2]:[value 2] ...
[label] [feature 1]:[value 1] [feature 2]:[value 2] ...
```

❑ label：数据中的标签，在分类任务中就是该条数据属于哪个类。
❑ feature：特征编号，一般使用特征的散列码来表示，本章为了方便演示，使用明文。
❑ value：就是特征值，对于连续型特征，value 是特征对应的值，对于离散型特征，value 固定为 1。

8.3.2 数据读取

根据数据格式编写数据读取函数，将原始输入数据转化为模型能够识别的形式，读取函数的输出是一个元素为元组的迭代器：元组的第一个值为 label，第二个值为 features，这是一个字典，字典中的元素 key 为特征，value 是特征值。

```python
import re
def input_fn(data, epochs=1):
    for line in data * epochs:
        label_features = re.split('\\s+', line)
        if not label_features or len(label_features) < 2:
            continue
        label = float(label_features[0])
        feature_values = label_features[1:]
        features = {}
        for feature_value in feature_values:
            feature, value = feature_value.split(':')
            features[feature] = float(value)
        features['bias'] = 1.0 # 每条数据都加上一个模型 bias

        yield label, features
```

8.3.3 模型训练

为了训练逻辑回归，需要准备一些工具函数辅助计算，如下所示：

```python
import math
# sigmoid 函数
def sigmoid(wx_plus_b):
    return 1 / (1 + math.exp(-wx_plus_b))

# 符号函数
def sign(x):
    if x > 1e-6:
        return 1
    elif x > -1e-6:
        return 0
    else:
        return -1

# 预测函数
def predict(features, model):
    wx_plus_b = 0
    for feature, value in features.items():
        weight = model.get(feature, 0.0)
        wx_plus_b += weight * value
    # 预测值
    y_pred = sigmoid(wx_plus_b)

    return y_pred
```

接着按照图 8-2 所示的**模型训练流程**来组织代码，如下所示：

```python
def fit(data, learning_rate=0.01, lambda1=0.0, lambda2=0.0, epochs=1):
    # 1. 输入数据
    data_set = input_fn(data, epochs)
    model = {} # 模型参数，保存每个特征对应的权重
    for label, features in data_set:
        # 2. 读取参数和 3. 数学运算
        y_pred = predict(features, model)
        # 4. 计算损失和 5. 求导更新参数
        for feature, value in features.items():
            weight = model.get(feature, 0.0)
            # 式 (8-8)
            g = (y_pred - label) * value + lambda1 * sign(weight) + lambda2 * weight
            # 更新参数，SGD
            model[feature] = weight - learning_rate * g
    # 这就是逻辑回归的模型参数
    return model
```

8.3.4　完整代码

将上述代码片段整合在一起后，稍加整理，得到了最终逻辑回归的算法代码：

```python
# -*- coding: utf-8 -*-
import re
import math
```

```
"""
python: 3.6
"""


class LogisticRegression:
    def __init__(self, params):
        self._params = params
        self._b = 0.0
        self._w = {}

    def __str__(self):
        return f'w: {self._w}, b: {self._b}'

    def _input_fn(self, mode, data):
        assert mode in ('train', 'predict'), f'mode only support train or predict, but get {mode}'
        epochs = self._params.get('epochs', 1) if mode == 'train' else 1
        for line in data * epochs:
            label_features = re.split('\\s+', line)
            if not label_features or len(label_features) < 2:
                continue
            label = float(label_features[0]) if mode == 'train' else None
            feature_values = label_features[1:] if mode == 'train' else label_features
            features = {}
            for feature_value in feature_values:
                feature, value = feature_value.split(':')
                features[feature] = float(value)

            yield label, features

    # sigmoid 函数
    @staticmethod
    def _sigmoid(x):
        return 1 / (1 + math.exp(-x))

    # 符号函数
    @staticmethod
    def _sign(x):
        if x > 1e-6:
            return 1
        elif x > -1e-6:
            return 0
        else:
            return -1

    # 预测函数
    def _predict(self, features):
        wx_plus_b = self._b
        for feature, value in features.items():
            weight = self._w.get(feature, 0.0)
            wx_plus_b += weight * value
        # 预测值
        prediction = self._sigmoid(wx_plus_b)
```

```python
            return prediction

    def predict(self, data):
        _predictions = []
        data_set = self._input_fn('predict', data)
        for _, features in data_set:
            prediction = self._predict(features)
            _predictions.append(prediction)

        return _predictions

    # 交叉熵损失
    @staticmethod
    def _loss(prediction, label):
        return -math.log(prediction) if label > 0 else -math.log(1 - prediction)

    def fit(self, data):
        # 1. 输入数据
        data_set = self._input_fn('train', data)
        learning_rate = self._params.get('learning_rate', 0.01)
        lambda1 = self._params.get('lambda1', 0.0)
        lambda2 = self._params.get('lambda2', 0.0)
        steps = 0
        for label, features in data_set:
            steps += 1
            # 2. 读取参数和 3. 数学运算
            prediction = self._predict(features)
            # 4. 计算损失和 5. 求导更新参数
            g_bias = (prediction - label) + lambda1 * self.sign(self._b) + lambda2 * self._b
            self._b = self._b - learning_rate * g_bias
            for feature, value in features.items():
                w = self._w.get(feature, 0.0)
                # 式 (8-8)
                g_w = (prediction - label) * value + lambda1 * self.sign(w) + lambda2 * w
                # 更新参数, SGD
                self._w[feature] = w - learning_rate * g_w

            if steps == 1 or (steps and not steps % 1000):
                loss = self._loss(prediction, label)
                print(f'loss = {loss}, step = {steps}')

        return self


if __name__ == '__main__':
    hyper_parameters = {'learning_rate': 0.05, 'lambda1': 0.01, 'lambda2': 0.01, 'epochs': 200}
    # 格式: label feature1:value1 feature2:value2
    data_train = [
        "0 item_id2:1 user_id2:1",
        "1 item_id1:1 user_id1:1",
        "0 item_id2:1 user_id1:1",
        "0 item_id1:1 user_id2:1",
        "1 item_id1:1 user_id1:1"
    ]
```

```
lr = LogisticRegression(hyper_parameters)
model = lr.fit(data_train)

data_predict = [
    "item_id2:1 user_id2:1",
    "item_id1:1 user_id1:1",
    "item_id2:1 user_id1:1",
    "item_id1:1 user_id2:1",
    "item_id1:1 user_id1:1"
]
predictions = model.predict(data_predict)

# [0.004406334558092134,
#  0.8786431612197027,
#  0.15131339987498774,
#  0.15234633822452381,
#  0.8786431612197027]
print(predictions)

# w: {
#     'item_id2': -2.467453798710349,
#     'user_id2': -2.462844191694607,
#     'item_id1': 1.2365265665362821,
#     'user_id1': 1.2331150420070116
#     }
# b: -0.4899980396316112
print(model)
```

一个基本可用的逻辑回归模型就写出来了，当然还很不完善，比如模型训练过程中输出离线指标等，但是至少可以完成预测功能。

8.3.5　算法优缺点

优点：

❑ 简单易懂，非常容易实现；

❑ 可解释性特别好，系数大小即可反映特征重要性；

❑ 训练速度快，模型占用内存少，线上预测性能高；

❑ 适用于推荐系统搭建初期模型可以快速上线；

❑ ……

缺点：

❑ 线性模型，无法拟合非线性的问题；

❑ 一般模型精度不是太高，容易发生欠拟合；

❑ 无法捕捉特征之间的交互，而这正是接下来要讲到的因式分解机的优点；

❑ ……

8.4　手写因式分解机

因式分解机[①]（FM）为每个特征 x_i 又新增了一个向量参数（称为 factor，f），用 v_i 来表示，即现在每个特征 x_i 除了有标量参数 w_i 之外，还多了一个向量参数 v_i，它被称为特征的隐向量，正是这个隐向量捕获了特征与特征之间的交互。同理，只要掌握 FM 的**预测函数**和**损失函数**，就可以手动实现 FM 算法了。

相比逻辑回归，FM 的预测函数多了特征交叉项，**预测函数**为

$$\hat{y} = w_0 + \sum_{i=1}^{n} w_i x_i + \sum_{i=1}^{n} \sum_{j=i+1}^{n} \langle v_i, v_j \rangle x_i x_j \tag{8-9}$$

其中，w_i 是 x_i 对应的标量/一次项参数，v_i 是 x_i 对应的隐向量。

观察式 (8-9)，求和项一共有三项：第一项是模型 bias，第二项是一次项，前两项就是普通的线性函数，重点在第三项——特征两两交叉项（本章不讨论三个或者更多特征的交叉）——这一项是 FM 算法的核心所在，引入了特征交叉捕获特征之间的联系，但是可以看到第三项的时间复杂度为 $O(n^2)$，n 是特征个数，整体的算法时间复杂度从逻辑回归的 $O(n)$ 上升到了 $O(n^2)$，当特征数增多时，这个时间复杂度可能会造成线上预测耗时过长，影响系统稳定性和用户体验，需要加以优化。

以 k 表示 v_i 的长度，$v_{i,f}$ 表示 v_i 中的第 f 个元素值，式 (8-9) 的第三项简化过程如下：

$$
\begin{aligned}
\text{第三项} &= \sum_{i=1}^{n} \sum_{j=i+1}^{n} \langle v_i, v_j \rangle x_i x_j \quad \text{// 对称矩阵的上半角（不包含对角线）之和} \\
&= \frac{1}{2} \sum_{i=1}^{n} \sum_{j=1}^{n} \langle v_i, v_j \rangle x_i x_j - \frac{1}{2} \sum_{i=1}^{n} \langle v_i, v_j \rangle x_i x_i \quad \text{// 等于对称矩阵之和减去对角线之和} \\
&\qquad\qquad\qquad\qquad\qquad\qquad\qquad\qquad \text{得到的差的一半} \\
&= \frac{1}{2} \left(\sum_{i=1}^{n} \sum_{j=1}^{n} \sum_{f=1}^{k} v_{i,f} v_{j,f} x_i x_j - \sum_{i=1}^{n} \sum_{f=1}^{k} v_{i,f} v_{i,f} x_i x_i \right) \quad \text{// 向量内积展开} \\
&= \frac{1}{2} \sum_{f=1}^{k} \left(\left(\sum_{i=1}^{n} v_{i,f} x_i \right) \left(\sum_{j=1}^{n} v_{j,f} x_j \right) - \sum_{i=1}^{n} v_{i,f}^2 x_i^2 \right) \\
&= \frac{1}{2} \sum_{f=1}^{k} \left(\left(\sum_{i=1}^{n} v_{i,f} x_i \right)^2 - \sum_{i=1}^{n} \left(v_{i,f} x_i \right)^2 \right)
\end{aligned}
\tag{8-10}
$$

可以看出，式 (8-10) 将式 (8-9) 的时间复杂度从 $O(n^2)$ 降到了 $O(kn)$，实现了 FM 算法的线性时间复杂度。算法预测函数在化简后如式 (8-11) 所示：

[①] Steffen Rendle. *Factorization Machines*, 2010.

$$\hat{y} = w_0 + \sum_{i=1}^{n} w_i x_i + \frac{1}{2} \sum_{f=1}^{k} \left(\left(\sum_{i=1}^{n} v_{i,f} x_i \right)^2 - \sum_{i=1}^{n} \left(v_{i,f} x_i \right)^2 \right) \tag{8-11}$$

式 (8-11) 中，n 是特征个数，k 是隐向量 $\boldsymbol{v}_i$ 的长度，$v_{i,f}$ 是隐向量 $\boldsymbol{v}_i$ 中的第 f 个元素值。

对于二分类任务来说，FM 的**损失函数**为：

$$L(w_0, w, v) = -\log(\sigma(y\hat{y})) \tag{8-12}$$

式 (8-12) 中 $\sigma(x) = \dfrac{1}{1 + \mathrm{e}^{-x}}$ 是 sigmoid 函数，$y \in \{1, -1\}$。

一旦有了损失函数，接下来就可以对参数 w_0、w 和 v 求导进行参数更新。由于 FM 算法有 bias 项、一次项和二次项，因此参数求导稍微复杂一点儿。算法的参数更新如下所示。

FM 算法更新

输入：数据集 D，$\lambda_1^{w_0}$、λ_1^{w}、λ_1^{v} 以及 $\lambda_2^{w_0}$、λ_2^{w}、λ_2^{v} 分别对应参数 w_0、$\boldsymbol{w}$ 和 v 的 L1 和 L2 正则项系数，学习率 η，正态分布方差 σ。

输出：模型参数 $\Theta = (w_0, \boldsymbol{w}, V)$。

初始化：$w_0 = 0$，$\boldsymbol{w} = 0$，$V \sim \mathcal{N}(0, \sigma)$。

```
Repeat:
  FOR (x, y) ∈ D  DO
  {
    # 更新 w₀
```
$$\mathrm{gradient}_{w_0} = \frac{\partial \mathrm{loss}}{\partial w_0} + \lambda_1^{w_0} \mathrm{sign}(w_0) + \lambda_2^{w_0} w_0 \ ;$$
$$w_0 = w_0 - \eta\, \mathrm{gradient}_{w_0} \ ;$$
```
    FOR i ∈ {1, 2, ⋯, n}  DO
    {
      IF x₀ ≠ 0
      {
        # 更新 wᵢ
```
$$\mathrm{gradient}_{w_i} = \frac{\partial \mathrm{loss}}{\partial w_i} + \lambda_1^{w} \mathrm{sign}(w_i) + \lambda_2^{w} w_i \ ;$$
$$w_i = w_i - \eta\, \mathrm{gradient}_{w_i} \ ;$$
```
        FOR j ∈ {1, 2, ⋯, k}  DO
        {
          # 更新 v_{i,j}
```
$$\mathrm{radient}_{v_{i,j}} = \frac{\partial \mathrm{loss}}{\partial v_{i,j}} + \lambda_1^{v} \mathrm{sign}(v_{i,j}) + \lambda_2^{v} v_{i,j} \ ;$$

$$v_{i,j} = v_{i,j} - \eta \text{gradient}_{v_{i,j}} ;$$
```
                }
            }
        }
    }
    Until stop criterion is met.
```

上述算法更新中，存在损失对各参数的偏导计算，即式 (8-12) 对 w_0、w 和 v 的偏导计算。具体求导公式如下：

$$
\begin{aligned}
\frac{\partial L}{\partial \theta} &= -\frac{1}{\sigma(y\hat{y})} \sigma(y\hat{y})(1 - \sigma(y\hat{y})) y \frac{\partial \hat{y}}{\theta} \\
&= (\sigma(y\hat{y}) - 1) y \frac{\partial \hat{y}}{\theta}
\end{aligned}
\tag{8-13}
$$

由式 (8-13) 可以看出，计算损失对参数的偏导需要计算预测值对参数的偏导，即式 (8-11) 对 w_0、w 和 v 的偏导。结合式 (8-11) 得出如下公式：

$$
\frac{\partial \hat{y}}{\theta} =
\begin{cases}
1, & \text{若 } \theta = w_0 \\
x_i, & \text{若 } \theta = w_i \\
x_i \sum_{j=1}^{n} v_{j,f} x_j - v_{i,f} x_i^2, & \text{若 } \theta = v_{i,f}
\end{cases}
\tag{8-14}
$$

有了式 (8-11)、式 (8-13) 和式 (8-14)，就可以完成 FM 算法的预测和参数更新功能，也就可以开始着手编码实现了。

8.4.1　完整代码

FM 算法的代码如下，这里的实现没有考虑正则项。

```python
# -*- coding: utf-8 -*-

import re
import math
import random

"""
python: 3.6
"""


class FM:
```

```python
    def __init__(self, params):
        self._params = params
        assert 'k' in self._params, 'k has to be set.'
        self._k = self._params['k']
        self._w_0 = 0
        self._w = {}
        self._v = {}
        random.seed(123)

    def __str__(self):
        return f'w_0: {self._w_0}, w: {self._w}, v: {self._v}'

    def _input_fn(self, mode, data):
        assert mode in ('train', 'predict'), f'mode only support train or predict, but get {mode}'
        epochs = self._params.get('epochs', 1) if mode == 'train' else 1
        for line in data * epochs:
            label_features = re.split('\\s+', line)
            label = self._label_convert(float(label_features[0])) if mode == 'train' else None
            feature_values = label_features[1:] if mode == 'train' else label_features[0:]
            features = {}
            for feature_value in feature_values:
                feature, value = feature_value.split(':')
                features[feature] = float(value)

            yield label, features

    # sigmoid 函数
    @staticmethod
    def _sigmoid(x):
        x = min(max(x, -35), 35)
        return 1 / (1 + math.exp(-x))

    # 符号函数
    @staticmethod
    def _label_convert(x):
        return 1 if x > 0 else -1

    # 预测函数, 式 (8-11)
    def _predict(self, features):
        wx_plus_b = self._w_0
        _sum = [0.0] * self._k
        square_sum = [0.0] * self._k

        for feature, value in features.items():
            w_i = self._w.get(feature, 0.0)
            wx_plus_b += w_i * value
            v = self._v.get(feature, [0.0] * self._k)
            for f in range(self._k):
                v_f_x = v[f] * value
                square_sum[f] += v_f_x ** 2
                _sum[f] += v_f_x

        # 预测值, 式 (8-11)
        prediction = wx_plus_b + 0.5 * sum([_sum[i] ** 2 - square_sum[i] for i in range(self._k)])
```

```python
        # 返回 _sum, 因为式 (8-14) 需要求和项
        return prediction, _sum

    def predict(self, data):
        _predictions = []
        data_set = self._input_fn('predict', data)
        for _, features in data_set:
            prediction, _ = self._predict(features)
            _predictions.append(self._sigmoid(prediction))

        return _predictions

    # 交叉熵损失
    def _loss(self, prediction, label):
        return -math.log(self._sigmoid(prediction * label))

    def fit(self, data):
        # 1. 输入数据
        data_set = self._input_fn('train', data)
        learning_rate = self._params.get('learning_rate', 0.01)
        mu = self._params.get('mu', 0.0)
        sigma = self._params.get('sigma', 0.1)

        steps = 0
        for label, features in data_set:
            steps += 1
            # 2. 读取参数和 3. 数学运算
            prediction, _sum = self._predict(features)
            # 4. 计算损失和 5. 求导更新参数
            # 式 (8-13)
            g_constant = (self._sigmoid(prediction * label) - 1) * label

            # 更新 w_0, 式 (8-14)
            self._w_0 = self._w_0 - learning_rate * g_constant
            for feature, value in features.items():
                w = self._w.get(feature, 0.0)
                # 更新 w, 式 (8-14)
                self._w[feature] = w - learning_rate * g_constant * value

                # 更新 v, v 初始化为服从正态分布的随机变量, 式 (8-14)
                v = (self._v.setdefault(feature,
                                [random.normalvariate(mu, sigma) for _ in range(self._k)]))
                for f in range(self._k):
                    v_f = v[f]
                    self._v[feature][f] = (v_f - learning_rate * g_constant *
                                    (value * _sum[f] - v_f * value * value))

            if steps and not steps % 1000:
                loss = self._loss(prediction, label)
                print(f'loss = {loss}, step = {steps}')

        return self
```

```
if __name__ == '__main__':
    hyper_parameters = {'learning_rate': 0.05, 'k': 4, 'epochs': 200}
    # 格式：label feature1:value1 feature2:value2
    data_train = [
        "0 item_id2:1 user_id2:1",
        "1 item_id1:1 user_id1:1",
        "0 item_id2:1 user_id1:1",
        "0 item_id1:1 user_id2:1",
        "1 item_id1:1 user_id1:1"
    ]

    fm = FM(hyper_parameters)
    model = fm.fit(data_train)

    data_predict = [
        "item_id2:1 user_id2:1",
        "item_id1:1 user_id1:1",
        "item_id2:1 user_id1:1",
        "item_id1:1 user_id2:1",
        "item_id1:1 user_id1:1"
    ]
    predictions = model.predict(data_predict)

    # [0.014356894809136269,
    #  0.9897084711625975,
    #  0.021539235148611335,
    #  0.019228125772935124,
    #  0.9897084711625975]
    print(predictions)
    # w_0: -1.0629511974149788
    # w: {
    #    'item_id2': -1.999285268270898,
    #    'user_id2': -1.9196686596353496,
    #    'item_id1': 0.9363340708559196,
    #    'user_id1': 0.8567174622203717
    #    }
    # v: {...}
    print(model)
```

8.4.2 算法优缺点

优点：

❑ 线上预测性能高，引入隐向量之后，时间复杂度依然为线性的 $O(kn)$；

❑ 很适合推荐系统这种数据比较稀疏的场景；

❑ 特征两两交互极大提高了模型的表达能力；

❑ 可以为每个特征生成一个隐向量，该向量可以为其他模型提供初始化；

❑ ……

缺点：

- 只能做到特征的二阶交叉，表达能力虽然好于逻辑回归，但是依然有限，特别是在用户行为丰富的场景下还是有所欠缺；
- 特征与特征之间的交叉是通过向量内积来实现的，稍显简单；
- ……

8.5　其他经典排序算法

早期的推荐系统排序算法除了逻辑回归和因式分解机之外，还有一些经典算法。

FFM

FFM（field-aware factorization machine）算法[1]是 FM 算法的升级版，相比 FM 算法中每个特征只有 1 个隐向量，FFM 算法中每个特征的隐向量个数变成了 F，F 是数据特征 field 的个数（比如性别是一个 field、年龄也是一个 field）。由于 FFM 模型参数是 FM 模型的 F 倍，因此理论上前者的表达能力更强，效果也会比后者好。但是要想把该算法落地，还需要考虑工程上的很多因素，因为它的参数量太大，特别占用内存，同时训练速度也比较慢，所以实际应用中使用得并不多。

集成树

集成树（ensemble tree）也在排序算法的演进中发挥了一定作用，典型代表是 GBDT + LR[2] 以及 XGBoost[3]。GBDT + LR 主要利用了 GBDT 自动捕获特征之间的关系从而减少了人工特征工程的工作量，这是在进入深度学习时代前关于自动特征交叉的一个特别好的实践，其原始论文中的很多思想依然值得借鉴。

XGBoost 属于 GBDT 的范畴，在朴素 GBDT 的基础上实现了很多优化和改进，比如支持正则、特征分裂并行、损失函数支持二阶泰勒展开等，因此在实际应用中相比 GBDT，它可以说是又快又准，特别适用在中小量级的数据集上。

总的来说，早期的推荐系统排序算法已经有了后来很多深度模型的概念并且都有了一些很好的经验实践，主要表现在：

- 尝试二阶交叉、高阶特征交叉，通过“记住”历史的特征组合，增强了模型的表达能力；
- 探索特征向量化表示，不管是 FM 算法还是 FFM 算法，都实现了特征的向量化，虽然当今特征 embedding 技术已经变成一种标准处理手法，但是隐向量等概念在早期还是特别具有前瞻性的；

---

[1] Yuchin Juan, Yong Zhuang, Wei-Sheng Chin, et al. *Field-aware Factorization Machines for CTR Prediction*, 2016.

[2] Xinran He, Junfeng Pan, Ou Jin, et al. *Practial Lessons from Predicting Clicks on Ads at Facebook*, 2014.

[3] Tianqi Chen, Carlos Guestrin. *XGBoost: A Scalable Tree Boosting System*, 2016.

❑ 探索自动化特征工程，由于算法从理论到落地的过程中，特征工程最耗时，因此像 GBDT ＋ LR 以及 FM 等都在一定程度上实现了自动特征工程。

8.6 Q & A

Q1：为什么逻辑回归是线性分类模型？

逻辑回归是线性还是非线性的判别标准是它的决策边界（decision boundary）是否线性，如果决策边界是线性的，那么逻辑回归就是线性的，否则就是非线性的。

逻辑回归的概率计算公式如下：

$$p(y=1\,|\,x) = \frac{1}{1+e^{-wx}} = \frac{e^{w_0+\sum_i w_i x_i}}{1+e^{w_0+\sum_i w_i x_i}}$$

$$p(y=0\,|\,x) = 1 - p(y=1\,|\,x) = \frac{1}{1+e^{w_0+\sum_i w_i x_i}} \tag{8-15}$$

式 (8-15) 中，如果 $p(y=1|x)$ 比 $p(y=0|x)$ 大，则预测为 1，即：

$$\frac{p(y=1\,|\,x)}{p(y=0\,|\,x)} > 1$$

$$=> \log\frac{p(y=1\,|\,x)}{p(y=0\,|\,x)} > 0$$

$$=> \log(p(y=1\,|\,x)) - \log(p(y=0\,|\,x)) > 0 \tag{8-16}$$

$$=> \log e^{w_0+\sum_i w_i x_i} > 0$$

$$=> w_0 + \sum_i w_i x_i > 0 \quad \text{// 线性边界}$$

由上述推导可知，逻辑回归的决策边界是线性边界，因此它是线性模型。

Q2：把实数压缩到 0~1 内的函数有很多，为什么逻辑回归选择 sigmoid？

odds ratio 描述了事件发生的概率与不发生的概率之比，即 $\frac{p}{1-p}$，p 表示事件发生（$y=1$）的概率，p 越大，odds ratio 越大。逻辑回归关注的是 $\frac{P(Y=1|X)}{P(Y=0|X)} = \frac{p}{1-p}$，也就是 odds ratio。对 odds ratio 取对数得 $\log p - \log(1-p)$，将取对数后的值与输入特征做线性建模，得：

$$\text{logits}(p(y=1\,|\,x)) = \log(\text{odds ratio}) = \log p - \log(1-p)$$

建立 logits 和 x 的线性关系，得：

$$\text{logits}(p(y=1\,|\,x)) = \log p - \log(1-p) = w_0 + \sum_i w_i x_i \tag{8-17}$$

根据式 (8-17) 可得，$p(y=1\,|\,x) = \dfrac{1}{1+\mathrm{e}^{-\left(w_0+\sum_i w_i x_i\right)}} = \text{sigmoid}\left(w_0 + \sum_i w_i x_i\right)$，由此可以看到，并不是逻辑回归选择 sigmoid，而是必须使用 sigmoid。同时式 (8-17) 也可以解释逻辑回归是线性模型。

Q3：逻辑回归的损失函数怎么来的？

这个问题比较简单，通过极大似然估计便可推导出来：

$$p(y=1\,|\,x;\theta) = h(x,\theta),\ p(y=0\,|\,x;\theta) = 1 - h(x,\theta)$$

$$=> p(y\,|\,x;\theta) = h(x;\theta)^y (1-h(x;\theta))^{(1-y)}$$

$$=> L(\theta) = \prod_i^n (p(y^i\,|\,x^i;\theta)) = \prod_i^n h(x^i;\theta)^{y^i}(1-h(x^i;\theta))^{1-y^i} \tag{8-18}$$

$$=> LL(\theta) = \log(L(\theta)) = \sum_i^n \left[y^i \log(h(x^i;\theta)) + (1-y^i)\log(1-h(x^i;\theta)) \right]$$

式 (8-18) 是对数极大似然估计，需要求参数 θ 使得 LL 最大化，也就是最小化 $-LL$，即损失函数为：

$$\text{loss}(\theta) = -LL(\theta) = -\frac{1}{n}\sum_i^n \left[y^i \log(h(x^i;\theta)) + (1-y^i)\log(1-h(x^i;\theta)) \right] \tag{8-19}$$

Q4：为什么 L1 正则会让模型的参数变得更为稀疏？

假设未加入正则项的损失函数为 $l(\theta)$，加入 L1 正则项后的损失函数为 $L(\theta) = l(\theta) + \lambda_1 \|\theta\|_1$，其中 λ_1 是 L1 正则系数，$L(\theta)$ 在 θ 处的求导过程如下：

$$\frac{\partial L(\theta)}{\partial \theta} = l'(\theta) + \lambda_1 \text{sign}(\theta) \quad // \text{sign} \text{函数在0处不可导}$$

$$\left.\frac{\partial L(\theta)}{\partial \theta}\right|_{\theta=0} = \begin{cases} l'(\theta) + \lambda_1, & \theta = 0^+ \\ l'(\theta) - \lambda_1, & \theta = 0^- \end{cases} \tag{8-20}$$

由式 (8-20) 容易发现，在 $\theta = 0$ 的两侧，$\dfrac{\partial L(\theta)}{\partial \theta}$ 很有可能异号（在 0 的左侧为负号，在 0 的右侧为正号），即 $L(\theta)$ 在 $\theta = 0$ 处有较大的概率取得极小值，所以 L1 正则容易让模型参数变得更为稀疏。

8.7　总结

- ❑ 极大似然估计和最大后验估计是模型参数学习的理论基础，前者通过观察现有数据习得参数，后者考虑了参数的先验信息。这两者与损失函数和正则项有着极为密切的联系。

- □ 对于监督学习，只要知道预测函数和损失函数，就可以采用梯度下降法使得模型具有学习的功能。
- □ 在进入深度学习时代之前，逻辑回归、FM 和 FFM 等算法均在不同的时期展现出了各自的能力，并且它们都有很扎实的理论基础作为支撑，即使现在已经不怎么使用了，但是掌握这些算法的原理和实现细节对于实际应用中优化算法特别有帮助。
- □ 对于传统机器学习的理论，比如逻辑回归为什么是线性模型、为什么必须使用 sigmoid、L1 正则为什么会使模型参数变得更为稀疏等基本理论，也最好能够有一定程度的掌握。

第9章

深度学习从训练到对外服务

经历了 LR、GBDT + LR、FM/FFM 等传统的排序算法之后，深度学习（deep learning）已经成为当仁不让的主流算法建模方式，它覆盖的业务领域非常之广、作用之大，都让无数从业人员为之惊叹，在推荐、搜索、计算广告、计算机视觉、自然语言处理等众多领域它都发挥着巨大的作用。学习、掌握并熟练运用它，成了每个算法工程师必备的技能。

 虽然本章的主题是推荐系统[①]，但是很多概念和技巧是相通的。

9.1 深度学习简介

维基百科上深度学习的定义如下：

Deep learning (also known as deep structured learning) is part of a broader family of machine learning methods based on artificial neural networks with representation learning. Learning can be supervised, semi-supervised or unsupervised.

通过上述定义可以看到，深度学习：

(1) 是机器学习的一个分支；

(2) 以人工神经网络为基础；

(3) 对事物进行表征学习，比如将物品表示成向量；

(4) 学习方式既可以监督、半监督，也可以无监督。

深度学习运用了分层抽象的思想：高层次的知识从低层次的知识中习得。这一分层结构一般使用贪心算法逐层构建而成，并从中选取有助于机器学习的更有效的特征[②]。

当下所说的深度学习一般至少具有一个隐藏层，通过构建复杂的非线性的网络结构，为模型

---

① 推荐领域优秀论文文献：The ACM Conference Series on Recommender Systems。

② Y. Bengio, A. Courville and P. Vincent, Representation Learning: A Review and New Perspectives, in *IEEE Transactions on Pattern Analysis and Machine Intelligence*, vol.35, no.8, pp. 1798-1828, Aug. 2013, doi: 10.1109/TPAMI.2013.50.

提供更高的抽象层次，因而提高了模型的能力。典型的深度学习模型结构如图 9-1 所示，图中包含了输入层、3 个隐藏层和输出层，输入层由各个特征的 embedding 拼接组成。

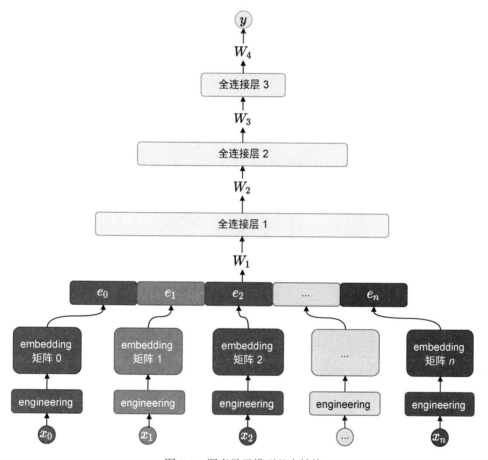

图 9-1 深度学习模型基本结构

自底向上，为输入层到输出层的数据流向，其中 x 是原始输入，经预处理送入全连接层；W 是矩阵，表示各层的参数；y 是最终的输出。具体来说，$x_1, x_2, \cdots, x_n$ 经过：

(1) 特征工程（散列、归一化、分桶等）后，查询各自的 embedding 矩阵得到一个/多个 embedding 向量表示；

(2) 将这些向量连接在一起，作为全连接层的输入送入隐藏层；

(3) 经过若干隐藏层之后，最后通过输出层输出预测结果。

由图 9-1 可知，模型需要学习的参数为：

❑ 所有 embedding 矩阵中的元素值；

❑ 所有隐藏层 W 矩阵中的元素值。

每一层全连接层（fully connected layer）的内部细节如图 9-2 所示，上一层的输出 H_{L-1} 作为下一层的输入 X_L，X_L 经过第 L 层的参数 W_L 进行基本的矩阵线性运算后得到 Z_L，至此都是一般的线性数学运算，但是紧接着对 Z_L 再应用一个函数（称为**激活函数**，一般情况下是非线性的），得到 H_L，将此结果作为下一层的输入 X_{L+1}。图 9-2 中每一层中的圆形结构称为神经元或者**隐藏节点**。

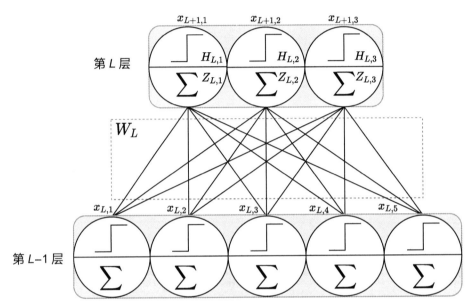

图 9-2　全连接层内部细节

用数学符号来翻译上述描述，就得到了式 (9-1)：

$$Z_{W,b}(X) = XW + b$$
$$H = \phi(Z)$$

(9-1)

❑ X 是每一层的输入，形式为向量，它可能是多个向量首尾连接组成的一个向量，比如图 9-2 中 $x_{L,1}$, $x_{L,2}$, $\cdots$, $x_{L,5}$ 这 5 个向量拼接起来组成了 L 层的输入。

❑ W 是每一层的参数，是形状为**当前层的输入维度×当前层的输出维度**的矩阵：当前层的输入维度，也就是上一层的输出维度。

❑ b 是每一层的 bias 参数，它是可选的，类似于逻辑回归中的 w_0。每个隐藏节点都会有一个 bias 参数，其为一个数值。每一层的多个隐藏节点的 bias 参数形成了当前层的 bias 向量。

❑ Z 是线性矩阵线性运算的结果。

❑ H 是对 Z 施加激活函数后的结果，既作为当前层的输出，又作为下一层的输入。

可以看到，每一层的处理都是一样的，也都比较容易理解，而且深度学习大大减少了人工特征工程的工作量，极大地提高了模型的迭代效率。当然，即使是深度学习，也依然需要人工特征工程，因为特征的处理方式依赖于具体的业务，业务不同，处理方式就大不相同，而机器是没有办法熟悉业务的，因此人工特征工程依然是整个建模过程中非常重要的一环。

第 7 章已经描述过 TensorFlow 中关于特征工程的相关 API（feature column），但是只是浅尝辄止，本章会对这些 API 做详细说明，并且后续章节的模型代码中会逐渐熟悉其用法。

模型代码均基于 TensorFlow 1.15 编写。之所以采用 TensorFlow 1 而不是 TensorFlow 2，是因为前者较为灵活，实际应用比较多，而后者简单使用起来可能会觉得很容易，但是实际上如果想要熟练运用，学习门槛比前者高，而且由于封装过多，使用起来会觉得有较多约束，不够高效。

其他软件版本：

❑ Spark 2.4.0
❑ Python 3.6.0
❑ Docker 18.09.6

9.2 经典模型结构

时至今日，推荐领域每年都会出现各式各样的模型，但是能够真正落地且在工业界大规模使用的并不多，本节将会介绍三个经典且已被证明的模型结构：Wide & Deep、Deep Interest Network（DIN）以及 Behavior Sequence Transformer（BST）。

学习经典模型及其设计思想的最佳途径就是研读这些模型的原始论文。一般情况下，谷歌、Facebook（Meta）以及阿里巴巴的论文具有很大的实践意义，也比较注重工程的可实现性和可用性。

9.2.1 Wide & Deep[①]

Wide & Deep 是谷歌在 2016 年发表的一篇具有深远影响的论文。论文中表示深度模型的泛化性特别强，线性模型的记忆性又特别好，那何不取二者之长，整合为一个模型从而同时发挥出两者的优势呢？于是就诞生了图 9-3 所示的网络结构，左半边是 Deep 模型，右半边是 Wide 模型，将两个模型的输出融合起来就成了 Wide & Deep 的输出。Wide & Deep 同时考虑了模型的泛化性和记忆性，旨在这两者之间寻找一个平衡，这与推荐系统的特性也非常吻合——在给用户不断推

---

① Heng-Tze Cheng, Levent Koc, Jeremiah Harmsen, et al. *Wide & Deep Learning for Recommender Systems*, 2016.

荐与之历史行为相似/相关的物品（记忆性）之外，还希望能够为用户带去一定程度的惊喜，超出用户预期（泛化性）。

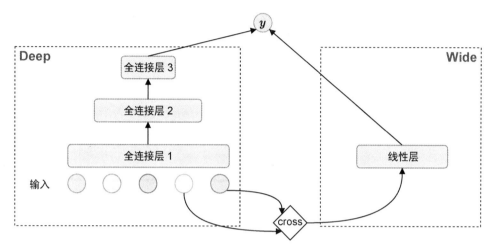

图 9-3   Wide & Deep 模型结构

Wide & Deep 的思想简单直接，效果却出人意料得好，不得不让人佩服模型作者化繁为简的巧妙构思。值得一提的是 Wide 模型，论文中提到其模型输入是部分特征的两两交叉，便于模型记忆一定历史知识，同时引入了一定程度的非线性，而且这种人工的特征交叉也含有一定的业务特性，更利于模型学习业务数据。

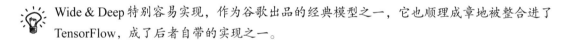 Wide & Deep 特别容易实现，作为谷歌出品的经典模型之一，它也顺理成章地被整合进了 TensorFlow，成了后者自带的实现之一。

9.2.2   Deep Interest Network

Deep Interest Network（DIN）出现在 2018 年阿里巴巴发表的一篇关于点击率预估的论文[1]中，非常具有创意，且首次把注意力机制引入了推荐系统。在电商系统中，当需要预估用户对某个物品的点击率时，通常需要借助用户的历史行为物品，比如用户的历史行为物品中大部分是手机，那么理论上应该把手机或者与之有关的物品排在前面，问题是如何让模型感知到这种业务特性呢？

论文中认为用户的兴趣可以根据其历史行为来刻画，由于用户的历史行为一般来说具有多样性，因此用户的兴趣也具有多样性。假设用户的历史行为物品为手机、鞋子、游戏机、显示器、笔记本电脑，当前的任务是预估用户对游戏手柄的点击率。

---

① Guorui Zhou, Chengru Song, Xiaoqiang Zhu, et al. *Deep Interest Network for Click-Through Rate Prediction*, 2018.

❑ 在 DIN 出现之前，常规的做法是对手机、鞋子、游戏机、显示器、笔记本电脑这 5 种物品的 embedding 做 pooling（average pooling、sum pooling 等）得到用户历史行为 embedding 表示。

❑ 但是真实情况下，用户历史行为物品中，有些与当前物品有关，有些与当前物品无关，比如游戏机就与游戏手柄关系很大，而鞋子似乎与游戏手柄并没有太大关系，因此 DIN 模型的意义就在于此：它可以学习到每个历史行为物品与当前候选物品的关系，从而可以选择重视与当前物品相关性强的历史行为，以及轻视或者无视与当前物品相关性弱的历史行为。这正是注意力机制的精华所在。

DIN 模型结构如图 9-4 所示，它与一般深度模型在使用序列特征（用户历史行为等特征）时最大的不同点在于，它并不是将用户行为序列直接输入模型，而是先利用注意力机制学习到用户的历史行为物品与当前物品的关系，并通过**权重**来表征这种关系，然后将行为序列中的各个物品 embedding 乘以各自的**权重**后求和，也就是加权求和，将得到的新 embedding 与其他特征连接起来一并送入模型进行训练。DIN 模型将业务与算法结合得特别好，它直接对**用户当前行为受历史行为的影响有多大**进行建模，不仅很符合人的直觉，而且非常具有创造性，同时也让深度模型具有了一定的可解释性，因此在推荐系统中广泛使用，效果颇佳。

> 💡 DIN 模型的原始论文值得仔细研究，不断学习，其中有不少关于建模方面的技巧，往往这些小技巧会给业务带来很大的价值。

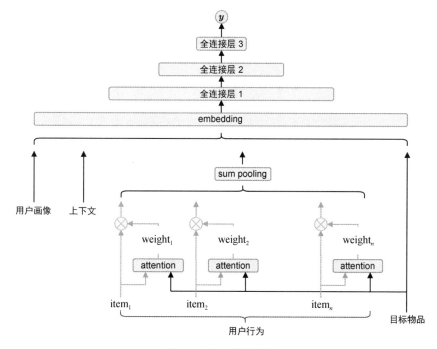

图 9-4　DIN 模型结构

9.2.3　Behavior Sequence Transformer

Behavior Sequence Transformer（BST）出现在 2019 年阿里巴巴发表的另一篇关于推荐算法的论文[①]中，其结构如图 9-5 所示。BST 模型成功地把 Transformer 运用在了推荐系统中，可以很容易地发现，BST 模型与 DIN 模型本质上都是为了捕获用户历史行为物品与候选物品之间的关系：DIN 通过注意力机制来捕获，BST 模型通过 Transformer 这种更为复杂的结构捕获。相比注意力机制完全不考虑用户历史行为的时序信息（一般认为距离当前时间越久远的历史行为，对用户当前行为影响越小），Transformer 加入了历史行为的位置信息，因此更符合现实世界中的数据表现。

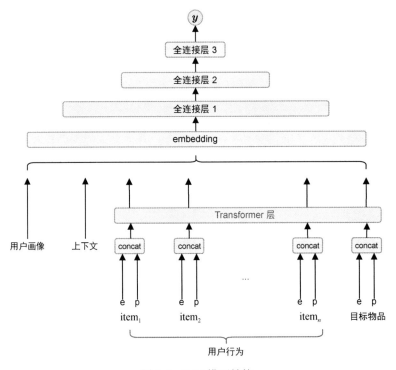

图 9-5　BST 模型结构

具体来说，对于用户历史行为序列中的每个物品，除了自身的 embedding（图 9-5 中的 e）之外，还有各自位置对应的 embedding（图 9-5 中的 p，position），将每个物品与位置信息 embedding 连接起来，送入 Transformer，将输出与其他特征一并连接后，送入一般的深度模型。理论上 BST 模型的效果应该比 DIN 模型要好，但是由于其模型比较复杂，有更多的超参数需要调节，因此在实际应用中需要耗费更多的时间去对模型进行调优。

[①] Qiwei Chen, Huan Zhao, Wei Li, et al. *Behavior Sequence Transformer for E-commerce Recommendation in Alibaba*, 2019.

Transformer 出现在论文 "Attention is All You Need"[1]中，首次将位置信息作为 embedding 在模型之中加以考虑。DIN 模型只考虑历史行为与候选物品的关系，而 BST 模型由于加入了 Transformer，因此不仅可以学习到历史行为与候选物品的关系，而且能学习到历史行为物品之间的关系。Transformer 作为一个优秀的模型结构，其论文值得仔细研读。

由于用户行为序列这样宝贵的特征蕴含了有关用户兴趣的丰富信息，因此可以说它是推荐系统中最重要的特征之一，阿里巴巴从 DIN 开始，接连发表了 DIEN[2]（参见论文 "Deep Interest Evolution Network for Click-Through Rate Prediction"）、DSIN[3]（参见论文 "Deep Session Interest Network for Click-Through Rate Prediction"）以及 BST，其核心思想都是挖掘候选物品与用户历史行为之间的内在联系。

这些优秀的论文对于推荐算法开发来说都是宝贵的资源，值得反复阅读，落地实验。

在大概掌握了这些经典模型结构之后，本章的后半部分将重心转向工程实现。接下来以 DIN 模型为例，详细讲述如何使用 TensorFlow 框架将深度模型落地，主要步骤如下，基本上涵盖了 TensorFlow 实现深度模型从理论到落地的整个流程：

(1) 准备训练数据；
(2) 编写模型代码；
(3) 训练并导出模型；
(4) 模型对外服务。

9.3　建模流程[4]

本节通过搭建一个简单的 DIN 模型来了解通过 TensorFlow 建模的流程（pipeline），包括数据准备、模型搭建、模型训练、模型导出以及模型对外服务。一般来说，一个模型的诞生需要经过如下步骤。

(1) 准备数据：首先生成 TensorFlow 能够识别的训练数据，然后将训练数据从外部存储读入内存。需要注意的是，一般并不是把所有数据一次性读入内存，而是每次只读一批（batch）数据，比如一次只读入 10 000 条训练样本，这样能够保证当数据量轻松突破 TB 级时，模型训练也不受影响。

(2) 搭建模型：提前规划好想要实现的网络结构，最好能够画出网络结构图，然后通过代码将其实现，这样会更加清晰，也不容易出错。

① Ashish Vaswani, Noam Shazeer, Niki Parmar, et al. Attention Is All You Need, 2017.
② Guorui Zhou, Na Mou, Ying Fan, et al. Deep Interest Evolution Network for Click-Through Rate Prediction, 2018.
③ Yufei Feng, Fuyu Lv, Weichen Shen, et al. Deep Session Interest Network for Click-Through Rate Prediction, 2019.
④ 完整代码见随书资源。

(3) 训练模型

  1) 数据输入模型：将数据送入模型，这里将数据分成训练集和验证集，需要设定训练多少步需要验证一次，每次验证需要跑多少数据等参数。

  2) 训练：设置超参数，开始运行模型。

(4) 导出模型：模型训练完毕后，需要将模型导出成可以对外提供服务的通用文件格式，以便 C/C++ 或者 Java 等程序可以加载。

(5) 模型对外提供服务：模型导出后，需要启动一个服务，该服务加载第 (4) 步导出的模型文件，对外暴露 IP 地址和端口号提供预测服务。TensorFlow 模型需要借助 TensorFlow Serving 这个工具对外提供服务。

为了将上述 5 步完整地演示一遍，接下来通过 TensorFlow Estimator API 来实现图 9-4 所示的 DIN 模型。

TensorFlow Estimator

Estimator[①] 是一种较为高阶的 TensorFlow API，它封装了以下操作：

❑ 训练
❑ 评估
❑ 预测
❑ 导出模型

Estimator API 具有以下好处。

❑ 可以在本地主机或分布式多服务器环境中运行基于 Estimator 的模型，而无须更改模型代码。此外，还可以在 CPU、GPU 或 TPU 上运行基于 Estimator 的模型，同样无须重新编码模型，Write Once Run Anywhere。

❑ Estimator 提供了安全的分布式训练循环，可以控制如何以及何时进行以下操作：

  ■ 加载数据
  ■ 处理异常
  ■ 创建检查点文件并从故障中恢复
  ■ 保存 TensorBoard 摘要

---

① Heng-Tze Cheng, Zakaria Haque, Lichan Hong. *TensorFlow Estimators: Managing Simplicity vs. Flexibility in High-Level Machine Learning Frameworks*, 2017.

从算法开发的角度来看，在用 Estimator 编写模型时，逻辑比较直观：读数据和写模型是分开进行的，做到了模型和数据的解耦。更重要的是它比较灵活，对特征工程的支持也比较好，而且可以较为容易地自定义复杂的模型，因此在实际应用中主要使用它进行日常算法开发。

9.3.1 数据准备

数据的格式有很多种，常见的有 CSV、TEXT、Parquet 等，但是为了标准化以及性能考虑，TensorFlow 提供了统一的数据格式：TFRecord[①]。TFRecord 是 TensorFlow 官方推荐的专门用于存储 TensorFlow 训练数据的文件格式，不仅可以存储文本，还可以存储视频、语音、图片等数据。tf.Example 是 TFRecord 文件中存储的具体数据，本质上来说就是一个 {feature_name: feature_value} 的键值映射。feature_name 是字符串类型，feature_value 是 tf.train.Feature 类型，其中可以存储各种数据类型，包括字符串、32 位整型、64 位整型、32 位浮点型、64 位浮点型等。

深度模型训练数据的容量动辄 T 级，而 Spark 正擅长处理海量数据，因此 TensorFlow 官方提供了一个 Spark 工具包：Spark TensorFlow Connector。顾名思义，这个工具可以使用 Spark 将其他文件格式直接转换成 TFRecord 供模型读取，如图 9-6 所示。

该工具源码是用 Scala 编写的，需要先将源代码打成 jar 包，才能使用。

图 9-6 Spark TensorFlow Connector

1. 数据生成

假设此次任务是点击率预估，训练数据包含的字段名称及其类型说明如表 9-1 所示。

表 9-1 数据说明

特 征 名	格 式	示 例	备 注
user_id	字符串	"uid012"	用户 ID
age	整型	18	异常值: 999

[①] TFRecord 的详细说明可以参考官方文档。

（续）

特 征 名	格 式	示 例	备 注
gender	字符串	"0"	取值 "0"、"1"、"未知"
device	字符串	"Huawei P40 Pro Max"	终端设备型号
item_id	字符串	"item012"	物品 ID
clicks	字符串列表	["item012", "item345"]	用户 15 天内点击的物品 ID 集合
label	长整型	1	是否点击：是 1、否 0

将数据转换成 TFRecord 格式的样例代码如下所示：

```
# -*- coding: utf-8 -*-

"""
文件名：data.py
这里为了便于演示，将数据保存在本地，所以 master 指定为 local，同时指定 jars 为
spark-tensorflow-connector。
启动命令：spark-submit --master local --jars spark-tensorflow-connector_2.11-1.15.0.jar data.py
"""

from pyspark.sql.types import *
from pyspark.sql import SparkSession

spark = SparkSession.builder.appName('din_dataset').getOrCreate()

# 保存在本地，可以换成 HDFS、S3 等分布式存储路径
path = "file:///home/recsys/chapter09/din/dataset"

# 指定各特征类型
feature_names = [
    StructField("label", LongType()),
    StructField("user_id", StringType()),
    StructField("age", IntegerType()),
    StructField("gender", StringType()),
    StructField("device", StringType()),
    StructField("item_id", StringType()),
    StructField("clicks", ArrayType(StringType(), True))]

schema = StructType(feature_names)
rows = [
    # label user_id age gender item_id clicks
    [1, "user_id1", 22, "0", "Huawei", "item_id1", ["item_id2", "item_id3", "item_id4"]],
    [0, "user_id2", 33, "1", "iPhone", "item_id5", ["item_id6", "item_id7"]]
]
rdd = spark.sparkContext.parallelize(rows)
df = spark.createDataFrame(rdd, schema)

# 存储为 TFRecord 文件格式，文件内部的数据格式为 Example
df.write.format("tfrecords").option("recordType", "Example").save(path, mode="overwrite")

df = spark.read.format("tfrecords").option("recordType", "Example").load(path)
```

```
df.show()

# 打印 dataframe 结构
df.printSchema()
# 输出
# root
#  |-- clicks: array (nullable = true)
#  |    |-- element: string (containsNull = true)
#  |-- item_id: string (nullable = true)
#  |-- device: string (nullable = true)
#  |-- age: long (nullable = true)
#  |-- gender: string (nullable = true)
#  |-- label: long (nullable = true)
#  |-- user_id: string (nullable = true)
```

生成训练数据后，接下来的任务就是通过 TensorFlow 读取并解析这些数据。

2. 数据读取

TensorFlow 读取数据分三个步骤：

(1) 定义每个特征的格式和类型，与生成 TFRecord 时的格式和类型要一一对应；

(2) 定义解析函数，该函数负责解析**一条**数据，按照第 (1) 步定义的特征格式类型解析数据；

(3) 定义读数据函数，输入为若干 TFRecord 文件，每个文件中的每一条数据都经过第 (2) 步的解析函数，完成整个训练数据的解析。

完整解析代码如下：

```
# -*- coding: utf-8 -*-

"""
文件名：reader.py
启动命令：python reader.py
"""

import os

import tensorflow as tf  # 1.15
from tensorflow.compat.v1 import data, InteractiveSession
from tensorflow.compat.v1.data import experimental


class Reader:
    def __init__(self, num_parallel_calls=None):
        self._num_parallel_calls = num_parallel_calls or os.cpu_count()

    # 1. 定义每个特征的格式和类型
    @staticmethod
    def get_example_fmt():
        example_fmt = dict()

        example_fmt['label'] = tf.FixedLenFeature([], tf.int64)
```

```
        example_fmt['user_id'] = tf.FixedLenFeature([], tf.string)
        example_fmt['age'] = tf.FixedLenFeature([], tf.int64)
        example_fmt['gender'] = tf.FixedLenFeature([], tf.string)
        example_fmt['item_id'] = tf.FixedLenFeature([], tf.string)
        # 此特征长度不固定
        example_fmt['clicks'] = tf.VarLenFeature(tf.string)

        return example_fmt

    # 2. 定义解析函数
    def parse_fn(self, example):
        example_fmt = self.get_example_fmt()
        parsed = tf.parse_single_example(example, example_fmt)
        # VarLenFeature 解析的特征是 Sparse 的, 需要转换成 Dense 以便于操作
        parsed['clicks'] = tf.sparse.to_dense(parsed['clicks'], '0')
        label = parsed.pop('label')
        features = parsed
        return features, label

    # pad 返回的数据格式与形状必须与 parse_fn 的返回值完全一致
    def padded_shapes_and_padding_values(self):
        example_fmt = self.get_example_fmt()

        padded_shapes = {}
        padding_values = {}

        for f_name, f_fmt in example_fmt.items():
            if 'label' == f_name:
                continue
            if isinstance(f_fmt, tf.FixedLenFeature):
                padded_shapes[f_name] = []
            elif isinstance(f_fmt, tf.VarLenFeature):
                padded_shapes[f_name] = [None]
            else:
                raise NotImplementedError('feature {} feature type error.'.format(f_name))

            if f_fmt.dtype == tf.string:
                value = '0'
            elif f_fmt.dtype == tf.int64:
                value = 0
            elif f_fmt.dtype == tf.float32:
                value = 0.0
            else:
                raise NotImplementedError('feature {} data type error.'.format(f_name))

            padding_values[f_name] = tf.constant(value, dtype=f_fmt.dtype)

        # parse_fn 返回的是数组结构, 这里也必须是数组结构
        padded_shapes = (padded_shapes, [])
        padding_values = (padding_values, tf.constant(0, tf.int64))
        return padded_shapes, padding_values

    # 3. 定义读数据函数
    def input_fn(self, mode, pattern, epochs=1, batch_size=512, ):
```

```
        padded_shapes, padding_values = self.padded_shapes_and_padding_values()
        files = tf.data.Dataset.list_files(pattern)
        data_set = files.apply(
            experimental.parallel_interleave(
                tf.data.TFRecordDataset,
                cycle_length=8,
                sloppy=True
            )
        ) # 1
        data_set = data_set.apply(experimental.ignore_errors())
        data_set = data_set.map(map_func=self.parse_fn,
                                num_parallel_calls=self._num_parallel_calls)  # 2

        if mode == 'train':
            data_set = data_set.shuffle(buffer_size=10000)  # 3.1
            data_set = data_set.repeat(epochs)  # 3.2
        data_set = data_set.padded_batch(batch_size,
                                padded_shapes=padded_shapes,
                                padding_values=padding_values)

        data_set = data_set.prefetch(buffer_size=1)  # 4
        return data_set


if __name__ == '__main__':
    # 用上一节的数据测试一下
    reader = Reader()
    dataset = reader.input_fn('train', '/home/recsys/chapter09/din/dataset/*', batch_size=4)

    sess = InteractiveSession()
    samples = data.make_one_shot_iterator(dataset).get_next()

    records = []
    for i in range(1):
        records.append(sess.run(samples))

    print(records)  # 5
    # [
    #    (    # 特征
    #    {
    #        'clicks':  array([
    #                    [b'item_id6', b'item_id7', b'0'],
    #                    [b'item_id2', b'item_id3', b'item_id4']
    #                    ], dtype=object),
    #        'age':    array([33, 22]),
    #        'gender': array([b'1', b'0'], dtype=object),
    #        'device': array([b'Huawei', b'iPhone'], dtype=object)
    #        'item_id': array([b'item_id5', b'item_id1'], dtype=object),
    #        'user_id': array([b'user_id2', b'user_id1'], dtype=object)
    #    },
    #    # 标签
    #    array([0, 1])
    #    )
    # ]
```

针对上述代码片段中需要重点关注的几点，已经分别做了注释，其中一些处理特别影响数据读取速度。

- ❑ 注释 # 1 处：`parallel_interleave` 并行读取文件，其中 `sloppy` 参数建议设置为 `True`，表示对数据的行顺序没有要求，可以提高读取性能。
- ❑ 注释 # 2 处：`map` 函数的 `num_parallel_calls` 建议设置为当前机器可用的 CPU 核数，可以提高读取性能。
- ❑ 注释 # 3.1 和 # 3.2 处：`shuffle` 和 `repeat` 的顺序也需要注意，一般 `shuffle` 在前，`repeat` 在后，这样可以保证一个 epoch 结束后所有数据都能够被模型"看到"。如果 `shuffle` 在后，`repeat` 在前，有些数据可能很多 epoch 后都没有被"看到"，比如，数据为 [1, 2, 3]，`repeat` 设置为 2，先 `shuffle` 后 `repeat` 可能会得到这样的数据：[1, 3, 2, 2, 3, 1]。如果先 `repeat` 后 `shuffle`，则可能得到这样的数据：[1, 2, 1, 2, 3, 3]。这里还要注意，`shuffle` 函数中的 `buffer_size` 对内存的影响特别大，因为它要把数据缓存在内存中进行打散，所以不能设置得过大。
- ❑ 注释 # 4 处：`prefetch` 对性能也有显著的提升作用。TensorFlow 会在训练完一批数据之前，提前拉取下一批训练数据，这样会节省训练时等待数据的时间，建议将 `prefetch` 放在数据流的最后。
- ❑ 注释 # 5 处：前面生成的数据只有两条，由于 `repeat` 和 `epochs` 都设置为 1，因此这里只输出 2 条数据。通过 `clicks` 这个特征可以看到，TensorFlow 自动对该特征（序列特征）做了 `pad` 处理，`pad` 到本次 `batch` 内最大的序列长度（这里的最大长度为 3），这正是 `padded_shapes_and_padding_values` 完成的工作。

9.3.2　特征工程

在搭建模型之前，有一个很重要的问题需要优先解决：原始特征应该如何处理？也就是说对于原始数据数据，该采用何种处理方式来完成特征工程？这是至关重要的一步，甚至可以决定整个模型的质量，因此必须谨慎对待。以表 9-1 的数据为例，表中的特征恰好覆盖了类别特征、数值特征以及序列特征。为了方便演示，先定义两个辅助函数，用于打印 feature column 的输出。

```python
# -*- coding: utf-8 -*-

import tensorflow as tf
import tensorflow.compat.v1.feature_column as tfc
import math

sess = tf.InteractiveSession()

tf.set_random_seed(31415926)
```

```
def print_column(features, columns):
    """
    print_column 调用了 feature column 的 input_layer 方法，签名如下。
    def input_layer(features,          # 1
                    feature_columns,   # 2
                    weight_collections=None,
                    trainable=True,
                    cols_to_vars=None,
                    cols_to_output_tensors=None)
    一般只传入 features 和 feature_columns 参数，实现数据的转换。具体处理逻辑如下。
        1. features 提供具体的特征数据，格式为字典
            内容：{key_1: value_1, key_2: value_2, ..., key_n: value_n}。
        2. feature_columns 提供具体数据的处理函数，格式为列表，内容：[numeric_column,
    categorical_column,...]
            每个 feature column 函数都有一个参数 key。
        3. input_layer 根据 feature_columns 中每个 feature column 函数的参数 key，
            去 features 中查找具有相同 key 的数据：
            1). 查不到就报错；
            2). 查到了，把数据取出来通过该 key 对应的 feature column 函数进行处理。
    """
    inputs = tfc.input_layer(features, columns)
    sess.run(tf.global_variables_initializer())
    print(sess.run(inputs))


def print_tensors(tensors):
    initializer = tf.global_variables_initializer()
    sess.run(initializer)
    print(sess.run(tensors))


def get_embedding_size(bucket_size):
    return int(2 ** math.ceil(math.log2(bucket_size ** 0.25)))
```

1. 类别特征

表 9-1 中的类别特征有 user_id、gender、device，三者都是字符串类型，因此一般做法是先进行散列操作再进行 embedding 处理，需要用到的 TensorFlow feature_column API 是 categorical_column_with_hash_bucket 和 embedding_column。

item_id 因为与 clicks 有直接关系，所以在序列特征部分一并讨论。

```
def hash_embedding(key, hash_bucket_size, embedding_size=None, dtype=tf.string):
    # 1. 求散列值
    _hash = tfc.categorical_column_with_hash_bucket(
        key=key,
        hash_bucket_size=hash_bucket_size,
        dtype=dtype)
    _embedding_size = embedding_size or get_embedding_size(hash_bucket_size)
    # 2. 根据散列值查询索引得到 embedding
    _embedding_column = tfc.embedding_column(_hash, _embedding_size)

    return _embedding_column
```

```
_features = {
    'user_id': ['uid012'],
    'gender': ['0'],
    'device': ['Huawei']
}

user_embedding = hash_embedding(key='user_id',
                                hash_bucket_size=1000, embedding_size=8)
gender_embedding = hash_embedding(key='gender',
                                  hash_bucket_size=10, embedding_size=2)
device_embedding = hash_embedding(key='device',
                                  hash_bucket_size=100, embedding_size=4)

# 输出的是一个 [1, 8 + 2 + 4] 的二维数组，表示 1 行数据，embedding 长度为 14
print_column(_features, [user_embedding, gender_embedding, device_embedding])
```

对于代码片段中的注释，说明如下。

❏ 注释 # 1 处：TensorFlow 内部调用了 tf.strings.to_hash_bucket_fast 将 string 转换成散列值。还有一点要注意，categorical_column_with_hash_bucket 函数中的 key 参数必须与 _features 中的 key 保持一致，因为 TensorFlow 是根据这个 key 去 _features 中查找对应的 value。

❏ 注释 # 2 处：TensorFlow 内部生成了一个维度是 hash_bucket_size×embedding_size 的 embedding 矩阵。此矩阵由 TensorFlow 生成并管理，用户无法直接拿到它，但是后面会看到，有时候我们希望使用这个矩阵，就需要手动生成了。

2. 数值特征

表 9-1 中的数值特征只有 age，类型是整型，一般的做法是首先分桶，然后把桶号作为类别特征处理，直接 embedding 即可，需要用到的 TensorFlow feature_column API 是 numeric_column、bucketized_column 和 embedding_column。

假设 age 分段如下（左闭右开）：

❏ 0: $[-\infty, 0)$
❏ 1: $[0, 18)$
❏ 2: $[18, 25)$
❏ 3: $[25, 36)$
❏ 4: $[36, 45)$
❏ 5: $[45, 55)$
❏ 6: $[55, 65)$
❏ 7: $[65, 80)$
❏ 8: $[80, \infty)$

age 特征工程代码如下：

```python
def bucketized_embedding(key, boundaries, embedding_size=None, dtype=tf.int64):
    # 1. 读取原始数据
    raw = tfc.numeric_column(
        key=key,
        dtype=dtype)

    # 2. 根据 boundaries 得到桶号
    bucketized = tfc.bucketized_column(
        source_column=raw,
        boundaries=boundaries)
    _embedding_size = embedding_size or get_embedding_size(len(boundaries) + 1)

    # 3. 根据桶号得到 embedding
    _embedding_column = tfc.embedding_column(bucketized, _embedding_size)

    return bucketized, _embedding_column


_features = {
    'age': [18]
}

_boundaries = [0, 18, 25, 36, 45, 55, 65, 80]

age_bucket, age_embedding = bucketized_embedding('age', _boundaries, embedding_size=2)

"""
输出：[[0. 0. 1. 0. 0. 0. 0. 0. 0.]]
TensorFlow 自动将桶号进行了 one-hot 处理，一共有 9 个桶，数字 18 被分在第 2 号桶
"""
print_column(_features, [age_bucket])
```

3. 序列特征

表 9-1 中的序列特征有 clicks，一般用户历史行为特征均为此类。这个特征比较特殊——序列内部元素的 embedding 其实是特征 item_id 对应的 embedding，也就是说 clicks 与 item_id 的 embedding 矩阵是共享的。TensorFlow 提供了 shared_embedding_columns API，专门用来满足共享 embedding 的需求。

```python
def shared_embedding(keys, hash_bucket_size, embedding_size=None, dtype=tf.string):
    columns = [
        tfc.categorical_column_with_hash_bucket(
            key=key,
            hash_bucket_size=hash_bucket_size,
            dtype=dtype) for key in keys
    ]

    _embedding_size = embedding_size or get_embedding_size(hash_bucket_size)

    shared_embeddings = tfc.shared_embedding_columns(
```

```
        columns,
        dimension=_embedding_size)

    return shared_embeddings


_features = {
    'item_id': ['item012'],
    'clicks': [['item012', 'item345']]
}

_keys = ['item_id', 'clicks']
item_embedding, clicks_embedding = shared_embedding(_keys, hash_bucket_size=100, embedding_size=1)
# 输出: [[0.00182511]]
print_column(_features, item_embedding)
# 输出: [[-0.02921724]]
print_column(_features, clicks_embedding)
```

为了便于演示，将物品 embedding size 设置为 1，item_id 因为是单值，所以它的 embedding 输出只有 1 个浮点型数值，但是 clicks 序列中有 2 个元素，它的 embedding 输出应该有 2 个浮点型数值，为什么这里只有 1 个呢？原来 shared_embedding_columns 会对序列特征执行聚合（combine）操作，比如序列中有 N 个元素，每个元素对应的 embedding 长度为 D，shared_embedding_columns 会对这 N 个 D 维的向量做聚合操作，将其变为 $(1, D)$。

举例来说，假设原始的 embedding 数据为 $\big[[1,2],[3,4]\big]$，2 行 2 列，此时 $N=2$，$D=2$，不同的聚合操作会产生不同的结果，目前 TensorFlow 支持的聚合操作如下。

- mean：默认聚合操作，求均值，$\big[[1,2],[3,4]\big] => \big([1,2]+[3,4]\big)/N = \big[[2,3]\big]$。
- sum：求和，$\big[[1,2],[3,4]\big] => \big([1,2]+[3,4]\big) = \big[[4,6]\big]$。
- sqrtn：求和除以 $\sqrt{N}$，$\big[[1,2],[3,4]\big] => \big([1,2]+[3,4]\big)/\sqrt{N} = \big[[2.83,4.24]\big]$。

一般情况下，聚合并非序列特征 embedding 想要的结果，我们希望保留原始的 embedding 数据，也就是说，序列特征输出的 embedding 形状是 (N, D)——这需要借助 TensorFlow get_variable API 来实现。

```
def share_embedding_v2(keys, features, hash_bucket_size, embedding_size=None, name=''):
    # 1. 手动计算各特征的散列值
    _hashes = [
        tf.strings.to_hash_bucket_fast(
            features[key],
            num_buckets=hash_bucket_size) for key in keys
    ]

    # 2. 手动生成共享 embedding 矩阵
    _embedding_size = embedding_size or get_embedding_size(hash_bucket_size)
    embedding_matrix = tf.get_variable(
        name=f'{name}_embedding_matrix',
```

```
        shape=(hash_bucket_size, _embedding_size))

    # 3. 手动查询各散列对应的 embedding 向量
    _vectors = [
        tf.nn.embedding_lookup(embedding_matrix, _hash)
        for _hash in _hashes
    ]

    return _vectors


_features = {
    'item_id': ['item012'],
    'clicks': [['item012', 'item345']]
}

_keys = ['item_id', 'clicks']
_, clicks_vec = share_embedding_v2(keys=_keys,
                                   features=_features,
                                   hash_bucket_size=100,
                                   embedding_size=1,
                                   name='item')
# 输出结果如下，并没有聚合：
# [[[-0.11994966]
#   [ 0.11513254]]]
print_tensors(clicks_vec)
```

对上述代码稍加整理，得到完整的特征工程代码，如下所示：

```
# -*- coding: utf-8 -*-

import tensorflow as tf
import tensorflow.compat.v1.feature_column as tfc
import math

"""
文件名：feature_builder.py
"""


class FeatureBuilder:
    def __init__(self, features):
        self._features = features

    @staticmethod
    def _get_embedding_size(bucket_size):
        return int(2 ** math.ceil(math.log2(bucket_size ** 0.25)))

    def user_features(self):
        user_embedding = self._hash_embedding(key='user_id',
                                              hash_bucket_size=1000,
                                              embedding_size=8)
        gender_embedding = self._hash_embedding(key='gender',
                                                hash_bucket_size=10,
                                                embedding_size=2)
```

```python
        _boundaries = [0, 18, 25, 36, 45, 55, 65, 80]
        age_embedding = self._bucketized_embedding('age', _boundaries,
                                                   embedding_size=2)

        return [user_embedding, gender_embedding, age_embedding]

    def context_features(self):
        device_embedding = self._hash_embedding(key='device',
                                                hash_bucket_size=100,
                                                embedding_size=4)
        return device_embedding

    def item_and_histories_features(self):
        _keys = ['item_id', 'clicks']
        item_tensor, clicks_tensors = self._share_embedding_v2(_keys,
                                                   self._features,
                                                   hash_bucket_size=100,
                                                   embedding_size=2)
        return item_tensor, clicks_tensors

    def _hash_embedding(self, key, hash_bucket_size, embedding_size=None, dtype=tf.string):
        _hash = tfc.categorical_column_with_hash_bucket(
            key=key,
            hash_bucket_size=hash_bucket_size,
            dtype=dtype)
        _embedding_size = embedding_size or self._get_embedding_size(hash_bucket_size)
        _embedding_column = tfc.embedding_column(_hash, _embedding_size)

        return _embedding_column

    def _bucketized_embedding(self, key, boundaries, embedding_size=None, dtype=tf.int64):
        # 1. 读取原始数据
        raw = tfc.numeric_column(
            key=key,
            dtype=dtype)

        # 2. 根据 boundaries 得到桶号
        bucketized = tfc.bucketized_column(
            source_column=raw,
            boundaries=boundaries)
        _embedding_size = embedding_size or self._get_embedding_size(len(boundaries) + 1)

        # 3. 根据桶号得到 embedding
        _embedding_column = tfc.embedding_column(bucketized, _embedding_size)

        return _embedding_column

    def _share_embedding_v2(self, keys, features, hash_bucket_size, embedding_size=None, name=''):
        # 1. 手动计算各特征的散列值
        _hashes = [
            tf.string_to_hash_bucket_fast(
                # key 是 item_id 时把形状变成二维，与后续模型服务有关
                features[key] if key != 'item_id' else tf.reshape(features[key], [-1, 1]),
```

```
            num_buckets=hash_bucket_size) for key in keys
    ]

    # 2. 手动生成共享 embedding 矩阵
    _embedding_size = embedding_size or self._get_embedding_size(hash_bucket_size)
    embedding_matrix = tf.get_variable(
        name=f'{name}_embedding_matrix',
        shape=(hash_bucket_size, _embedding_size))

    # 3. 手动查询各散列对应的 embedding 向量
    _vectors = [
        tf.nn.embedding_lookup(embedding_matrix, _hash)
        for _hash in _hashes
    ]

    return _vectors
```

定义好所有的特征处理方法之后，意味着原始数据已经可以处理成想要的输入格式，而且都变成了 embedding，接下来要考虑的就是如何搭建模型。

9.3.3　模型搭建

TensorFlow Estimator API 在搭建模型时需要实现具有以下签名的函数：

```
def model_fn(features, labels, mode, params)
"""
函数入参：
  features：传入的特征，即 parse_fn 返回值的第一项
  labels：传入的 label，即 parse_fn 返回值的第二项
  mode：用来标识训练/验证/推理三个阶段
      1. 训练时其值为 train
      2. 验证时其值为 eval
      3. 导出模型线上服务时其值为 infer
  params：传入的一些超参数和配置，比如 learning rate 等参数
"""
```

可以把这个函数理解为一个接口或者协议，TensorFlow 给定了输入数据，开发者只要基于这些数据实现想要的模型结构即可。一般情况下，函数体需要考虑三种情况。

(1) 训练时：此时参数 mode 的值为 train，这个阶段需要实现 loss 的计算，这样 TensorFlow 会根据 loss 自动实现求导运算，无须开发者实现，这也是 TensorFlow 的强项之一。

(2) 验证时：此时参数 mode 的值为 eval，这个阶段需要实现离线指标的计算，每隔 N 步 TensorFlow 会计算一次离线指标，验证模型的质量。

(3) 推理时：此时参数 mode 的值为 infer，会出现在模型训练完成并对外提供服务时，此时开发者需要指定返回的变量。

接下来编写代码来实现每种情况对应的逻辑。

观察图 9-4 对应的 DIN 模型结构，先创建一个 Estimator 类，类初始化如下所示，注意这里将特征工程的部分独立出去了（类 FeatureBuilder 专门用来做特征工程）：

```python
# -*- coding: utf-8 -*-
import tensorflow as tf
from feature_builder import FeatureBuilder


"""
文件名：estimator.py
"""


class Estimator:
    def __init__(self, features, labels, mode, params):
        self._features = features
        self._labels = labels
        self._mode = mode
        self._params = params
        # feature builder 主要负责各个特征的特征工程
        self._fb = FeatureBuilder(features)
```

定义好类的初始化方法后，再定义一些静态方法便于模型搭建：全连接层、注意力机制以及学习率的指数衰减。

```python
# -*- coding: utf-8 -*-
import tensorflow as tf
from lib.feature.feature_builder import FeatureBuilder


class Estimator:
    def __init__(self, features, labels, mode, params):
        self._features = features
        self._labels = labels
        self._mode = mode
        self._params = params
        self._fb = FeatureBuilder()
        self._attention_units = [8, 4]
        self._fc_units = [8, 4, 1]

    def model_fn(self):
        pass


    @staticmethod
    def fully_connected_layers(mode,
                               net,
                               units,
                               dropout=0.0,
                               activation=None,
                               name='fc_layers'):
        layers = len(units)
        for i in range(layers - 1):
            num = units[i]
            net = tf.layers.dense(net,
```

```
                                    units=num,
                                    activation=tf.nn.relu,
                                    kernel_initializer=tf.initializers.he_uniform(),
                                    name=f'{name}_units_{num}_{i}')
            net = tf.layers.dropout(inputs=net,
                                    rate=dropout,
                                    training=mode == tf.estimator.ModeKeys.TRAIN)
        num = units[-1]
        net = tf.layers.dense(net, units=num, activation=activation,
                              kernel_initializer=tf.initializers.glorot_uniform(),
                              name=f'{name}_units_{num}')
        return net

    @staticmethod
    def attention(history_emb,
                  current_emb,
                  history_masks,
                  units,
                  name='attention'):
        """
        param:history_emb: 历史行为 embedding。形状: Batch Size * List Size * Embedding Size
        param:current_emb: 候选物品 embedding。形状: Batch Size * Embedding Size
        param:history_masks: 历史行为 mask, pad 的信息不能投入计算, Batch Size * List Size
        param:units: list of hidden unit num
        param:name: output name
        param:weighted sum attention output
        """
        list_size = tf.shape(history_emb)[1]
        embedding_size = current_emb.get_shape().as_list()[-1]
        current_emb = tf.tile(current_emb, [1, list_size])
        current_emb = tf.reshape(current_emb, shape=[-1, list_size, embedding_size])
        net = tf.concat([history_emb,
                         history_emb - current_emb,
                         current_emb,
                         history_emb * current_emb,
                         history_emb + current_emb],
                        axis=-1)
        for unit in units:
            net = tf.layers.dense(net, units=unit, activation=tf.nn.relu)
        weights = tf.layers.dense(net, units=1, activation=None)
        weights = tf.transpose(weights, [0, 2, 1])
        history_masks = tf.expand_dims(history_masks, axis=1)
        padding = tf.zeros_like(weights)
        weights = tf.where(history_masks, weights, padding)
        outputs = tf.matmul(weights, history_emb)
        outputs = tf.reduce_sum(outputs, 1, name=name)
        return outputs

    @staticmethod
    def exponential_decay(global_step,
                          learning_rate=0.01,
                          decay_steps=10000,
                          decay_rate=0.9):
        return tf.train.exponential_decay(learning_rate=learning_rate,
```

```
                            global_step=global_step,
                            decay_steps=decay_steps,
                            decay_rate=decay_rate,
                            staircase=False)
```

接下来开始实现 Estimator 类最核心的部分——模型结构，包括训练、验证和推理阶段的逻辑。

```python
def model_fn(self):
    with tf.name_scope('user'):
        user_fc = self._fb.user_features()
        user = tf.feature_column.input_layer(self._features, user_fc)

    with tf.name_scope('context'):
        context_fc = self._fb.context_features()
        context = tf.feature_column.input_layer(self._features, context_fc)

    with tf.name_scope('item'):
        item_embedding, clicks_embedding = self._fb.item_and_histories_features()
        item_embedding = tf.squeeze(item_embedding, axis=1)
        clicks_mask = tf.not_equal(self._features['clicks'], b'0')  # pad 的是 b'0'

    if self._mode == tf.estimator.ModeKeys.PREDICT:  # 0. 与模型服务时的特征输入有关
        batch_size = tf.shape(input=item_embedding)[0]
        user = tf.tile(user, [batch_size, 1])
        context = tf.tile(context, [batch_size, 1])
        clicks_embedding = tf.tile(clicks_embedding, [batch_size, 1, 1])
        clicks_mask = tf.tile(clicks_mask, [batch_size, 1])

    with tf.name_scope('user_behaviour_sequence'):
        attention = self.attention(history_emb=clicks_embedding,
                                   current_emb=item_embedding,
                                   history_masks=clicks_mask,
                                   units=self._attention_units,
                                   name='attention')

    fc_inputs = [user, context, attention, item_embedding]

    fc_inputs = tf.concat(fc_inputs, axis=-1, name='fc_inputs')

    logits = self.fully_connected_layers(mode=self._mode,
                                         net=fc_inputs,
                                         units=self._fc_units,
                                         dropout=0.3,
                                         name='logits')
    probability = tf.sigmoid(logits, name='probability')

    if self._mode == tf.estimator.ModeKeys.PREDICT:  # 1. 这个分支对应线上推理阶段
        predictions = {
            'predictions': tf.reshape(probability, [-1, 1])
        }
        # 推理阶段直接返回预测概率
        export_outputs = {
            'predictions': tf.estimator.export.PredictOutput(predictions)
        }
```

```
            return tf.estimator.EstimatorSpec(self._mode,
                                              predictions=predictions,
                                              export_outputs=export_outputs)
    else:  # 这个分支对应训练和验证阶段
        labels = tf.reshape(self._labels, [-1, 1])
        loss = tf.losses.sigmoid_cross_entropy(labels, logits)
        if self._mode == tf.estimator.ModeKeys.EVAL:  # 2. 这个分支对应验证阶段
            # 验证阶段输出离线指标
            metrics = {
                'auc': tf.metrics.auc(labels=labels,
                                      predictions=probability,
                                      num_thresholds=1000)
            }
            for metric_name, op in metrics.items():
                tf.summary.scalar(metric_name, op[1])
            return tf.estimator.EstimatorSpec(self._mode,
                                              loss=loss,
                                              eval_metric_ops=metrics)
        else:  # 3. 这个分支对应训练阶段
            global_step = tf.train.get_global_step()
            learning_rate = self.exponential_decay(global_step)
            # 训练阶段通过梯度下降更新参数
            optimizer = tf.train.AdagradOptimizer(learning_rate=learning_rate)
            tf.summary.scalar('learning_rate', learning_rate)
            train_op = optimizer.minimize(loss=loss, global_step=global_step)
            return tf.estimator.EstimatorSpec(self._mode,
                                              loss=loss,
                                              train_op=train_op)
```

上述代码虽然都写在一起，但是在不同的阶段会执行不同的代码分支。

❑ 线上推理阶段：TensorFlow 会将 mode 设置为 infer，因此会走代码分支 # 1。

❑ 模型验证阶段：TensorFlow 会将 mode 设置为 eval，因此会走代码分支 # 2。

❑ 模型训练阶段：TensorFlow 会将 mode 设置为 train，因此会走代码分支 # 3。

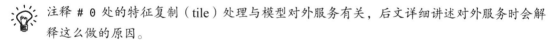 注释 # 0 处的特征复制（tile）处理与模型对外服务有关，后文详细讲述对外服务时会解释这么做的原因。

9.3.4 模型训练

至此，数据和模型都准备好了，接下来的任务就是将数据输入模型，进行训练：

```
# -*- coding: utf-8 -*-
import os
from lib.data import reader
from lib import flags as _flags
from model.estimator import Estimator
from tensorflow.compat.v1 import app
from tensorflow.compat.v1 import ConfigProto
from tensorflow.compat.v1 import estimator
```

```python
def _run_config(flags):
    """
    训练中的一些过程参数
        save_checkpoints_steps: 每训练 save_checkpoints_steps 个 batch 存储一次 checkpoints
        keep_checkpoint_max: 最多保存 checkpoints 的个数
    """
    cpu = os.cpu_count()
    session_config = ConfigProto(
        device_count={'GPU': flags.gpu or 0,
                      'CPU': flags.cpu or cpu},
        inter_op_parallelism_threads=flags.inter_op_parallelism_threads or cpu // 2,
        intra_op_parallelism_threads=flags.intra_op_parallelism_threads or cpu // 2,
        allow_soft_placement=True)

    return {
        'save_summary_steps': int(flags.save_summary_steps),
        'save_checkpoints_steps': int(flags.save_checkpoints_steps),
        'keep_checkpoint_max': int(flags.keep_checkpoint_max),
        'log_step_count_steps': int(flags.log_step_count_steps),
        'session_config': session_config
    }


def _build_run_config(flags):
    sess_config = _run_config(flags)
    return estimator.RunConfig(**sess_config)


def main(argv):
    flags = argv[0]
    # 0. 配置运行参数
    run_config = _build_run_config(flags)

    # 1. 设置超参数
    _params = {}
    _params.update(flags.__dict__)

    def model_fn(features, labels, mode, params):
        return Estimator(features, labels, mode, params).model_fn()

    # 2. 设置模型
    model = estimator.Estimator(
        model_fn=model_fn,
        model_dir=str(flags.checkpoint_dir),
        config=run_config,
        params=_params
    )

    # 3. 配置训练数据
    train_spec = estimator.TrainSpec(input_fn=lambda: reader.input_fn(mode='train', flags=flags))
```

```
    # 4. 配置验证数据
    eval_spec = estimator.EvalSpec(
        input_fn=lambda: reader.input_fn(mode='eval', flags=flags),
        steps=int(flags.eval_steps), # 验证一次需要运行多少步数据
        throttle_secs=int(flags.eval_throttle_secs) # 两次验证之间最少需要相隔多少秒
    )
    # 5. 模型与数据相结合，开始训练
    estimator.train_and_evaluate(model, train_spec, eval_spec)


if __name__ == '__main__':
    logging.set_verbosity(logging.FATAL)
    app.run(main=main, argv=[_flags])
```

　　模型训练完毕后，会生成很多 checkpoints 文件，这些文件保存着模型的参数，但是它们还不能对外提供服务。我们需要将这些文件导出为可以对外提供服务的另一种格式的文件。

> checkpoints 文件只有模型参数值，但是只有参数值是不够的，还需要模型结构。有了参数值和结构，才可以完整复原出一个模型。因此模型的导出，实际上是将参数值与模型结构完整地结合起来，这样就可以对外提供服务了。

9.3.5　模型导出

模型导出时，需要告诉 TensorFlow 两条信息。

(1) 模型的输入特征：格式是什么，形状是什么。

(2) 模型的 checkpoints 地址：这个地址就是上一节训练过程中产生的中间文件，不仅有模型参数，还有 TensorFlow GraphDef（模型结构就保存在这个文件中）。

代码片段如下：

```
# -*- coding: utf-8 -*-
import tensorflow as tf
from lib import model_fn
from lib import flags


def export_model(_flags):
    _flag = _flags[0]

    def serving_input_receiver_fn():
        receiver_tensors = \
            {
                'user_id': tf.placeholder(dtype=tf.string,
                                          shape=(None, None),
                                          name='user_id'),
                'age': tf.placeholder(dtype=tf.int64,
                                      shape=(None, None),
                                      name='age'),
```

```
                       'gender': tf.placeholder(dtype=tf.string,
                                                shape=(None, None),
                                                name='gender'),
                       'device': tf.placeholder(dtype=tf.string,
                                                shape=(None, None),
                                                name='device'),
                       'item_id': tf.placeholder(dtype=tf.string,
                                                 shape=(None, None),
                                                 name='item_id'),
                       'clicks': tf.placeholder(dtype=tf.string,
                                                shape=(None, None),
                                                name='clicks')
             }

         return tf.estimator.export.build_raw_serving_input_receiver_fn(receiver_tensors)

     params = {}
     params.update(_flag.__dict__)
     model = tf.estimator.Estimator(
         model_fn=model_fn, # model_fn 即训练模型时定义的 model_fn
         model_dir=str(_flag.checkpoint_dir), # checkpoint dir 即训练中间文件
         params=params
     )

     # 这里的 model_dir 指定为 /home/recsys/chapter09/din/savers，该目录下存储了导出的模型
     model.export_savedmodel(str(_flag.model_dir), serving_input_receiver_fn())


 def main(_flags):
     export_model(_flags)


 if __name__ == '__main__':
     tf.logging.set_verbosity(tf.logging.FATAL)
     tf.app.run(main=main, argv=[flags])
```

模型导出后，model_dir 下的目录树如下所示，其中的**时间戳**由 TensorFlow 自动生成。接下来可以尝试根据此目录下的模型启动一个 TensorFlow 服务。

```
[root@recsys din]$ tree savers/
savers/
└── 1636508291 # 模型目录
    ├── saved_model.pb
    └── variables
        ├── variables.data-00000-of-00001
        └── variables.index
```

9.3.6　模型服务

TensorFlow Serving 是一个专为 TensorFlow 模型提供对外服务的灵活、高性能应用系统。借助它，可以轻松部署新的模型。一般情况下 TensorFlow Serving 与 Docker 一起使用。

安装好 Docker 后，需要下载 TensorFlow Serving 的镜像：docker pull tensorflow/serving:1.15.0。

启动 TensorFlow Serving 并对外暴露服务接口也非常简单，命令如下：

```
docker run -d -p 8501:8501 \
  --mount type=bind,source=/home/recsys/chapter09/din/savers,target=/models/din \
  -e MODEL_NAME=din -t tensorflow/serving:1.15.0
```

这个命令会启动一个 Docker 容器，容器对外暴露 8501 端口，命令的详细说明如下。

❑ -d：--detach 的缩写，表示在后台运行该容器，并且打印出容器 ID。

❑ -p：--publish 的缩写，表示端口映射，格式为宿主端口:容器端口。这里将容器的 8501 端口映射到宿主机的 8501 端口。

❑ --mount：将宿主机的目录映射到容器的目录，source 为宿主机目录，target 为容器目录。这里的 source 指定的是 model_dir。

❑ -e：--env 的缩写，设置一些环境变量，这里将环境变量 MODEL_NAME 设置为 din。

❑ -t：给容器分配一个伪输入终端。

 使用 docker logs -f container_id 查看服务是否启动成功，当看到类似 Exporting HTTP/REST API at:localhost:8501 ...的日志时，表明服务启动成功。

服务启动成功后，接下来就可以发起模型预测请求了，对应 9.3.3 节 model_fn 函数构造的模型，curl 请求如下所示。因为需要预测一个用户对 3 个物品的打分，所以返回结果应该是 3 个预测值。

 当然，实际应用中会通过某个微服务应用（Java/C/C++等）去请求 TensorFlow Serving。

```
# request: 紧凑型
curl -X POST \
  http://localhost:8501/v1/models/din:predict \
  -d '{
  "signature_name": "serving_default",
  "inputs":
    {
      "user_id":[["user"]],
      "age": [[18]],
      "gender": [["1"]],
      "device": [["Huawei"]],
      "item_id": [["item1","item2","item3"]],
      "clicks": [["item1","item2","item3"]]
    }
}'
```

TensorFlow Serving 还提供了另外一种请求方式，如下所示：

```
# request: 非紧凑型
curl -X POST \
  http://localhost:8501/v1/models/din:predict \
  -d '{
  "signature_name": "serving_default",
  "instances":[
      {
          "user_id":["user"],
          "age": [18],
          "gender": ["1"],
          "device": ["Huawei"],
          "item_id": ["item1"],
          "clicks": ["item1","item2","item3"]
      },
      {
          "user_id":["user"],
          "age": [18],
          "gender": ["1"],
          "device": ["Huawei"],
          "item_id": ["item2"],
          "clicks": ["item1","item2","item3"]
      },
      {
          "user_id":["user"],
          "age": [18],
          "gender": ["1"],
          "device": ["Huawei"],
          "item_id": ["item3"],
          "clicks": ["item1","item2","item3"]
      }]
  }'
```

这个非紧凑型的请求结果与紧凑型是一样的,但是可以看出紧凑型的请求体小了很多,减少了很多不必要的网络开销(不管是 HTTP 调用还是 RPC 调用,都是通过网络传递数据),对线上的性能比较友好。

这里对 9.3.3 节 model_fn 函数中的注释 # 0 处的 tile(复制)加以说明。

假设一次预估 10 个物品,则对应的物品特征会有 10 份,但是一次预估时的用户特征只有一份(因为一次预估肯定是针对一个用户进行的),因此可以选择:

(1) 将数据输入模型前将用户特征复制 10 份,再传入模型,这就是非紧凑型输入;

(2) 用户特征不复制,直接传入模型,由模型在内部复制(如果不复制,矩阵操作很可能会因为形状不一致而出错),这正是注释 # 0 处做的事情。

TensorFlow Serving 在推荐系统的位置如图 9-7 所示,训练任务不断地将模型导出到模型目录中,TensorFlow Serving 检测到模型版本发生变化(比如模型目录名为时间戳,新模型的时间戳比旧模型的时间戳大),会自动加载新的模型版本,一旦加载成功,便会替换掉旧模型;如果加载失败，旧模型会继续保持不动。

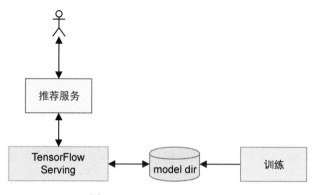

图 9-7　TensorFlow Serving

从上述过程可以看到，TensorFlow Serving 非常方便，可以很快速地实现模型的服务和更新。当然，这里只是演示了一个简单的完整流程，并不能满足生产环境的要求，想要拥有一个可用的、完善的、稳定的 TensorFlow Serving 集群，需要专业团队去搭建和维护，这部分内容超出了本书的范围。

至此，TensorFlow 实现深度模型就介绍完毕了。作为算法工程师的开发工具，熟练掌握其使用方法和调优技巧是一项必备技能。

9.4　再谈双塔模型

在召回部分，关于深度学习双塔模型的理论和工程部分已经做了比较翔实的说明，但是由于尚未介绍 TensorFlow，所以对于其代码实现一直没有做过多介绍。本章关于 TensorFlow 建模的内容基本上可以确保现在能够很容易地实现双塔模型，具体的模型代码交给读者自行实现。相信掌握了 DIN 模型的实现后，编写结构较为简单的双塔模型应该不会有过多的阻碍。这里只说明几个需要注意的地方：

- ❑ 用户特征和物品特征不能有任何交叉；
- ❑ 注意力机制依然可以使用，但由于双塔模型的特性，注意力机制并不是发生在用户历史行为与候选物品之间，而是在用户历史行为与用户访问的场景或者频道等上下文信息之间，旨在对用户历史行为与当前场景的关系进行建模，因为模型对外服务时只使用用户侧的塔，拿不到物品信息，但是可以拿到上下文信息；
- ❑ 使用物品侧的塔导出物品 embedding 时，可以将物品 ID 的 embedding 矩阵或者物品 ID + 物品信息输入一个神经网络得到深层次的 embedding 输出；
- ❑ 用户 embedding 和物品 embedding 的维度必须一样。

9.5　总结

- 深度学习已经在多个领域取得了巨大的成功，也成了推荐算法的标配，是每个推荐算法工程师的一项必备技能。每年都会有很多相关图书和论文涌现[1]。
- 深度学习的模型结构一般呈塔形，自下而上维度逐渐减少。近几年涌现了不少在实际应用中已经证明有效性的优秀的网络结构，比如谷歌的 Wide & Deep、YouTubeDNN，阿里巴巴的 DIN 和 BST 等。对于普通算法开发者来说，模型结构倒是其次，其中蕴含的思想非常值得仔细研究：它们是用来解决现实中的什么问题以及为什么可以解决这些问题等。
- 深度学习建模流程主要包括：生成数据、处理数据、特征工程、搭建模型、训练模型、导出模型以及对外服务。TensorFlow 提供了一套完整的工具使得上述流程变得较为轻松、容易落地。但是也需要注意到，想要实现具备生产条件的建模流程，离不开数据、工程、算法和测试等多方协作。
- 双塔模型作为深度学习模型的一种，结构较为简单，实现过程中需要注意用户特征和物品特征不要有任何交叉。

---

① 推荐领域优秀论文文献：The ACM Conference Series on Recommender Systems。

第 10 章

Listwise Learning To Rank 从原理到实现

推荐系统中的算法，最重要的是其排序能力——给定某个用户，算法根据用户信息和所有候选物品信息，尽可能地按照用户的感兴趣程度从高到低将物品排好顺序，然后返回给用户。为了实现对排序能力建模，一般会考虑三种方式：Pointwise、Pairwise 和 Listwise。

Pointwise 的建模方式一次只考虑一个物品：训练时模型只考虑用户对当前物品的感兴趣程度，预测时先计算用户对每个候选物品的打分，再按照打分从高到低排序即可。Pointwise 的建模方式不考虑物品之间的关系，认为它们彼此独立。Pointwise 也是实际应用中最常用的建模方式。

Pairwise 的建模方式一次考虑两个物品：给定一对物品，模型尽量把用户更感兴趣的那个排在前面，因此模型的优化目标是最小化错误的物品对（即把用户更感兴趣的物品排在了后面）。典型的 Pairwise 建模算法有 RankNet、LambdaRank、LambdaMART[1] 等。

Listwise 的建模方式一次考虑多个物品：给定多个物品的集合，模型尝试基于当前用户下该物品集合给出最优顺序。这也是最复杂的建模方式。典型的 Listwise 建模算法有 ListNet[2]、ListMLE[3] 等。

本章将重点聚焦 Listwise[4]建模方式，更具体地说，是 ListNet 的理论基础及其 TensorFlow 实现。

三种方式的区分

Pointwise、Pairwise 和 Listwise 是按照训练过程中计算一次损失时考虑多少个物品来区分的。

计算一次损失时考虑：

---

[1] Burges, C. J. *From RankNet to LambdaRank to LambdaMART: An Overview*, 2010.
[2] Zhe Cao, Tao Qin, Tie-Yan Liu, et al. *Learning to rank: from pairwise approach to listwise approach*, 2007.
[3] Yanyan Lan, Yadong Zhu, Jiafeng Guo, et al. *Position-Aware ListMLE: A Sequential Learning Process for Ranking*, 2014.
[4] Hang LI. *A Short Introduction to Learning to Rank*, 2011.

- □ 一个物品——Pointwise；
- □ 两个物品——Pairwise；
- □ 多个物品——Listwise。

不难看出，Pointwise 和 Pairwise 是 Listwise 的特殊情况。

10.1　Listwise 基本概念

Listwise 建模方式，最重要的是 List 是什么、List 中的物品顺序是什么、List 该如何构造？在详细介绍 Listwise 之前，需要先熟悉两个基本概念：page view 和 relevance.

10.1.1　page view

page view（pv）表示一次页面浏览事件，一般使用 pv id 来标识某次 pv，它是唯一的。翻页时会重新向服务器发出请求，此时 pv id 会发生变化。如图 10-1 所示，假设用户打开了首页——"猜你喜欢"场景，看到了 A、B、C、D、E 和 F 这 6 件物品，这就是一次 pv。当该用户往上滑动屏幕发生翻页时，App 会向服务器发出请求，返回新的推荐结果，又看到 G、H、I 和 J 这 4 件物品，此时的 pv id 会发生变化。因此，根据 pv id 可以找到单个用户在某个时刻同时看见的物品集合。

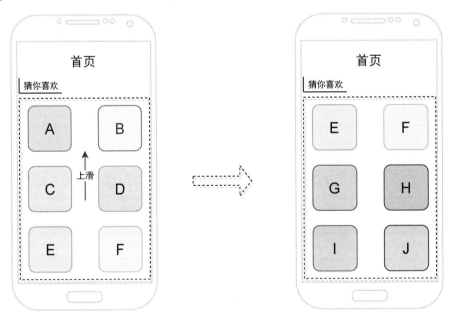

图 10-1　page view

10.1.2 relevance

relevance 的概念在第 6 章介绍 nDCG 时已经提过了，可以翻译成**相关度**，常用在信息检索中，表示当用户输入一个检索条件时，返回的检索结果与检索条件的匹配相关程度，一般值越大表示相关程度越高。扩展到推荐系统中，relevance 可以用来表示用户对物品的喜好程度，比如图 10-1 的左图，用户在一次 pv 中看到了 A、B、C、D、E 和 F 这 6 件物品，然后点击了物品 D，那么可以认为在当前用户下，物品 D 的 relevance 高于其他物品。

电商推荐领域，一般可以将 relevance 划分为：

- ❑ 0——曝光未点击
- ❑ 1——点击
- ❑ 2——加购/收藏
- ❑ 3——下单/购买

内容推荐领域，则可以将 relevance 划分为：

- ❑ 0——曝光未点击
- ❑ 1——播放/浏览
- ❑ 2——点赞/收藏
- ❑ 3——下载/分享

不同的业务对应不同的划分方法，不过本质上都遵循相同的标准：用户行为意图越明显，则分值越高。

10.1.3 Listwise

所谓的 Listwise 建模方式，到底怎么理解呢？一般情况下，一条数据就是一个训练样本（instance/sample），但是在 Listwise 建模方式下，一个 pv id 下的所有数据才构成一个训练样本，也就是说训练时它的输入是一个 List，因此得名。图 10-2 标明了 Listwise 建模方式对应的**一条**输入和输出数据，其中 relevance 正是模型需要拟合的 label。

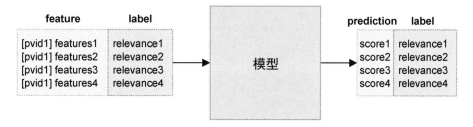

图 10-2　Listwise 的一个训练样本

模型的一条输入为一个 pv id 下的所有数据，这些数据构成了一个训练样本。样本中每条数据都有一个 relevance（label），特征（feature）经过模型之后都会得到一个预测得分，所以每个训练样本的预测输出也是一个 List，List 中含有预测值（score）和真实值（relevance）。因此，Listwise 建模时一个最重要的问题是：预测值和真实值都是 List，如何设计一个损失函数，计算出损失值从而更新梯度实现模型的学习功能呢？接下来将会详细介绍 ListNet[①] 中对于损失函数的设计。

10.2　损失函数

图 10-2 中，模型的预测值（score）和真实值（relevance）对于深度模型来说是一个很大的问题：它们都不是概率——这就没有办法直接使用统计学中的概率论，因此首要问题是如何将 score 和 relevance 分别转化为概率分布，通过计算这两个概率分布的差异得到训练损失。一旦有了损失值，整个模型的训练过程就没有什么特别的了（计算梯度、参数更新……）。

> 将 score 和 relevance 与概率联系了起来，然后通过概率分布去计算损失，这是 ListNet 非常重要的贡献之一。

在实现这种概率的转化之前，先引入两个重要的概念：permutation probability 和 top one probability。

10.2.1　permutation probability

中学的数学课上，经常会遇到这样一个问题：红黄蓝三个球，按顺序一字排开，请问有多少种排法？每种排法的概率是多少？

问题的答案也很简单：有多少种排法？ $A_3^3 = 3! = 6$ 种。每种排法的概率是多少？ $\dfrac{1}{3!} = \dfrac{1}{6}$ 。

再把上述问题稍加改动，得到第二个问题：红黄蓝三个球排列，每个球都有各自的分值（或者权重）：红色球的分值为 1.5，黄色球的分值为 1.0，蓝色球的分值为 0.5，此时每种排法的概率又是多少呢？ListNet 的作者给出了一种计算方式：假设 π 是 n 个元素全排列中的一个排列， $\phi(\cdot)$ 是正的单调递增函数。如果 n 个元素都有各自的分值（score），那么排列 π 出现的概率为

$$P_s(\pi) = \prod_{j=1}^{n} \dfrac{\phi(s_{\pi(j)})}{\sum\limits_{k=j}^{n} \phi(s_{\pi(k)})} \tag{10-1}$$

式 (10-1) 中， $s_{\pi(j)}$ 是排列 π 中第 j 个位置的元素对应的 score。计算出所有排列出现的概率，就得到了 permutation probability（排列组合概率）。

---

① Zhe Cao, Tao Qin, Tie-Yan Liu, et al. *Learning to rank: from pairwise approach to listwise approach*, 2007.

再回到第二个问题，虽然每个球都具有各自的分值，但是排列组合的排法数依然为 $A_3^3 = 3! = 6$ 种，如表 10-1 所示。

表 10-1 全排列组合（另见彩插）

排 列	组 合	排 列	组 合
π_1		π_4	
π_2		π_5	
π_3		π_6	

以 π_1 为例，根据式 (10-1) 计算该排列组合出现的概率（ $s_{红球} = 1.5$ ， $s_{黄球} = 1.0$ ， $s_{蓝球} = 0.5$ ， $\phi(x) = e^x$ ）：

$$P_s(\pi_1) = \prod_{j=1}^{3} \frac{\phi(s_{\pi_1(j)})}{\sum_{k=j}^{3} \phi(s_{\pi_1(k)})}$$

= P(红黄蓝三个球中红球排在第一位的概率)$\times P$(黄蓝两个球中黄球排在蓝球前面的概率)$\times$
P(蓝球排在最后的概率)

$$= \frac{e^{s_{红球}}}{e^{s_{红球}} + e^{s_{黄球}} + e^{s_{蓝球}}} \times \frac{e^{s_{黄球}}}{e^{s_{黄球}} + e^{s_{蓝球}}} \times \frac{e^{s_{蓝球}}}{e^{s_{蓝球}}}$$

$$\approx 0.3153$$

相关代码如下：

```python
# python 3.6
# 式 (10-1) 对应的代码实现
import math


def permutation_probability(scores):
    sum_exp_score = 0
    probability = 1
    for score in reversed(scores):
        cur_exp_score = math.exp(score)
        sum_exp_score += cur_exp_score
        probability *= (cur_exp_score / sum_exp_score)
    return probability
```

同理，可以根据式 (10-1) 得到所有排列组合对应的概率。如表 10-2 所示，注意观察概率最大的 π_1 和最小的 π_4，此时会得出一个有趣的结论：按照 score 降序排列（ π_1，红黄蓝）时概率最大，按照 score 升序排列（ π_4，蓝黄红）时概率最小。

表 10-2　全排列组合概率（另见彩插）

排　列	组　　合	概　率	排　列	组　　合	概　率
π_1		0.3153	π_4		0.0703
π_2		0.1912	π_5		0.0826
π_3		0.1160	π_6		0.2246

那么，如何使用 permutation probability 呢？非常简单直接，分别计算预测值（score）对应的 permutation probability 和真实值（relevance）对应的 permutation probability。有了这两种概率分布之后，就可以输入到一些经典的损失函数（比如交叉熵）中计算得到损失，这样便可以进行后续的梯度更新等步骤，实现模型的学习能力。

但是，permutation probability 存在一个致命的缺陷，导致其完全无法在工业界落地——时间复杂度：$n!$，n 的阶乘。这意味假如一个 List 中含有超过 11 条数据，那么为了得到 permutation probability，所要进行的计算次数会轻易突破10^8，而这还仅仅是一条训练样本，在推荐系统中动辄百亿千亿规模的数据量下，这个时间复杂度完全不可接受。可见，permutation probability 只能停留在理论阶段，无法在工程上应用。不过 ListNet 的作者以此为基础，提出了另外一个可以实际落地的概率模型：top one probability。

10.2.2　top one probability

top one probability 的定义为：对于给定集合 L，L 中每个元素 i 的 top one probability 等于 i 在 L 中排在第一位（top one）的概率（probability）。top one probability 的公式为：

$$P_s(i) = \sum_{\pi(1)=i, \pi \in \Omega_n} P_s(\pi) \tag{10-2}$$

top one probability 与 permutation probability 的关系为：元素 i 的 top one probability 等于 permutation probability 中第一个元素为 i 的排列组合概率之和。以上述红黄蓝球为例，红球的 top one probability 为 $P(\pi_1) + P(\pi_2) \approx 0.5065$。

那么，这是否说明计算 top one probability 需要提前计算 permutation probability 呢？并不需要，ListNet 的作者给出了 top one probability 另外一个计算公式，完全摆脱了 permutation probability：

$$P_s(i) = \frac{\phi(s_i)}{\sum_{k=1}^{n} \phi(s_k)} \tag{10-3}$$

式 (10-3) 中，s_i 是元素 i 的 score，$\phi(\cdot)$ 是正的单调递增函数，n 是集合中的元素个数，可以看到式 (10-3) 的时间复杂度是 $O(n)$。

式 (10-3) 的推导详见文献[①]的附录 C。注意，如果 $\phi(x) = e^x$，那么 $P_s(i)$ 就是经常出现的 softmax 函数。

以红黄蓝三个球为例来说明 top one probability 的计算，红黄蓝的分值分别还是 1.5、1.0 和 0.5，则红色球的 top one probability 为 $P_s(红球) = \dfrac{e^{s_{红球}}}{e^{s_{红球}} + e^{s_{黄球}} + e^{s_{蓝球}}} = \dfrac{e^{1.5}}{e^{1.5} + e^{1.0} + e^{0.5}} \approx 0.5065$，与通过 permutation probability 计算出的概率值是一样的。式 (10-3) 对应的代码如下：

```python
# python 3.6
# 式 (10-3) 对应的代码实现
import math

def top_one_probability(scores):
    sum_exp_score = sum([math.exp(score) for score in scores])
    rank_first_score = math.exp(scores[0])
    return rank_first_score / sum_exp_score
```

有了 top one probability 这个概率分布模型，就可以按照如下步骤计算模型的训练损失：

(1) 将 relevance 转化为概率分布，即真实概率分布；

(2) 将 score 转化为概率分布，即预测概率分布；

(3) 根据这两个概率分布的差异计算损失值——交叉熵。

10.2.3　交叉熵损失函数

交叉熵（cross entropy）是香农（Shannon）信息论中的一个重要概念。当在机器学习中把它作为损失函数参与到模型训练中时，一般用在分类任务中，主要用于度量两个概率分布间的差异性信息。

实际上，交叉熵用来度量两个概率分布间的差异性信息这个描述并不准确，一般情况下使用 KL 散度来衡量两个概率分布的差异，但是 KL 散度与交叉熵之间存在一定的关系，即：KL 散度 = 交叉熵 − 熵。对于给定数据集，熵是已知的，因此优化 KL 散度就等于优化交叉熵。

交叉熵的计算公式为：

$$cross\_entropy = -true\_prob\_distribution \times \log(pred\_prob\_distribution) \tag{10-4}$$

式 (10-4) 不太直观，它的来源如下：KL 散度如式 (10-5) 所示，当真实概率分布与预测概率分布

[①] Zhe Cao, Tao Qin, Tie-Yan Liu, et al. *Learning to rank: from pairwise approach to listwise approach*, 2007.

完全一致时，式 (10-5) 等于 0。将其中的 log 项展开后，第一项只含有 true_prob_distribution，为已知数，第二项即交叉熵公式。由此可知，优化交叉熵与优化 KL 散度在给定数据集的前提下是等价的，即优化式 (10-5) 等于优化式 (10-4)。

$$D_{\mathrm{KL}} = \mathrm{true\_prob\_distribution} \times \log\left(\frac{\mathrm{true\_prob\_distribution}}{\mathrm{pred\_prob\_distribution}}\right) \tag{10-5}$$

实际应用中，一般使用式 (10-4)，它的 Python 代码实现如下所示：

```python
import math

# top one probability
def softmax(scores):
    sum_exp = sum([math.exp(score) for score in scores])
    return [math.exp(score) / sum_exp for score in scores]

def cross_entropy(truths, preds):
    assert truths, 'truths none.'
    assert preds, 'preds none.'
    assert len(truths) == len(preds), 'truths len: {}, preds len: {}'.format(len(truths), len(preds))
    size = len(truths)
    loss = 0.0
    for i in range(size):
        loss += -truths[i] * math.log(preds[i])
    return loss

# 真实值
relevances = [0, 1, 2]
# 预测值
scores = [1, 4, 6]

# 1. 将 relevances 转化为概率分布
true_top1_dist = softmax(relevances) # [0.0900, 0.2447, 0.6652]

# 2. 将 scores 转化为概率分布
pred_top1_dist = softmax(scores) # [0.0059, 0.1185, 0.8756]

# 3. 根据两个分布的差异计算损失值
loss = cross_entropy(true_top1_dist, pred_top1_dist) # 1.0724

# ... 梯度更新
```

理解了损失函数后，基本上 ListNet 的核心就已经掌握大半，接下来的任务就是使用 TensorFlow 将 ListNet 落地。

10.3　ListNet

Listwise 本身只是一种建模方式，它的实现方式有很多种，ListNet 只是其中之一。同时，它也比较浅显易懂，易于实现，最核心的部分在于数据集如何生成，数据集中对于 List 的构造直接决定了模型的质量。本章的 ListNet 基于第 9 章的 DIN 实现。

做个不太恰当的类比，Listwise 可以理解为接口，ListNet 可以理解为接口的实现。

ListNet 建模的步骤依然按照**数据准备**、**数据读取**、**模型搭建**、**模型导出**和**模型对外服务**来执行，可以看到与第 9 章并无太大差异，但是有些细节容易出错，需要注意。重点关注 ListNet 的数据格式以及搭建模型时与第 9 章的 Pointwise 模型（DIN）的差异。

10.3.1 数据准备

ListNet 的训练数据中最重要的莫过于 List 的构造：如何将一个 List 构造为一个训练样本。在处理原始数据时，一般可以按照如下字段进行聚合（group by）。

❏ pv id：本章开头提到过，pv id 是页面访问 id，翻页请求服务器时会发生变化，因此可以用作聚合字段，将用户在同一次页面浏览下的行为数据聚合成一个 List。

❏ session id：会话 id，用来标识一次会话。在 Web 端（PC/Pad 浏览器等）打开浏览器到关闭浏览器这段时间内，session id 一般会保持不变；在 App 端（iOS/Android）则是进入 App 到关闭 App 这段时间内保持不变。因此它也可以聚合字段，将用户在同一个会话下的行为数据聚合成一个 List。

究竟是以 pv id 还是 session id 粒度来聚合数据，要根据不同的数据来定，Listwise 建模方式一般要求一个 List 中至少要有 1 个正例，如果是点击率预估任务，则要求 List 中至少要有 1 个点击，如果聚合出的 List 中全是曝光，那么这个 List 需要丢掉。因此如果在实际应用中，按照 pv id 聚合后，发现大部分 List 中没有正例，那么说明 pv id 粒度过细，需要使用 session id 或者更粗的粒度聚合。本章以 pv id 为例，且 relevance 取值为 0（曝光）、1（点击）、2（加购）、3（下单）。

1. 数据生成

假设原始数据的元信息如表 10-3 所示。

表 10-3 原始数据元信息说明

名　　称	格　　式	示　　例	备　　注
pv_id	字符串	"pv123"	非特征，用于聚合数据
user_id	字符串	"uid012"	用户 ID
age	整型	18	异常值：999
gender	字符串	"0"	取值 "0"、"1"、"未知"
device	字符串	"Huawei P40 Pro Max"	终端设备型号
item_id	字符串	"item012"	物品 ID
clicks	字符串列表	["item012", "item345"]	用户 15 天内点击的物品
relevance	整型	0	0：曝光。1：点击。2：加购。3：下单

根据上述元信息描述，假设原始数据中部分数据如表 10-4 所示。

表 10-4 样例数据

pv_id	user_id	age	gender	device	item_id	clicks	relevance
"pv123"	"uid012"	18	"0"	"Huawei P40 Pro Max"	"item012"	["item011"]	1
"pv123"	"uid012"	18	"0"	"Huawei P40 Pro Max"	"item345"	["item011"]	0
"pv456"	"uid345"	25	"1"	"iPhone 13"	"item456"	["item345"]	2
"pv456"	"uid345"	25	"1"	"iPhone 13"	"item567"	["item345"]	1
"pv456"	"uid345"	25	"1"	"iPhone 13"	"item678"	["item345"]	0

观察表 10-4，用户 uid012 在同一个页面中浏览了 item012 和 item345 两个物品并对 item012 发生了点击行为。同理，用户 uid345 在同一个页面浏览了 item456、item567 和 item678 三个物品并对 item456 发生了加购行为，对 item567 发生了点击行为。

表 10-4 中数据的元信息包含了：用户信息、上下文信息、用户的行为信息和物品信息。以 pv_id 进行聚合后，在得到的 List 中这些信息的存储说明如下：

□ 用户信息是一样的，所以存储为单值，比如根据 pv_id 为 "pv123" 聚合后得到的 List，age 都是 18；

□ 上下文信息也是一样的，所以也存储为单值，比如根据 pv_id 为 "pv456" 聚合后得到的 List，device 都是 "iPhone 13"；

□ 用户行为信息也是一样的，所以依然存储为一维数组（行为序列本身就是数组）；

□ 物品信息是不同的，所以需要存储为数组，比如根据 pv_id 为 "pv123" 聚合后得到 List，item_id 是 ["item012", "item345"]；

□ relevance 也是不同的，所以也需要存储为数组。

聚合后，上述 5 种数据组成了一个训练样本。

注意：上述存储格式说明只在以 pv id 进行聚合时才这么处理。当以 session id 或者更粗粒度进行聚合后，在得到的 List 中：

□ 用户信息依然是一样的；

□ 上下文信息就不一定一样了，比如使用了场景 id 特征，那么一个 session id 下可能会有多个场景 id，此时就需要存储为数组；

□ 用户行为信息一般来说也不一样了，因此需要存储为二维数组；

□ 物品信息依然是不同的，所以需要存储为数组；

□ relevance 依然是不同的，所以需要存储为数组。

相关代码如下：

```
# -*- coding: utf-8 -*-

"""
文件名: data.py
这里因为要将数据保存在本地, 所以 master 指定为 local, 同时指定 jars
启动命令: spark-submit --master local --jars spark-tensorflow-connector_2.11-1.15.0.jar data.py
"""

from pyspark.sql.types import *
from pyspark.sql import SparkSession

spark = SparkSession.builder.appName('ltr_dataset').getOrCreate()

# 保存在本地, 可以换成 HDFS、S3 等分布式存储路径
path = "file:///home/recsys/chapter10/ltr/dataset"


def data(records):
    """
    records: 同一个 pv_id 下的数据集合, 格式为二维数组
             二维数组中每一行的元素及其格式为:
                单值      单值 单值   单值    单值    数组     单值      单值
                pv_id, user_id, age, gender, device, clicks, item_id, relevance
    """

    # 先拿到 relevances
    relevances = [record[7] for record in records]

    # 如果此 pv_id 下全是曝光数据, 此 List 丢弃
    if not any(relevances):
        return []

    pv_id = records[0][0]

    # records 中的用户信息是一样的, 格式为单值
    user_id = records[0][1]
    age = records[0][2]
    gender = records[0][3]

    # records 中的上下文信息是一样的, 格式为单值
    device = records[0][4]

    # records 中的用户行为信息是一样的, 格式为数组
    clicks = records[0][5]

    # records 中的物品信息是不一样的, 格式为数组
    items = [record[6] for record in records]

    row = [pv_id, user_id, age, gender, device, clicks, items, relevances]
    return row


# 指定各字段类型
feature_names = [
```

```
    # pv id: 单值(scalar)
    StructField("pv_id", StringType()),

    # user: 单值(scalar)
    StructField("user_id", StringType()),
    StructField("age", LongType()),
    StructField("gender", StringType()),

    # context: 单值(scalar)
    StructField("device", StringType()),

    # user behaviour: 数组(array)
    StructField("clicks", ArrayType(StringType())),

    # item: 数组(array)
    StructField("item_id", ArrayType(StringType())),

    # relevance: 数组(array)
    StructField("relevances", ArrayType(LongType())),
]

schema = StructType(feature_names)
rows = [
    # pv_id, user_id, age, gender,    device,             clicks,              item_id, relevance
    ["pv123", "uid012", 18, "0", "Huawei P40 Pro Max", ["item011", "item012"], "item012", 1],
    ["pv123", "uid012", 18, "0", "Huawei P40 Pro Max", ["item011", "item012"], "item345", 0],
    ["pv456", "uid345", 25, "1", "iPhone 13",          ["item345"],            "item456", 2],
    ["pv456", "uid345", 25, "1", "iPhone 13",          ["item345"],            "item567", 1],
    ["pv456", "uid345", 25, "1", "iPhone 13",          ["item345"],            "item678", 0]
]
rdd = spark.sparkContext.parallelize(rows)
rdd = rdd.keyBy(lambda row: row[0]).groupByKey().mapValues(list)
rdd = rdd.map(lambda pv_id_and_records: data(pv_id_and_records[1]))

df = spark.createDataFrame(rdd, schema)

# 存储为 TFRecord 文件格式, 文件内部的数据格式为 Example
df.write.format("tfrecords").option("recordType", "Example").save(path, mode="overwrite")
df = spark.read.format("tfrecords").option("recordType", "Example").load(path)
df.show()
# +------------------+--------------------+-----+--------------------+---+------+---------+-------+
# |            clicks|             item_id|pv_id|              device|age|gender|relevance|user_id|
# +------------------+--------------------+-----+--------------------+---+------+---------+-------+
# |[item011, item012]| [item012, item345]|pv123|Huawei P40 Pro Max| 18|     0|   [1, 0]| uid012|
# |       [item345]|[item456, item567...|pv456|          iPhone 13| 25|     1|[2, 1, 0]| uid345|
# +------------------+--------------------+-----+--------------------+---+------+---------+-------+

# 打印 dataframe 结构
df.printSchema()
# 输出
# root
#  |-- clicks: array (nullable = true)
#  |    |-- element: string (containsNull = true)
#  |-- item_id: array (nullable = true)
```

```
#  |     |-- element: string (containsNull = true)
#  |-- pv_id: string (nullable = true)
#  |-- device: string (nullable = true)
#  |-- age: long (nullable = true)
#  |-- gender: string (nullable = true)
#  |-- relevance: array (nullable = true)
#  |     |-- element: long (containsNull = true)
#  |-- user_id: string (nullable = true)
```

生成这份数据之后，接下来需要考虑使用 TensorFlow 读取并解析它。

2. 数据读取

这部分的代码实现与第 9 章差别不是很大，主要改动点是 item_id 这个特征从单值变成了数组以及 label 字段的名称改成了 relevance。完整代码如下：

```python
# -*- coding: utf-8 -*-

"""
文件名：reader.py
启动命令：python reader.py
"""

import os

import tensorflow as tf  # 1.15
from tensorflow.compat.v1 import data, InteractiveSession
from tensorflow.compat.v1.data import experimental


class Reader:
    def __init__(self, num_parallel_calls=None):
        self._num_parallel_calls = num_parallel_calls or os.cpu_count()

    # 1. 定义每个特征的格式和类型
    @staticmethod
    def get_example_fmt():
        example_fmt = dict()

        example_fmt['user_id'] = tf.FixedLenFeature([], tf.string)
        example_fmt['age'] = tf.FixedLenFeature([], tf.int64)
        example_fmt['gender'] = tf.FixedLenFeature([], tf.string)
        example_fmt['device'] = tf.FixedLenFeature([], tf.string)
        # 下列数据长度不固定
        example_fmt['clicks'] = tf.VarLenFeature(tf.string)
        example_fmt['item_id'] = tf.VarLenFeature(tf.string)
        example_fmt['relevance'] = tf.VarLenFeature(tf.int64)

        return example_fmt

    @staticmethod
    def _default_value(d_type):
        if d_type == 'string':
```

```
        return tf.constant('0')
    elif d_type == 'int64':
        return tf.constant(0, tf.int64)
    elif d_type == 'float32':
        return tf.constant(0.0)
    else:
        raise NotImplementedError('d_type {} error'.format(d_type))

# 2. 定义解析函数
def parse_fn(self, example):
    example_fmt = self.get_example_fmt()
    parsed = tf.parse_single_example(example, example_fmt)
    for name, fmt in example_fmt.items():
        if name == 'relevance':
            continue
        # VarLenFeature 解析的特征是稀疏的，需要转换成密集的以便于操作
        d_type = fmt.dtype
        default_value = self._default_value(d_type)
        if isinstance(fmt, tf.io.VarLenFeature):
            parsed[name] = tf.sparse.to_dense(parsed[name], default_value)

    parsed['relevance'] = tf.sparse.to_dense(parsed['relevance'], -2 ** 32) # 1
    label = parsed.pop('relevance')
    features = parsed
    return features, label

# pad 返回的数据格式与形状必须与 parse_fn 的返回值完全一致
def padded_shapes_and_padding_values(self):
    example_fmt = self.get_example_fmt()

    padded_shapes = {}
    padding_values = {}

    for f_name, f_fmt in example_fmt.items():
        if 'relevance' == f_name:
            continue
        if isinstance(f_fmt, tf.FixedLenFeature):
            padded_shapes[f_name] = []
        elif isinstance(f_fmt, tf.VarLenFeature):
            padded_shapes[f_name] = [None]
        else:
            raise NotImplementedError('feature {} feature type error.'.format(f_name))

        if f_fmt.dtype == tf.string:
            value = '0'
        elif f_fmt.dtype == tf.int64:
            value = 0
        elif f_fmt.dtype == tf.float32:
            value = 0.0
        else:
            raise NotImplementedError('feature {} data type error.'.format(f_name))

        padding_values[f_name] = tf.constant(value, dtype=f_fmt.dtype)
```

```
    # parse_fn 返回的是元组结构，这里也必须是元组结构
    padded_shapes = (padded_shapes, [None])
    padding_values = (padding_values, tf.constant(-2 ** 32, tf.int64)) # 2
    return padded_shapes, padding_values

# 3. 定义读数据函数
def input_fn(self, mode, pattern, epochs=1, batch_size=512, ):
    padded_shapes, padding_values = self.padded_shapes_and_padding_values()
    files = tf.data.Dataset.list_files(pattern)
    data_set = files.apply(
        experimental.parallel_interleave(
            tf.data.TFRecordDataset,
            cycle_length=8,
            sloppy=True
        )
    )
    data_set = data_set.apply(experimental.ignore_errors())
    data_set = data_set.map(map_func=self.parse_fn,
                            num_parallel_calls=self._num_parallel_calls)

    if mode == 'train':
        data_set = data_set.shuffle(buffer_size=10000)
        data_set = data_set.repeat(epochs)
    data_set = data_set.padded_batch(batch_size,
                                     padded_shapes=padded_shapes,
                                     padding_values=padding_values)

    data_set = data_set.prefetch(buffer_size=1)
    return data_set


if __name__ == '__main__':
    # 用上一节的数据测试一下
    reader = Reader()
    dataset = reader.input_fn('train', '/home/recsys/chapter10/ltr/dataset/*', batch_size=4)

    sess = InteractiveSession()
    samples = data.make_one_shot_iterator(dataset).get_next()

    records = []
    for i in range(1):
        records.append(sess.run(samples))

    print(records)
    # [
    #     (
    #         {
    #             'clicks':  array([[b'item011', b'item012'],
    #                               [b'item345', b'0']], dtype=object),
    #             'item_id': array([[b'item012', b'item345', b'0'],
    #                               [b'item456', b'item567', b'item678']], dtype=object),
    #             'age':     array([18, 25]),
    #             'device':  array([b'huawei p40pro max', b'iPhone 13'], dtype=object),
    #             'gender':  array([b'0', b'1'], dtype=object),
```

```
#                  'user_id': array([b'uid012', b'uid345'], dtype=object)
#              },
#              array([[1, 0, -4294967296], [2, 1, 0]])
#          )
#      ]
```

这里值得**特别注意**的是，relevance 这个字段的默认值（注释 # 1 处）和 pad 值（注释 # 2 处）均为 -2^{32} 而不是 0，可以暂时先不关心为什么要这么处理，在构建网络结构实现损失函数时会详细说明。另外，关于特征工程的代码实现与第 9 章无差异，本章就不再赘述了。

10.3.2   模型搭建

本节实现基于 DIN 的 ListNet，整个模型搭建最核心的部分可能就在于需要熟练掌握每个输入的形状（shape），只要弄清楚了这一点，这部分就没有什么难以理解的了。假设 batch size 用 B 表示，单个 List 长度用 L 表示，行为序列长度用 S 表示，embedding 长度用 E 表示，则输入特征与各自的形状说明如下。

(1) 用户特征

    1) user_id：形状为 $B \times E_{user\_id}$

    2) age：形状为 $B \times E_{age}$

    3) gender：形状为 $B \times E_{gender}$

(2) 上下文特征

    device：形状为 $B \times E_{device}$

(3) 用户行为特征

    clicks：形状为 $B \times S \times E_{item\_id}$

(4) 物品特征

    item_id：形状为 $B \times L \times E_{item\_id}$ ，因为一个 List 中有 L 个物品

由于要实现 DIN，因此需要将行为特征（clicks）与物品特征（item_id）做 attention，将输出的 attention outputs 与用户特征、上下文特征以及物品特征连接起来后送入普通的 DNN，其中的 attention 可以按照如下方式理解：

(1) 行为特征与单个物品（item_id）做 attention，输出形状为 $B \times E_{item\_id}$ ；

(2) 行为特征与 L 个物品做 attention 时，输出形状为 $B \times L \times E_{item\_id}$ 。

上述关于输入特征的所有说明汇总为图 10-3，从输入到输出，自下而上。

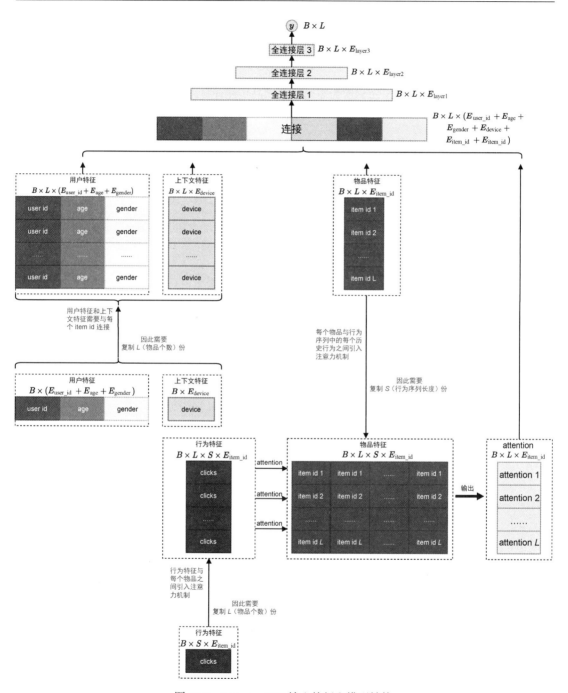

图 10-3 Listwise DIN 输入特征和模型结构

值得说明的几点如下。

❑ 用户和上下文特征：复制 L 份，因为这些特征需要与物品特征连接，所以除最后一维外，其他维度必须一致，否则会报错。

❑ 用户行为特征：需要复制 L 份，因为行为特征与 L 个物品特征之间引入注意力机制。

❑ 物品特征：需要复制 S 份，因为需要根据物品特征计算出 S 个历史行为中每个历史行为的权重。

按照图 10-3 的输入以及模型结构，TensorFlow 代码[①]实现如下，依然基于 Estimator API：

```
# -*- coding: utf-8 -*-
import tensorflow as tf
from lib.feature.feature_builder import FeatureBuilder
from lib.common.ranking_metrics import metrics_impl


class Estimator:
    def __init__(self, features, labels, mode, params):
        self._features = features
        self._labels = labels
        self._mode = mode
        self._params = params
        self._fb = FeatureBuilder()
        self._attention_units = [8, 4]
        self._fc_units = [8, 4, 1]
        self._rank_discount_fn = lambda rank: tf.math.log(2.) / tf.math.log1p(rank)

    def model_fn(self):
        with tf.name_scope('user'):
            user_fc = self._fb.user_features()
            user = tf.feature_column.input_layer(self._features, user_fc)  # B * E_user

        with tf.name_scope('context'):
            context_fc = self._fb.context_features()
            context = tf.feature_column.input_layer(self._features, context_fc)  # B * E_contextual

        with tf.name_scope('item'):
            # item_embedding: B * L * E_item
            # clicks_embedding: B * S * E_item
            item_embedding, clicks_embedding = self._fb.item_and_histories_features(self._features)
            # clicks_mask: B * S
            clicks_mask = tf.not_equal(self._features['clicks'], b'0')  # pad 的是 b'0'

        # user 特征和 contextual 特征复制 L 份
        # L 等于物品特征的第二维
        # S 等于历史行为序列的第二维
        list_size = tf.shape(input=item_embedding)[1]
        time_steps = tf.shape(input=clicks_embedding)[1]
        item_embedding_size = clicks_embedding.get_shape().as_list()[-1]
```

---

① 完整代码详见随书资源。

```
# user: B * E_user, 需要在第二维新增一维, 并在新增的维度上复制 L 份
# contextual 特征同理
user = tf.expand_dims(user, axis=1)
user = tf.tile(user, [1, list_size, 1])

context = tf.expand_dims(context, axis=1)
context = tf.tile(context, [1, list_size, 1])

# history sequence: B * S * E_item, 需要变为 B * L * S * E_item
# history mask: B * S 同理需要变为 B * L * S
# B * (L * S) * E_item
clicks_embedding = tf.tile(clicks_embedding, [1, list_size, 1])
# B * L * S * E_item
clicks_embedding = tf.reshape(clicks_embedding, [-1,
                                                 list_size,
                                                 time_steps,
                                                 item_embedding_size])

# B * (L * S)
clicks_mask = tf.tile(clicks_mask, [1, list_size])
# B * L * S
clicks_mask = tf.reshape(clicks_mask, [-1, list_size, time_steps])

# item: B * L * E_item, 需要变为 B * L * S * E_item
# B * (L * S) * E_item
item_embedding_temp = tf.tile(item_embedding, [1, time_steps, 1])
# B * L * S * E_item
item_embedding_temp = tf.reshape(item_embedding_temp, [-1,
                                                       list_size,
                                                       time_steps,
                                                       item_embedding_size])

with tf.name_scope('user_behaviour_sequence'):
    # B * L * E_item
    attention = self.attention(history_emb=clicks_embedding,
                               current_emb=item_embedding_temp,
                               history_masks=clicks_mask,
                               units=self._attention_units,
                               name='attention')

# B * L * (E_user + E_contextual + E_item + E_item)
fc_inputs = [user, context, attention, item_embedding]

fc_inputs = tf.concat(fc_inputs, axis=-1, name='fc_inputs')

logits = self.fully_connected_layers(mode=self._mode,
                                     net=fc_inputs,
                                     units=self._fc_units,
                                     dropout=0.3,
                                     name='logits')
# B * L
logits = tf.squeeze(logits, axis=-1)
```

```python
if self._mode == tf.estimator.ModeKeys.PREDICT:
    probability = tf.nn.softmax(logits, name='predictions')  # B * L
    predictions = {
        'predictions': tf.reshape(probability, [-1, 1])
    }

    export_outputs = {
        'predictions': tf.estimator.export.PredictOutput(predictions)
    }
    return tf.estimator.EstimatorSpec(self._mode,
                                      predictions=predictions,
                                      export_outputs=export_outputs)
else:
    relevance = tf.cast(self._labels, tf.float32)
    # 1. 这里使用 softmax 将 relevance 转化为概率
    # 因此 relevance 的默认值和 pad 值必须很小
    soft_max = tf.nn.softmax(relevance, axis=-1)
    mask = tf.cast(relevance >= 0.0, tf.bool)

    """Softmax cross-entropy loss with masking."""
    # 2. 求 loss
    padding = tf.ones_like(logits) * -2 ** 32
    logits = tf.where(mask, logits, padding)
    loss = tf.reduce_mean(
        tf.nn.softmax_cross_entropy_with_logits(logits=logits,
                                                labels=relevance))

    if self._mode == tf.estimator.ModeKeys.EVAL:
        # 3. 计算 ndcg 时需要剔除 pad 的数据
        gauc_labels = tf.cast(relevance > 0.0, tf.float32)
        weights = tf.cast(mask, tf.float32)

        metrics = {
            'gauc': tf.metrics.auc(labels=gauc_labels,
                                   predictions=soft_max,
                                   weights=weights,
                                   num_thresholds=1000)
        }

        metrics.update(self.ndcg(relevance,
                                 logits,
                                 weights=weights,
                                 name='ndcg'))
        for metric_name, op in metrics.items():
            tf.summary.scalar(metric_name, op[1])
        return tf.estimator.EstimatorSpec(self._mode,
                                          loss=loss,
                                          eval_metric_ops=metrics)
    else:
        global_step = tf.train.get_global_step()
        learning_rate = self.exponential_decay(global_step)
        # 训练阶段通过梯度下降更新参数
        optimizer = tf.train.AdagradOptimizer(learning_rate=learning_rate)
```

```
                tf.summary.scalar('learning_rate', learning_rate)
                train_op = optimizer.minimize(loss=loss, global_step=global_step)
                return tf.estimator.EstimatorSpec(self._mode,
                                                  loss=loss,
                                                  train_op=train_op)


    @staticmethod
    def fully_connected_layers(mode,
                               net,
                               units,
                               dropout=0.0,
                               activation=None,
                               name='fc_layers'):
        layers = len(units)
        for i in range(layers - 1):
            num = units[i]
            net = tf.layers.dense(net,
                                  units=num,
                                  activation=tf.nn.relu,
                                  kernel_initializer=tf.initializers.he_uniform(),
                                  name=f'{name}_units_{num}_{i}')
            net = tf.layers.dropout(inputs=net,
                                    rate=dropout,
                                    training=mode == tf.estimator.ModeKeys.TRAIN)
        num = units[-1]
        net = tf.layers.dense(net, units=num, activation=activation,
                              kernel_initializer=tf.initializers.glorot_uniform(),
                              name=f'{name}_units_{num}')
        return net


    @staticmethod
    def attention(history_emb,
                  current_emb,
                  history_masks,
                  units,
                  name='attention'):
        """
        param:history_emb: 历史行为 embedding。形状: Batch Size * List Size * Time Steps * Embedding Size
        param:current_emb: 候选物品 embedding。形状: Batch Size * List Size * Time Steps * Embedding Size
        param:history_masks: 历史行为 mask。pad 的信息不能投入计算, Batch Size * List Size * Time Steps
        param:units: list of hidden unit num
        param:name: output name
        param:weighted sum attention output
        """
        net = tf.concat([history_emb,
                         history_emb - current_emb,
                         current_emb,
                         history_emb * current_emb,
                         history_emb + current_emb],
                        axis=-1)
        for unit in units:
            net = tf.layers.dense(net, units=unit, activation=tf.nn.relu)
        # B * L * S * 1
```

```python
        weights = tf.layers.dense(net, units=1, activation=None)
        # B * L * 1 * S
        weights = tf.transpose(weights, [0, 1, 3, 2])
        padding = tf.zeros_like(weights)
        # B * L * S --> B * L * 1 * S
        history_masks = tf.expand_dims(history_masks, axis=2)
        weights = tf.where(history_masks, weights, padding)
        # [B * L * 1 * S] * [B * L * S * E] --> [B * L * 1 * E]
        outputs = tf.matmul(weights, history_emb)
        # B * L * E
        outputs = tf.squeeze(outputs, axis=2, name=name)
        return outputs


    @staticmethod
    def exponential_decay(global_step,
                          learning_rate=0.01,
                          decay_steps=10000,
                          decay_rate=0.9):
        return tf.train.exponential_decay(learning_rate=learning_rate,
                                          global_step=global_step,
                                          decay_steps=decay_steps,
                                          decay_rate=decay_rate,
                                          staircase=False)


    def ndcg(self, relevance, predictions, ks=(1, 4, 8, 20, None), weights=None, name='ndcg'):
        ndcgs = {}
        for k in ks:
            metric = metrics_impl.NDCGMetric('ndcg',
                                             topn=k,
                                             gain_fn=lambda label: tf.pow(2.0, label) - 1,
                                             rank_discount_fn=self._rank_discount_fn)

            with tf.name_scope(metric.name,
                               'normalized_discounted_cumulative_gain',
                               (relevance, predictions, weights)):
                per_list_ndcg, per_list_weights = metric.compute(relevance, predictions, weights)

            ndcgs.update({'{}_{}'.format(name, k): tf.metrics.mean(per_list_ndcg, per_list_weights)})

        return ndcgs
```

代码本身没有什么难以理解的地方，仅仅是将图 10-3 以代码的形式翻译了一遍。唯一需要说明的是 10.3.1 节中曾经提到的一个问题：为什么 relevance 的默认值和 pad 值均设置为一个很小很小的负数（ -2^{32} ）？上述代码的注释 # 1 处做了回答——因为需要使用 softmax。

注释 # 1 处的代码是将 relevance 转化为真实概率分布，这里的 relevance 是真实标签，形状为 $B \times L$，每个元素的值为 0、1、2、3 之一。假设有两条训练数据：

(1) 第一条的 list size 为 2，relevance 为 [0, 1]，将 relevance 经过 softmax 得到 [0.269, 0.731]；

(2) 第二条的 list size 为 3，relevance 为 [0, 1, 2]，将 relevance 经过 softmax 得到 [0.090, 0.245, 0.665]。

 softmax 公式如下，因此当 $\vec{x}_i$ 的值为负无穷大时，它的 softmax 值趋近于 0：

$$\text{softmax}(\vec{x})_i = \frac{e^{\vec{x}_i}}{\sum_{j=1}^{n} e^{\vec{x}_j}}$$

但是，实际情况是：pad 操作会将上面两条数据的形状进行 pad，得到形状为 2×3 的数据，如下所示：

$$[0, 1, \text{pad}]$$
$$[0, 1, 2]$$

TensorFlow 在计算 softmax 时，会按行计算，显然，pad 的值不应该影响真实概率分布，也就是说，pad 后的数据经过 softmax 之后，得到的概率应该如下所示：

$$[0.269, 0.731, 0.0]$$
$$[0.090, 0.245, 0.665]$$

这就是为什么要在读取数据时将 pad 值设置为 -2^{32}，因为按照 softmax 的公式，当值为一个非常小的负数时，计算出来的概率为 0.0，不会影响一个 List 中有效位置的概率计算。

相同的处理方式也体现在 logits 的 pad 上，在注释 # 2 处计算损失时，需要用到 logits，它会在 TensorFlow 内部求 softmax 后得到概率分布（也就是预测概率分布），对 logits 进行 pad 操作，pad 值均设置为 -2^{32}，softmax 后 pad 位置的概率（0.0）同样不会影响有效位置的概率计算。

同理，在计算 ndcg 时，将所有被 pad 操作的 relevance 权重设置为 0.0，从而在计算指标时不会产生任何干扰。

pad 的默认值设为 -2^{32}，以及计算指标 ndcg 时将 pad 的 relevance 权重设为 0，是两个特别重要而且特别容易忽视的地方，一旦没有考虑全面，不仅会影响模型的质量，而且会对训练指标产生重要影响，有可能导致训练指标无法反映模型的真实情况，在代码实现时一定要谨慎。

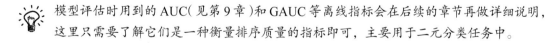 模型评估时用到的 AUC（见第 9 章）和 GAUC 等离线指标会在后续的章节再做详细说明，这里只需要了解它们是一种衡量排序质量的指标即可，主要用于二元分类任务中。

10.3.3 模型训练、导出和服务

搭建完模型结构后，接下来的模型训练、模型导出和模型服务与第 9 章并无太大区别，代码实现完全一样，因此这里就不再赘述了。

> **模式**
>
> 通过第 9 章和第 10 章的 TensorFlow 建模流程可以看出，这一系列的流程（数据处理、特征工程、搭建模型等）几乎是一种固定模式，且特别容易统一化、标准化。
>
> (1) 特征工程标准化：容易实现，因为特征的类别和类型几乎可以罗列出来，并且最终都要转化为某种数值表达。
>
> (2) 模型标准化：容易实现，TensorFlow 模型遵循**数据读取**、**模型搭建**、**模型训练**、**模型导出**和**模型服务**这一固定流程，特别适合流程化、标准化。
>
> 更加明显的是，第 9 章和第 10 章的代码实现，除了模型搭建的代码以外，其他部分的代码都极为相似/相同，因此按照软件工程的思维，对于 TensorFlow 的建模流程，可以设计出一个复用性极强的代码框架来极大地减少开发的代码量，对于**数据读取**、**模型搭建**、**模型训练**、**模型导出**和**模型服务**，可以很容易地将其设计为一个个库供下游调用，从而将算法开发完完全全投入到**模型搭建**中去。本书第 16 章在探讨训练代码框架的设计时会对此做全面阐述。

10.3.4   优化方向

在推荐系统中，Listwise 模型实际应用得比较少，尤其是对于点击率预估、转化率预估等需要准确预测概率的任务，Listwise 模型并不适合。不过近几年涌现出一些比较优秀的文献[1][2]。

Listwise 模型的使用方法是：物品经过一般的排序模型后，将 Top N 个物品再经过 Listwise 模型做一次更精细化的调整（比如，对 500 个物品进行排序，排完序后，将头部的 50 个物品再通过 Listwise 模型进行二次排序）。特别地，将 Transformer[3] 运用在 Listwise 建模方式中，是一种特别巧妙的思路，它的自注意力机制和位置编码都天然地契合 Listwise 建模方式，因此特别值得在实际应用中探索和尝试。

10.4   总结

- 排序算法按照建模方式一般分为三种：Pointwise、Pairwise 和 Listwise。划分方式可以以一个训练样本中有多少候选物品为标准。Pointwise 和 Pairwise 是 Listwise 的特殊情况。

---

[1] Qingyao Ai, Keping Bi, Jiafeng Guo, et al. *Learning a Deep Listwise Context Model for Ranking Refinement*, 2018.

[2] Changhua Pei, Yi Zhang, Yongfeng Zhang, et al. *Personalized Re-ranking for Recommendation*, 2019.

[3] Ashish Vaswani, Noam Shazeer, Niki Parmar, et al. *Attention Is All You Need*, 2017.

- Listwise 的核心在于样本的构造，一般会按照某些标识将用户同一时刻的行为聚合成 List，比如常见的 pv id 或者 session id 等，甚至可以放宽到以天为粒度，当然，这些依赖于具体的业务。同时，relevance 代表用户对物品的行为重要程度，一般以数值形式表示，数值越大表示行为越重要。

- ListNet 是比较经典的 Listwise 实现，有比较严谨的理论支撑。其核心在于将真实值（relevance）和预测值（score）与概率分布联系起来：引入了 permutation probability 和 top one probability。前者由于时间复杂度过高而无法落地，实际应用中使用后者。

- TensorFlow 实现 Listwise 模型时，最重要的是对于各种输入和网络层形状的掌握，当 Listwise 与 DIN 结合时，注意力机制的输入 shape 一定要理解透彻，否则实现时会频繁报错。

- 还有一点值得注意，对于 relevance 的默认值和 pad 值也要非常谨慎。由于需要使用 softmax 将 relevance 转换为概率分布，因此必须将默认值和 pad 值设置为一个非常非常小的负数。同理，在实现 ndcg 时，也需要考虑这个问题。

- 将 Transformer 运用在 Listwise 模型中是一个很好的思路，是一个很不错的优化方向。

第 11 章

排序算法的离线评估和在线评估

对于召回算法的离线评估，第 6 章已经详细说明了一些常用的指标，包括精确率、召回率、F1 分数以及 nDCG 等，介绍了各个指标的原理、应用场景以及计算方法。同样，对于排序算法，也有其对应的离线评估指标，第 9 章和第 10 章的建模流程部分，已经涉及了 AUC 和 GAUC 这两种评估指标，它们也是排序算法中使用最多的指标。由于推荐系统中排序算法最主要的应用场景是点击率预估、转化率预估等二分类任务（即标签是 0 或者 1），此类任务最常用的指标就是 AUC 和 GAUC，因此本章离线评估部分的内容将会重点介绍这两个指标，包括它们的原理以及如何手动实现。而在模型在线评估部分，将会介绍 A/B 测试的工作原理。

11.1 离线评估

首先回顾一下第 6 章中介绍的混淆矩阵，如图 11-1 所示，预测结果分别用 $\hat{P}$ 和 $\hat{N}$ 表示正负分类，真实样本分别用 P 和 N 表示正负分类，其中的 4 个单元如下。

- ❑ 第一行第一列：正样本被预测为正例，称为 TP（true positive）。
- ❑ 第一行第二列：负样本被预测为正例，称为 FP（false positive）。
- ❑ 第二行第一列：正样本被预测为负例，称为 FN（false negative）。
- ❑ 第二行第二列：负样本被预测为负例，称为 TN（true negative）。

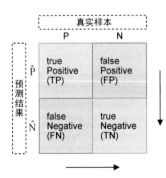

图 11-1　混淆矩阵

由混淆矩阵定义两个指标 FPR 和 TPR。

- $FPR = \dfrac{FP}{N}$：预测为正、实际为负的样本数，与真实负样本数的比例。

- $TPR = \dfrac{TP}{P}$：预测为正、实际为正的样本数，与真实正样本数的比例。

假设样本真实分类以 Y 表示，预测分类以 Ŷ 表示，正例为 1，负例为 0，则从上述定义可以看出：

$$FPR = \frac{FP}{N} = P(\hat{Y} = 1 \mid Y = 0)$$
$$TPR = \frac{TP}{P} = P(\hat{Y} = 1 \mid Y = 1)$$

(11-1)

式 (11-1) 中的 P 表示概率。很容易发现，影响 FPR 和 TPR 结果的条件是互不干扰的：

- FPR 只受真实分类为负例的影响（条件概率的条件是 $Y = 0$）
- TPR 只受真实分类为正例的影响（条件概率的条件是 $Y = 1$）

因此，TPR 和 FPR 并不会感知到正负样本的比例变化（因为它们只在各自的分类内计算）。讲到这里，就可以说明 ROC 曲线了。

11.1.1 ROC 曲线

ROC 曲线的全称是 receiver operating characteristic curve（中文名是受试者工作特征曲线/接收器操作特性曲线）。作为一条曲线，其横坐标和纵坐标正是 FPR 和 TPR，即 ROC 曲线是由一个个 FPR 和 TPR 坐标点连成的一条线，这就涉及一个问题：二分类任务中，虽然标签有确切的 0 和 1 之分，但是模型的预测值一般是概率，介于 0 和 1，没有办法直接计算 TP、FP、FN 或者 TN，那么 ROC 曲线到底是如何绘制的呢？如何根据预测的概率值计算 FPR 和 TPR 呢？

既然模型的预测值是一个概率，那么可以人为设定一个**阈值**：高于该阈值的为正例，否则为负例。以点击率预估任务为例，假设模型预测一个样本中某个物品被点击的概率为 0.20，如果阈值设为 0.30，则这个样本就被分类为 0（负样本）；如果阈值设置为 0.10，那么就会被分类为 1（正样本）。这样一来，通过将预测值由概率转为 0 和 1，就可以计算 FPR 和 TPR 了。

ROC 曲线的**绘制步骤**如下。

(1) 设定阈值集合 L，比如 $[0, 0.01, 0.02, 0.03, \cdots, 1.0]$，假设集合长度为 N。

(2) 模型对当前数据集做出预测，得出数据集中每个样本的概率值。

(3) 遍历集合 L 中的每个阈值：

1) 根据当前阈值与第 (2) 步中的预测概率值，得到预测值被判定为 0 还是 1；

2) 计算数据集在当前阈值下的 FPR 和 TPR。

(4) 利用第 (3) 步生成的 N 个 (FPR, TPR) 对，对应二维坐标系中的 N 个点，连成一条线，画出 ROC 曲线。

ROC 曲线体现的是模型整体上的分类能力，而且即使正例与负例的比例发生了很大变化，ROC 曲线也不会产生太大的变化，在某种程度上可以说它具有很强的健壮性，但是后面也会看到，这种对正负比例变化不敏感也会成为 ROC 曲线的缺点。

ROC 曲线示例[1]如图 11-2 所示。

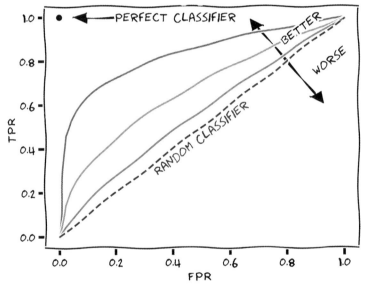

图 11-2   ROC 曲线示例（另见彩插）

图 11-2 中展现出几条不同的 ROC 曲线，不同的曲线对应的模型具有不同的分类能力，ROC 曲线的拐角越接近左上角，其分类能力越强；越接近虚线，分类能力越差。当模型是完全随机分类时（即给定一个样本，模型随机给出一个概率值），此时模型完全没有分类能力，绘制出的 ROC 曲线是虚线（RANDOM CLASSIFIER，随机分类器）。

既然 ROC 可以衡量模型的分类能力，那么如何量化这种分类能力呢？图 11-3 中画出了两个分类器（c1 和 c2）的 ROC 曲线，到底是 c1 的分类能力强还是 c2 的分类能力强呢？由于 ROC 曲线只能定性地展现模型分类的好坏，而无法定量地给出确切的结论，因此 AUC 应运而生了。

---

① 图片来源：Roc-draft-xkcd-style.svg（Wikimedia Commons）。

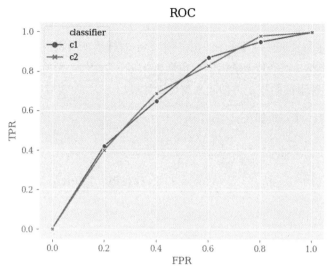

图 11-3　分类器 c1 还是 c2 更好

11.1.2　ROC 曲线下的面积

AUC（area under the curve）称为**曲线下的面积**，这里的曲线可以有很多种，但是实际应用中提到 AUC 时，大多指代 ROC 曲线下的面积，这也是本节主要介绍的内容。以图 11-3 中分类器 c1 的 ROC 曲线为例，其对应 AUC 需要计算的面积如图 11-4 所示。计算 AUC 的方式有很多种，这里介绍两种常用的——面积法和概率法。

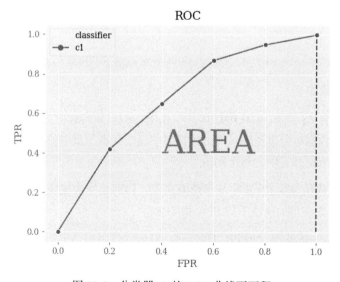

图 11-4　分类器 c1 的 ROC 曲线下面积

1. 面积法

仔细观察图 11-4 会发现曲线下的面积由一个个小的梯形（当阈值为 1.0 时，TPR 和 FRR 均为 0，因此左下角的第一个梯形会退化成三角形）组成，如图 11-5 所示，共含有 5 个梯形。只要分别计算出这 5 个梯形的面积，再加起来就可以计算出 ROC 曲线对应的 AUC 值了。

每个梯形面积的计算公式如下：

$$
\begin{aligned}
\mathrm{area_{trapezoid}} &= \frac{(\text{上底} + \text{下底}) \times \text{高}}{2} \\
&= \frac{(\mathrm{TPR}_1 + \mathrm{TPR}_2) \times (\mathrm{FPR}_2 - \mathrm{FPR}_1)}{2}
\end{aligned}
\tag{11-2}
$$

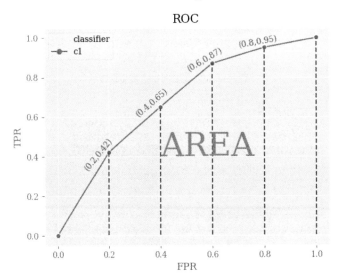

图 11-5　分类器 c1 的 ROC 曲线下的梯形

AUC 的**计算步骤**如下。

(1) 设定阈值集合 L，比如 $[0.01, 0.02, 0.03, \cdots, 1.0]$，假设集合长度为 N。

(2) 模型对当前数据集做出预测，得出数据集中每个样本的概率值。

(3) **从大到小**遍历集合 L 中的每个阈值：

　　1) 根据当前阈值与第 (2) 步中的预测概率值，得到预测值被判定为 0 还是 1；

　　2) 计算数据集在当前阈值下的 FPR 和 TPR。

(4) 利用第 (3) 步生成的 N 个 (FPR, TPR) 对，对应二维坐标系中的 N 个点，根据式 (11-2) 计算出 $N-1$ 个梯形面积，累加得到最终的 AUC。

通过上述计算步骤可以看出，AUC 的计算步骤与 ROC 的绘制步骤差别仅仅在最后一步。

AUC 计算完毕后, 是一个介于 [0, 1] 的值, 越大越好: 0.5 表示该分类器完全是随机分类, 小于 0.5 表明模型出了问题, 需要排查。

虽然使用面积法可以计算出 AUC, 但是在计算过程中需要人为指定阈值, 显得不太友好, 可不可以消除这种人为因素呢? 也就是不需要阈值, 也可以计算 AUC 呢? 概率法可以解决这个问题。

2. 概率法

AUC 的值有一定的物理意义, 简单来说, 就是**随机抽出一个正样本和一个负样本, 模型把正样本排在负样本前面的概率**, 也就是正样本预测概率大于负样本预测概率的概率, 即 $AUC = P(P_{正样本} > P_{负样本})$。

假定数据集共有 $M + N$ 个样本, 其中 M 个正样本, N 个负样本, 那么正样本的预测概率 P_P 和负样本的预测概率 P_N 可以组成 $M \times N$ 个 (P_P, P_N) 对。统计一下 $M \times N$ 个对中 P_P 大于 P_N 的个数, 再除以 $M \times N$, 即可得出**正样本排在负样本前面的概率**。具体的计算公式如下所示:

$$AUC = \frac{\sum I(P_P, P_N)}{M \times N}$$

$$I(P_P, P_N) = \begin{cases} 1.0, & P_P > P_N \\ 0.5, & P_P = P_N \\ 0.0, & P_P < P_N \end{cases} \tag{11-3}$$

以表 11-1 的正例和负例预测概率为例来说明式 (11-3)。

表 11-1　正例和负例的预测概率

样　　本	标　　签	预测概率
A	1	0.2
B	0	0.2
C	0	0.3
D	1	0.9

表 11-1 中共有 4 个样本, 其中 2 条正样本, 2 条负样本, 则可以组成 4 个样本对, 分别为 (A, B)、(A, C)、(D, B)、(D, C)。对于 (A, B) 对, 由于 A 和 B 的预测概率相同, 因此 $I(P_A, P_B)$ 等于 0.5, 同理可以算出, $I(P_A, P_C) = 0.0$、$I(P_D, P_B) = 1.0$、$I(P_D, P_C) = 1.0$, 因此可以算出 $AUC = \frac{0.5 + 0.0 + 1.0 + 1.0}{2 \times 2} = 0.625$。

在了解了面积法和概率法之后, 接下来通过代码实现 AUC 的计算, 除此之外, 借助第三方库函数校验手写的 AUC 是否正确。

3. 手写 AUC

手写 AUC 虽然不是算法工程师必备的技能，但是有助于更好地理解 AUC 的实现，更重要的是在实际应用中，模型的 AUC 出现问题时，对 AUC 的理解可以帮助算法工程师更快地进行调试。在实现过程中，可以顺带关注一下每个 AUC 实现方法（面积法、概率法）的时间复杂度。

为了校验手写 AUC 的正确性，需要提前安装 scikit-learn。相关的软件版本如下：

- ❑ Python 3.6.0
- ❑ scikit-learn 0.24.1

示例代码如下：

```python
# -*- coding: utf-8 -*-
import sklearn.metrics as sk_metrics


class AUC:
    def __init__(self, labels, predictions, threshold_num):
        """
        :param labels: list, 只有 0 和 1
        :param predictions: list, 形状与 labels 相同, 元素类型为浮点型, 表示预测概率
        :param threshold_num: 阈值个数
        """
        self._labels = labels
        self._predictions = predictions
        self._threshold_num = threshold_num
        assert len(labels) == len(predictions), \
            f'labels len: {len(labels)} != predictions len: {len(predictions)}'
        assert threshold_num > 0, 'threshold_num has to be positive'

    # 面积法
    def trapezoidal_auc(self):

        # 阈值从大到小排列
        thresholds = [(self._threshold_num - i) / self._threshold_num
                      for i in range(self._threshold_num + 1)]
        tpr_fpr = []

        # 正例个数
        p = sum(self._labels)
        # 负例个数
        n = len(self._labels) - p

        for threshold in thresholds:
            this_tp = 0
            this_fp = 0
            for label, prediction in zip(self._labels, self._predictions):
                if prediction >= threshold:
                    if label > 0:
                        this_tp += 1
                    else:
                        this_fp += 1
```

```
            tpr = this_tp / p
            fpr = this_fp / n
            # 添加 (tpr, fpr) 坐标点
            tpr_fpr.append((tpr, fpr))

        _auc = 0
        for i in range(1, len(tpr_fpr)):
            tpr_1, fpr_1 = tpr_fpr[i - 1]
            tpr_2, fpr_2 = tpr_fpr[i]
            # (上底 + 下底) × 高 / 2
            _auc += (tpr_1 + tpr_2) * (fpr_2 - fpr_1) / 2

        return _auc

# 概率法
def probabilistic_auc(self):
    # 正例的排序位置
    p_ranks = [i for i in range(len(self._labels)) if self._labels[i] == 1]
    # 负例的排序位置
    n_ranks = [i for i in range(len(self._labels)) if self._labels[i] == 0]
    # 正例个数
    m = len(p_ranks)
    # 负例个数
    n = len(n_ranks)

    # 正例概率大于等于负例概率的个数
    num_p_ge_n = 0.0
    for p_rank in p_ranks:
        for n_rank in n_ranks:
            p_p = self._predictions[p_rank]
            p_n = self._predictions[n_rank]
            if p_p > p_n:
                num_p_ge_n += 1.0
            elif p_p == p_n:
                num_p_ge_n += 0.5

    return num_p_ge_n / (m * n)

def validate(self):
    _trapezoidal_auc = self.trapezoidal_auc()
    _prob_auc = self.probabilistic_auc()
    _sklearn_auc = self._sklearn_auc()

    assert _trapezoidal_auc == _sklearn_auc, \
        f'trapezoidal_auc: {_trapezoidal_auc} != sklearn_auc: {_sklearn_auc}'
    assert _prob_auc == _sklearn_auc, \
        f'probabilistic_auc: {_prob_auc} != sklearn_auc: {_sklearn_auc}'

# sklearn 作为手动计算 AUC 的校验工具
def _sklearn_auc(self):
    # 调用 sklearn API, 获得 fpr 和 tpr, 这两个返回值均为数组形式
    fpr, tpr, _ = sk_metrics.roc_curve(self._labels, self._predictions, pos_label=1)
    # 调用 sklearn API, 获得 AUC
    _auc = sk_metrics.auc(fpr, tpr)
    return _auc
```

```
if __name__ == '__main__':
    _labels = [1, 1, 1, 0, 0, 0, 0, 0, 0, 0]
    _predictions = [0.3, 0.5, 0.7, 0.9, 0.8, 0.6, 0.4, 0.1, 0.2, 0.0]

    auc = AUC(_labels, _predictions, threshold_num=100)
    # trapezoidal: 0.5714285714285714
    print('trapezoidal: {}'.format(auc.trapezoidal_auc()))
    # probabilistic: 0.5714285714285714
    print('probabilistic: {}'.format(auc.probabilistic_auc()))
    # pass validation
    auc.validate()
```

通过上述代码可以看出，面积法的时间复杂度为 $O(T(M+N))$，其中 T 是阈值个数，M 是正例个数，N 是负例个数。概率法的时间复杂度是 $O(MN)$。当然，还有更快的实现版本，可以将时间复杂度降到 $O((M+N)\log(M+N))$，这里就不再展开了。

11.1.3　PR 曲线

另外一种曲线是 PR 曲线，全称是 precision recall curve，其对应的横坐标（x）和纵坐标（y）分别是 Recall 和 Precision，曲线示例如图 11-6 所示。

- Recall $= \dfrac{\text{TP}}{\text{P}}$：预测为正、实际为正的样本数，与真实正样本数的比例，很容易发现 Recall 与 TPR 是一样的。

- Precision $= \dfrac{\text{TP}}{\hat{\text{P}}}$：预测为正、实际为正的样本数，与预测正样本数的比例。

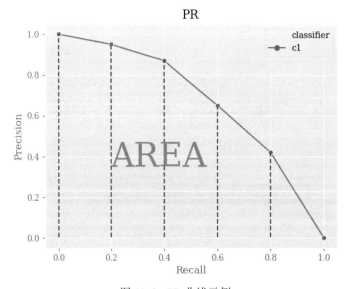

图 11-6　PR 曲线示例

当真实正负样本比例发生变化时，ROC 曲线并不会发生很大的变化，因为 FPR 和 TPR 都只在真实正样本或者真实负样本内部计算。但是观察 PR 曲线的纵坐标 Precision，其分母 $\hat{P}$ 是预测正样本数，其中很有可能既包含真实正样本，也包含真实负样本，因此当真实正负样本比例发生变化时，Precision 同样也会发生变化（因为跨类别了），这种情况下 PR 曲线就较为敏感。

由图 11-6 可以看出，PR 曲线下的面积依然可以采用面积法来计算，每个梯形的面积计算如式 (11-4) 所示，代码实现方式与 ROC 曲线下的面积计算类似，这里不再赘述。

$$
\begin{aligned}
\text{area}_{\text{trapezoid}} &= \frac{(\text{上底} + \text{下底}) \times \text{高}}{2} \\
&= \frac{\left(\text{precision}_1 + \text{precision}_2\right) \times \left(\text{recall}_2 - \text{recall}_1\right)}{2}
\end{aligned}
\tag{11-4}
$$

不同于 ROC 曲线兼顾了正例和负例，PR 曲线只关心正例。在推荐系统中，当类别严重不平衡时，通常更为关注正例的预测表现，因此 PR 曲线下面积会显得更具参考价值，而此时根据 ROC 曲线下的面积给出的结论一般会非常乐观（甚至可能接近 1.0）。

举例说明上述现象，假设数据集中正例有 10 个，负例有 10 000 个：

❑ 模型先预测出 20 个正例（包含真实的 10 个正例），则 $\text{FPR} = \dfrac{\text{FP}}{\text{N}} = \dfrac{10}{10000} = 0.001$，

$\text{Precision} = \dfrac{\text{TP}}{\hat{\text{P}}} = \dfrac{10}{20} = 0.5$；

❑ 模型再次预测出 40 个正例（包含真实的 10 个正例），则 $\text{FPR} = \dfrac{\text{FP}}{\text{N}} = \dfrac{30}{10000} = 0.003$，

$\text{Precision} = \dfrac{\text{TP}}{\hat{\text{P}}} = \dfrac{10}{40} = 0.25$。

由于真实负例过多，FPR 变化极小，这体现在 ROC 曲线上则是曲线一直停留在左侧（图 11-2 中的蓝色线），ROC 曲线下面积很大。而反观 Precision，则由 0.5 降到了 0.25，体现在 PR 曲线上则是纵坐标大幅下降，PR 曲线下面积大幅减小。

选择 ROC 还是 PR

这道选择题没有固定答案，而是要依据不同的业务而定，ROC 和 PR 最核心的差别在于 TN，后者完全不关心 TN。因此如果业务中不怎么关心 TN 带来的影响（比如癌症预测任务、风控业务等），那么 PR 作为离线评估指标是一种不错的选择。如果 TN 比较重要（点击率预估、转化率预估等），则倾向于选择 ROC 作为离线评估指标。同样，当数据集的正负样本比例比较均衡时，也倾向于选择 ROC。不过在实际应用中，一般

会将两者一起作为参考。了解每个指标背后的意义，一旦某个指标出现问题，可以快速定位建模过程中哪里出了问题。本章后续提到的 AUC，若不做特别说明，均指 ROC 曲线下的面积。

关于 ROC 和 PR 的关系，建议仔细研读引文[1]。

11.1.4　GAUC

AUC 衡量的是模型的全局排序能力，有时候可能会隐藏一些问题。由于个性化推荐中的排序是千人千面的，排序的好坏应该在同一个用户下去评判，不同用户之间的排序结果并不能直接比较，全局的排序能力强并不能完全反映个性化排序的能力。

假设数据中有 2 个用户，3 个物品，共产生 6 条数据。两个模型（模型 1 和模型 2）分别对这 6 条数据进行预测，得到用户对物品的预估点击概率，具体的真实标签和预测概率如表 11-2 所示。

表 11-2　用户数据示例

用　　户	物　　品	是否点击	模型 1 预测概率	模型 2 预测概率
用户 1	物品 1	1	0.9	0.8
用户 1	物品 2	0	0.3	0.4
用户 1	物品 3	0	0.1	0.3
用户 2	物品 1	1	0.8	0.3
用户 2	物品 2	0	0.3	0.2
用户 2	物品 3	0	0.1	0.1

经过简单的计算可得，模型 1 的 AUC 为 1.0，模型 2 的 AUC 为 0.8125，单纯从 AUC 上来看，模型 1 显然优于模型 2。但是仔细观察就会发现，只考虑用户 1 时，模型 2 的排序结果 AUC 为 1.0，同理，只考虑用户 2 时，模型 2 的排序结果 AUC 也为 1.0，这说明实际上模型 1 和模型 2 的排序能力是一样的，那么全局 AUC 给出的结论（模型 1 优于模型 2）就会指向一个错误的方向。

GAUC[2]（group AUC）正是用来应对这种情况的，名称中的 group 就是将数据按照某个 key 聚合成一个组（group），然后在组内计算 AUC。GAUC 首先计算出每个组的 AUC，然后对所有组的 AUC 进行加权平均，得到最终的 GAUC，计算公式如下：

---

[1] Jesse Jon Davis, Mark Harlan Goadrich. *The relationship between Precision-Recall and ROC curves*, 2006.

[2] Han Zhu, Junqi Jin, Chang Tan, et al. *Optimized Cost per Click in Taobao Display Advertising*, 2017.

$$GAUC = \frac{\sum_{i=1}^{n} w_i \times AUC_i}{\sum_{i=1}^{n} w_i} \tag{11-5}$$

式 (11-5) 中，i 表示组，w_i 表示组 i 的权重，AUC_i 表示根据组 i 的数据计算出的 AUC。通常 w_i 可以设为组 i 的曝光数据条数或者点击数据条数。如果组内数据全是曝光数据，或者全是点击数据，就丢弃该组。表 11-2 中的数据以用户为组进行划分，也可以选择 session 或者 pv。

在实际应用中，AUC 依然是使用最多的离线指标。当线下 AUC 很好但是线上效果很差时，说明 AUC 已经不能真实反映模型的线上排序质量，此时可以查看一下 GAUC 作为排查问题的一个入口。

11.2 在线评估

历经了数据获取、数据清洗、特征筛选、特征工程、搭建模型、调参、调参、调参……特征工程、搭建模型……这一系列步骤之后，模型的离线指标终于达到了预期，随之而来的是最为重要的一步：上线。毕竟模型离线表现再好，不对外提供服务，不为企业带来业务收益，终究是没有任何价值的。模型上线后，我们关注的不再是准确率、AUC、nDCG 等指标，而是与具体业务相关的商业指标——点击率、转化率、GMV（一定时间内的成交总额）、ARPU（一定时间内的平均每用户收入 = GMV / 用户数）等。这些指标不仅可以对比线上模型孰优孰劣，更重要的是能够衡量模型的迭代效果，指引下一步的优化方向——这正是 A/B 测试的作用。

11.2.1 A/B 测试简介

维基百科上关于 A/B 测试的描述如下：

A/B testing is a way to compare two versions of a single variable, typically by testing a subject's response to variant A against variant B, and determining which of the two variants is more effective.

翻译过来的意思是：A/B 测试用来比较**单个变量**的**两个版本 A 和 B**，通过测试用户对 A 和 B 的不同反应来决定采用 A 还是 B 作为该变量的最终版本。当然，在现实生产中，单个变量通常不止两个版本，而是有多个版本（如图 11-7 所示），然后通过观察用户反应，效果最佳的那个版本胜出。具体到算法模型 A/B 测试，就是在同一个场景，同时上线两个模型 A 和 B，经过一段时间的实验，根据用户的反应情况，分别统计每个模型的业务指标，决出胜者——胜者将会得到更大的流量，相应地，败者将会缩小甚至关闭流量。

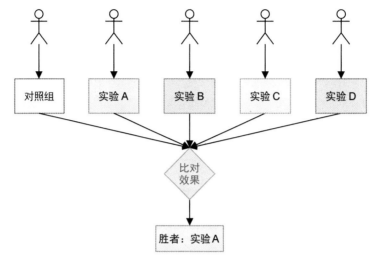

图 11-7   A/B 测试

在推荐系统中，不管是召回算法还是排序算法，都在整个个性化推荐流程中发挥着重要的作用，并且对点击率、转化率等业务指标会产生很大影响。而算法模型不断优化迭代，每天都会有新的模型上线，线上表现不好的模型下线，A/B 测试在其中扮演着判官的角色：一个好的 A/B 测试平台可以提高算法模型的迭代效率，大大增加试错的机会，同时会为模型迭代提供良好的方向指引，甚至可以说 A/B 测试是整个模型生命周期中最重要的一环。

A/B 测试最重要的是分流，如图 11-8 所示，某用户请求分流服务，服务根据某种规则，将该用户分配到模型 A 上，因此该用户看到的结果是由模型 A 推荐产生的。如何将流量合理地分配给多个实验是最为核心的部分。接下来介绍两种最为常见的 A/B 测试分流方案。

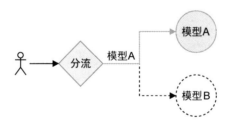

图 11-8   简单分流示例

11.2.2   朴素分流方案

最朴素的 A/B 测试分流方案是将所有类型的实验放在一起，共享 100% 的流量。如图 11-9 所示，召回模型和排序模型的实验均放在一起，总流量为 100%，共有 5 个实验在进行中，其中 2 个是召回实验，3 个是排序实验，流量互不干扰，假设每个实验平均分得 20% 的流量。

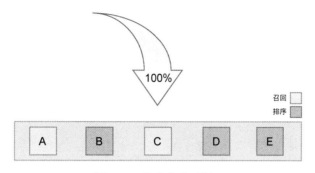

图 11-9　朴素分流示例 1

假如 App/网站登录界面需要新增一个 A/B 实验来验证**某一个按钮究竟是圆形好还是方形好**，于是 A/B 测试平台上多了一个实验，如图 11-10 所示。为了让新加入的实验 F 获得一定的流量，另外 5 个实验需要重新分配流量，将各自缩减 20% 的流量，保证最后 6 个实验的流量都能够达到 16.7%。

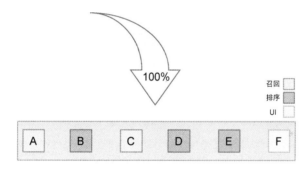

图 11-10　朴素分流示例 2

按照这种态势发展下去，实验数量很快便会超过 20 个、30 个、50 个……此时每个实验占用的流量越来越少，实验效果波动极大，难以得到确切的结论，A/B 测试形同虚设。为了让 A/B 测试继续发挥它的作用，便需要控制实验数量，比如同时上线的实验不能超过 10 个等，以免迭代效率大打折扣。

因此，对于 A/B 测试平台，希望能够完善分流方案，解决上述**扩展性差**、**流量不够用**等问题，需要满足以下诉求。

❑ 不同类型的实验调配不会影响对其他类型的实验，比如给召回实验增加 3 个实验，对排序实验不造成任何影响：不同类型的实验流量具有正交性。

❑ 同种类型的实验都能得到 100% 的流量，比如召回实验能得到 100% 的流量，排序实验也能得到 100% 的流量：不同类型的实验流量具有可复用性。这样实验数量就可以大大提升了。

❑ 实验类型可以自由添加，不影响其他类型，且也能得到 100% 的流量，比如已经存在算法的召回和排序实验类型，想要添加 UI 实验类型，对其他两种类型没有任何影响。

这就诞生了当下 A/B 测试的主流分流方案——分层分流。

11.2.3 分层分流方案[①]

不同于朴素实验分流把所有实验都糅合在一起，**分层分流**，就是把所有实验按照不同类型分成多个层次。图 11-11 所示的便是分层分流的大致结构，其中将实验分成了 3 层。可以看到每一层都可以使用 100% 的流量，流量经过上一层之后会继续经过下一层，因此同一份流量会穿越 3 层。

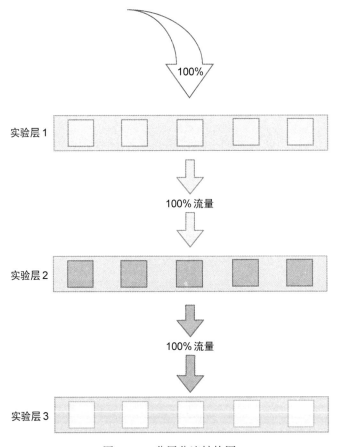

图 11-11 分层分流结构图

---

① 分层 A/B 方案来自谷歌 2010 年发表的一篇论文：Diane Tang, Ashish Agarwal, Deirdre O'Brien, et al. *Overlapping Experiment Infrastructure: More, Better, Faster Experimentation*, 2010.

各层实验按照相应的业务类型进行划分，比如实验层 1 是 UI 实验，实验层 2 是召回实验，实验层 3 是排序实验。看上去很容易理解，但是这样真的不会有问题吗？怎么做到层与层之间互不干扰呢？这种分层分流的最终目标是流量复用（比如图 11-11 中同一份流量穿越了 3 层，就是流量复用）。为了实现这个目标，最重要的是要做到流量的**正交**和**互斥**。

1. 正交

流量的正交是针对**不同实验层**而言的，指的是层与层之间的流量是正交的，每个层出来的流量会再次经过随机打散后进入下一层，保证下一层接收到的流量均匀地来自上一层。文字描述可能有点儿抽象，正交的具体含义如图 11-12 所示。

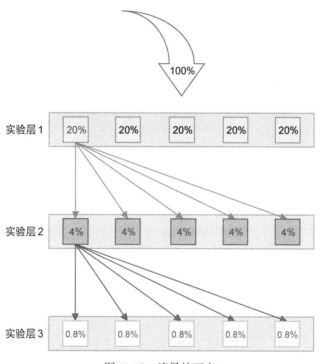

图 11-12　流量的正交

实验层 1 的流量被随机均匀打散后，进入实验层 2，同理，实验层 2 的流量进入实验层 3 前也会被随机均匀打散。具体地，当实验层 1 内第 1 个实验（记为实验 1-1）的 20% 流量进入第 2 层时被均匀打散，这样实验层 2 内每个实验得到的来自实验 1-1 的流量为 4%，当实验层 2 的流量进入实验层 3 前，实验 2-1 中来自实验 1-1 的 4% 流量再次被均匀打散，这样实验层 3 内每个实验得到的实验 2-1 中实验 1-1 的流量为 0.8%。这样带来的好处是不仅实验流量被均匀打散，而且实验效果也被均匀打散了，比如实验 1-1 的线上效果特别好，但是由于它的流量进入实验层 2、实验层 3 时都是被均匀打散的，所以这两层内所有实验受到实验 1-1 的影响都是一样的，也就是说，上一层实验效果并不会对下一层实验效果的比对产生任何影响——有了这个理论基础，流量就可以无限复用了，只要新增一层实验，流量便会新增 100%。

2. 互斥

流量的互斥是针对同一实验层而言的，指的是同一层内实验之间的流量不会重叠，互不干扰。比如图 11-12 中，实验层 1 内，同一个用户不可能同时命中实验 1-1 与实验 1-2（否则就是 A/B 分流功能出现了严重故障）。流量的互斥比较容易理解，它也是 A/B 分流需要遵循的最基本的原则。

关于 A/B 测试的分层分流方案就介绍到这里。要实现一个配置灵活、方便易用的 A/B 测试平台，有很多工作要做，这超出了本书的范畴，个中的诸多细节请参考引文[①]。

11.2.4　可信度评估

当模型在 A/B 测试平台上的实验运行了一段时间后，会输出业务指标，根据这个指标对该模型进行后续操作：增大流量，还是缩小甚至关闭流量。因此，对于 A/B 测试平台给出的业务指标，必须提出这样一个疑问：它是否可信？在现实世界中，会存在各种各样偶然的因素，比如异常用户或者服务宕机等，这些因素的存在会不会对指标产生显著影响？在讨论这个问题之前，先回顾一些概率论和随机过程中常用的基本概念。

1. 假设检验

现实世界中能够获取到的有限数据，可以视作从总体中抽样出来的样本，因此假设检验的作用就是首先对总体中的参数提出假设，然后判断样本是否提供了足够的信息使得这个假设成立，也就是通过样本来验证总体假设。

当通过 A/B 测试收集到两份样本时，一般会提出两个假设。

(1) **零假设**（null hypothesis）：记为 H_0，即假设两份样本来自同一个总体，所有异常事件均是由随机误差造成的。

(2) **备择假设**（alternative hypothesis）：记为 H_1，即假设两份样本不是来自同一总体。

可见零假设和备择假设互斥，只可能有一个是真。一般零假设是实验者想要否定的假设，而备择假设是实验者希望接受的假设，即验证某个因素确实起到了作用，从而导致两份样本出现了差异。

假设检验的思想也很简单——反证法和小概率原理，具体步骤如下。

(1) 根据实际问题，提出零假设和备择假设。

---

① 分层 A/B 方案来自谷歌 2010 年的一篇论文：Diane Tang, Ashish Agarwal, Deirdre O'Brien, et al. *Overlapping Experiment Infrastructure: More, Better, Faster Experimentation*, 2010.

(2) 假定原假设是正确的，开始构造一个小概率事件。

(3) 通过样本来检验该小概率事件是否发生，如果：

    1) 小概率事件发生了，那么就有充分的理由怀疑零假设的正确性，从而拒绝零假设；

    2) 小概率事件没有发生，则认为零假设确实是正确的，接受零假设。

2. 显著性水平

显著性水平一般用 α 来表示，其定义为：

$$P\{\text{当} H_0 \text{为真时拒绝} H_0\} \leqslant \alpha$$

即零假设 H_0 为真时却拒绝 H_0 的最大概率。**注意**：这是人为设定的。比如，设置 α 为 0.01，则表示当做出接受 H_0 的决定时，犯错的概率是 1%，换句话说，正确的概率是 99%。

3. 置信区间

设总体 X 的分布函数中含有一个变量 θ，对于给定值 α，来自 X 的样本确定的两个统计量 $\underline{\theta}$ 和 $\overline{\theta}$（$\underline{\theta} < \overline{\theta}$），对于任意的 θ，均满足：

$$P\left(\underline{\theta} < \theta < \overline{\theta}\right) \geqslant 1 - \alpha$$

则称随机区间 $(\underline{\theta}, \overline{\theta})$ 是 θ 在置信水平为 $1 - \alpha$ 下的置信区间。

这个公式的含义是：**反复进行 N 次抽样，每份样本会确定一个区间 $(\underline{\theta}, \overline{\theta})$，每个这样的区间要么包含 θ 的真值，要么不包含 θ 的真值。在这 N 个区间中，包含 θ 真值的区间占 $100(1 - \alpha)\%$，不包含 θ 真值的区间占 $100\alpha\%$。**比如，假设 $\alpha = 0.05$，进行 100 次抽样，得到的 100 个区间内不包含 θ 真值的为 5 个。

4. p 值

p 值的定义是：假设零假设 H_0 为真时，由**样本**得出拒绝 H_0 的最低显著性水平。**注意**：这是根据**样本**算出来的。

可见 p 值本质上也是显著性水平，只不过通常意义上的显著性水平是人为指定的，而 p 值是根据样本算出来的。

按照 p 值的定义，对于人为设定的显著性水平 α：

(1) 如果 p 值 $\leqslant \alpha$，则在显著性水平 α 下拒绝 H_0

(2) 如果 p 值 $> \alpha$，则在显著性水平 α 下接受 H_0

比如，p 值为 0.02，如果显著性水平 α 为 0.01，则表明实验者能接受 H_0 为真时拒绝 H_0 的最大概率等于 0.01，结果根据样本算出来的概率等于 0.02，那么不能拒绝 H_0，只能接受 H_0；同理，

当 α 为 0.05 时，则可以拒绝 H_0。

熟悉了以上几个概念之后，接下来校验这样一种情况——某个实验层有两个实验 A 和 B，且已经运行了一段时间，那么如何判断**实验 A 与实验 B 的指标差异**具不具有统计显著性，也就是说实验差异并非由随机误差导致，从而得出 A 确实比 B 好或者坏的结论。

5. 统计显著性

场景：实验 A 和实验 B 是同一个变量的两个版本（比如 A 使用召回算法 1，B 使用召回算法 2）。

现象：A/B 测试平台业务指标显示实验 B 的点击率（CTR）要比实验 A 的点击率高。

目标：验证上述指标差异是否具有统计显著性，假定 α 为显著性水平。

为了达成该目标，需要的实验数据如表 11-3 所示。

表 11-3   实验数据

	实验 A	实验 B
命中用户数	n_A	n_B
样本（实验观测到的）点击率	$\widehat{p_A}$	$\widehat{p_B}$

- **提出假设**

对于实验 A 和实验 B，假设指标的差异是由随机误差导致的，因此对于总体假设如下。

H_0：总体 $p_B ==$ 总体 p_A

H_1：总体 $p_B >$ 总体 p_A

- **计算 Z-score**

一般认为点击率服从参数为 p 的伯努利分布 Bernoulli(p)，其中 p 是点击发生的概率。对于总体 A 和总体 B，各自的均值方差为：

$$E(p_A) = \widehat{p_A}$$
$$D(p_A) = \widehat{p_A}\left(1 - \widehat{p_A}\right)$$
$$E(p_B) = \widehat{p_B}$$
$$D(p_B) = \widehat{p_B}\left(1 - \widehat{p_B}\right)$$

根据中心极限定理，可以得到如下两个正态分布：

$$\overline{p_A} \sim \mathcal{N}\left(\widehat{p_A}, \frac{\widehat{p_A}\left(1-\widehat{p_A}\right)}{n_A}\right)$$

$$\overline{p_B} \sim \mathcal{N}\left(\widehat{p_B}, \frac{\widehat{p_B}\left(1-\widehat{p_B}\right)}{n_B}\right)$$

中心极限定理指出，如果有一个独立同分布的随机变量 X 的序列 $X_1, X_2, \cdots, X_n$，它们的期望为 μ，方差为 σ^2，则 X 的均值服从正态分布 $\overline{X} \sim \mathcal{N}\left(\mu, \frac{\sigma^2}{n}\right)$。

而两个独立的服从正态分布的随机变量相减，得到的差依然服从正态分布，即：

$$\overline{p_A - p_B} \sim \mathcal{N}\left(\widehat{p_A} - \widehat{p_B}, \frac{\widehat{p_A}\left(1-\widehat{p_A}\right)}{n_A} + \frac{\widehat{p_B}\left(1-\widehat{p_B}\right)}{n_B}\right)$$

于是可以计算出此分布对应的 Z-score：

$$
\begin{aligned}
Z &= \frac{x - \mu}{\sigma} \\
&= \frac{\overline{p_A} - \overline{p_B} - (p_A - p_B)}{\sqrt{\dfrac{\widehat{p_A}\left(1-\widehat{p_A}\right)}{n_A} + \dfrac{\widehat{p_B}\left(1-\widehat{p_B}\right)}{n_B}}} \\
&= \frac{\overline{p_A} - \overline{p_B}}{\sqrt{\dfrac{\widehat{p_A}\left(1-\widehat{p_A}\right)}{n_A} + \dfrac{\widehat{p_B}\left(1-\widehat{p_B}\right)}{n_B}}} \quad // \text{因为} H_0 \text{假设} p_A == p_B
\end{aligned}
\tag{11-6}
$$

- **计算 p 值**

p 值等于标准正态分布中横坐标大于 Z-score 的曲线下的面积，如图 11-13 所示。

注意一下单边/双边假设检验问题，因为我们的备择假设是总体 $p_B >$ 总体 p_A，所以这是一个单边假设，如果是双边假设，p 值等于标准正态分布中横坐标大于 +Z-score 与小于 −Z-score 的曲线下的面积和。

假设计算出的 p 值小于事先设定的显著性水平 α，则认为零假设 H_0 不成立，备择假设 H_1 成立，即实验 B 的表现确实比实验 A 好。

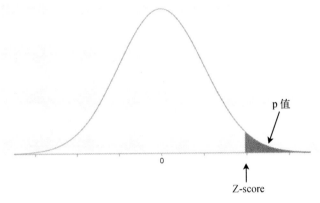

图 11-13　Z-score

● **示例**

举例说明上述步骤，假设显著性水平 α 为 0.05，实验 A 和 B 的线上表现如表 11-4 所示。

表 11-4　实验数据示例

	实验 A	实验 B
命中用户数	20 000	20 000
点击用户数	2000	2200

由表 11-4 得出实验 A 的样本点击率为 $\widehat{p_A} = 0.1$，实验 B 的样本点击率为 $\widehat{p_B} = 0.11$，那么能说明实验 B 比 A 的表现好 $\dfrac{0.11 - 0.1}{0.1} = 10\%$ 吗？

第一步：提出假设

H_0：总体 p_B == 总体 p_A

H_1：总体 p_B > 总体 p_A

第二步：计算 Z-score

$$Z = \frac{\overline{p_B} - \overline{p_A}}{\sqrt{\dfrac{\widehat{p_A}\left(1 - \widehat{p_A}\right)}{n_A} + \dfrac{\widehat{p_B}\left(1 - \widehat{p_B}\right)}{n_B}}}$$ // 因为要验证总体 $p_B > p_A$，所以分子是 $p_B - p_A$

$$= \frac{0.11 - 0.1}{\sqrt{\dfrac{0.1 \times 0.9}{20\ 000} + \dfrac{0.11 \times 0.89}{20\ 000}}}$$

$$\approx 3.262\ 51$$

第三步：计算 p 值

此次假设是单边假设检验（$p_B > p_A$），查询标准正态分布表可得 Z 值为 3.2625 时，对应的 p 值为 0.0006，由于 $p < \alpha = 0.05$，因此拒绝 H_0，接受 H_1，即实验 B 确实优于实验 A。

> 虽然本章才开始介绍 A/B 测试平台，但是并非说明它更适用于排序算法实验，基本上所有涉及用户体验的迭代业务都可以使用 A/B 测试平台来验证策略的好坏。

11.3 在线离线不一致

离线指标特别高，在线指标特别差——典型的在线离线不一致问题，在实际应用中时常发生。一旦问题出现，就需要找到突破口。深度学习领域，模型 debug 是比较困难的，特别是已经上线的模型。因为一个模型从诞生到上线，需要经过很多步骤，链路特别长，任何一个环节出了问题都可能导致线上效果变差。排除由于线上实验时间太短/流量过少而导致的指标不一致，接下来会探讨一些常见的可能会出现的问题，但是线上环境错综复杂，无法罗列出所有的原因。

11.3.1 特征不一致

特征不一致可能是最常见、最普遍的了，因此当在线离线不一致的现象产生时，第一时间就要去检查是不是由于特征不一致导致的。一般来说，可以将特征不一致的原因归结为以下几类。

- ❑ **线上特征获取异常**：由于推荐算法的特征一般来自用户信息、物品信息以及上下文信息等多个方面，这些信息在线上可能是由多个服务提供的，因此在调用各个服务时就有可能因为超时、代码 bug 等各种各样的原因导致特征获取为空值或者异常值。

- ❑ **特征更新不及时**：以用户行为特征为例，理想情况是一旦用户对物品发生任何行为（比如点击、加购、购买等），服务端能够立刻感知并更新用户画像中的行为信息，但是实际情况是，由于存在网络延迟或者实时数据处理资源不足等情况，用户的行为信息可能过了几分钟甚至几个小时才更新。

- ❑ **特征穿越**：该问题一般发生在离线训练阶段，典型的是用到了未来的特征，比如**物品过去 7 天内的点击人数**这个特征，在准备数据的时候把当天的数据纳入计算，就造成了特征穿越。再比如用户的历史行为特征，所有的行为必须在事件发生时刻之前，一旦处理不当，把事件发生时刻之后的行为考虑进去，也会造成特征穿越。特征穿越会成为问题，是因为未来的特征很可能会和标签产生强关联，比如预测用户是否会点击物品，假如用到的用户历史行为特征发生穿越，那么点击过的物品肯定会出现在历史行为特征中，模型只要根据这一个特征就可以轻易地做出判断，最终导致模型完全不可用且非常难 debug，因此处理离线数据时一定要注意这个问题。

11.3.2　数据分布不一致

由于推荐系统中一般会存在严重的正负样本不均衡（正负样本比例 1 : 100 甚至更高），因此经常会采用负样本下采样技术来缓解样本的不均衡。这种采样不可避免地会产生 SSB（sample selection bias）问题：在样本子集上进行训练，但是在全样本空间进行预测。另外，一般选择样本时是采用曝光过的数据，那么对于那些从未曝光过的物品来说，模型在训练时是"看不见"的，因此模型在这些物品上的预测表现也是不确定的。

11.3.3　模型与业务目标不一致

虽然这个问题很少发生，但还是需要检查一下，必须确保模型优化的目标与业务目标一致。比如模型优化的是**点击率**，业务目标也是提高**点击率**，这样两者就达成了一致。或者模型优化的是**点击率**，业务目标是提高 GMV（单位时间内的成交额），那么某种程度上也算是达成一致，因为点击率提升一般会带来 GMV 的提升。但是如果业务目标是提高**转化率**，模型优化的依然是**点击率**，这就很可能会造成模型和业务目标不一致。

11.3.4　验证集设计不合理

对于训练集和验证集的划分，通常会存在 *k*-fold cross validation 和 holdout 两种策略。简单说明一下这两者的工作原理。

❑ *k*-fold cross validation：如图 11-14 所示，将训练数据分成 *k* 等份，其中 1 份作为验证集，剩下 *k* − 1 份作为训练集。训练 *k* 次，这样 *k* 份数据中每 1 份都被当作验证集 1 次。

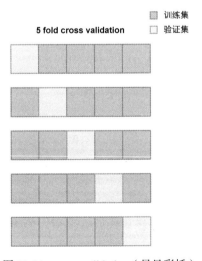

图 11-14　cross validation（另见彩插）

❑ holdout：如图 11-15 所示，可以视作 k-fold cross validation 的特例，将数据按一定的比例分成 2 份，1 份作为训练集，另 1 份作为验证集。

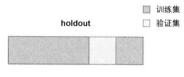

图 11-15　holdout

在海量数据下使用 k-fold cross validation 显得有点儿不切实际，但也并不是说只能使用 holdout。在推荐系统中，如果按照上述两种策略来划分训练集和验证集，很容易会导致**数据穿越问题**。那么为什么在很多别的系统中，这两种验证策略不会有数据穿越问题呢？因为推荐系统的数据日期极为重要，用户的行为与时间息息相关，如果利用用户的未来信息去"预测"过去的行为，离线指标当然会非常好看。数据穿越问题不仅难以发现，而且会给算法工程师造成**模型质量很好**的假象。所以一般情况下建议选择数据集的**最后一天数据**作为验证集，如果担心一天数据不够有代表性（比如选择的验证集恰好是周末，不具代表性），可以按照如下策略来生成验证集。

假设训练集有 M 天数据，则每 N 天训练集对应 1 天验证集，以此类推，如图 11-16 所示。

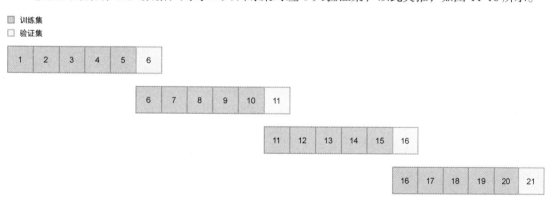

图 11-16　验证策略

图 11-16 中，共有 21 天数据，第 1 到第 5 天作为训练数据，第 6 天作为验证数据，然后第 6 到第 10 天可以作为训练数据，第 11 天作为验证数据……最后使用 4 个验证集产生的 4 个离线指标（比如 AUC 等）的平均值作为验证指标，以此作为模型离线评估的最终指标。

💡 关于在线离线不一致的问题，微软曾在 2013 年发表过一篇论文[1]专门分析离线 AUC 很高但是线上业务指标很差的现象，不管是实际应用中是否经历过这种不一致问题，这篇文章都值得一读。

[1] Jeonghee Yi, Ye Chen, Jie Li, et al. *Predictive model performance: offline and online evaluations*, 2013.

11.4　总结

- 选择模型的离线指标是很重要的一步，一个契合当前模型和业务的离线指标会大大降低模型上线后的风险。

- ROC 曲线的横纵坐标分别是 FPR 和 TPR，兼顾了正例和负例，但是它只能给出定性的衡量排序质量，如果想要定量，则需要计算 AUC —— ROC 曲线下面积。

- AUC 的计算方法有多种，比较常见的有面积法和概率法。它的物理意义是随机挑选一个正例和一个负例，模型把正例排在负例前面的概率。

- PR 曲线下面积是另一种衡量排序质量的指标，只关注正例的预估情况，因此适合正负样本不均衡或者不关心负例的场景，一般与 ROC 曲线下的面积搭配使用。

- 当然，还有一些其他的离线指标可以作为参考，比如 loss，这也是实际应用中非常重要的指标之一，可以衡量模型对于数据的拟合程度。AUC 很高但是 loss 也很高的情况时有发生。

- 在线指标一般通过 A/B 测试平台来观察，A/B 测试平台最重要的功能是分配流量。相比朴素分流方案把所有类型的实验放在一起，分层分流方案是当前标准的 A/B 测试平台分流方案，实现了流量复用。

- A/B 测试给出的指标由于很多偶然因素可能会存在不置信的问题。为了确定指标变化并非因随机所致，需要一定的可靠性评估，可以利用基础的统计学知识计算出指标置信度。

- 在线离线不一致问题是推荐算法经常遇到的问题，一般会从特征一致性、数据分布、模型和业务目标以及验证集的选取等方面作为突破口，其中特征一致性问题最为常见。

第12章

推荐算法建模最佳实践

深度学习的一大特点是超参数特别多。所谓超参数，指的是并非通过模型训练得到的参数，而是在开始训练之前人为设置的参数。在深度学习模型的开发和优化中，超参数的调节几乎成为了一项必备技能，在模型的迭代过程中，超参数的调节会占据很多时间。常见的超参数包括：学习率、batch size、激活函数、隐藏层数、隐藏节点数、参数初始化策略、优化器、epoch、dropout 等。

由于超参数的数量比较多，不可能也不允许每一个超参数都耗费大量时间去调节。一般采用的策略是将超参数定好优先级，高优先级的精调，低优先级的粗调或者不调，以此训练出一个不错的模型。即便如此，在粗调/精调的过程时，不管对参数进行网格搜索（grid search）还是随机搜索（randomized search），在面对海量训练数据和复杂模型结构时，都显得力不从心，整个调参过程对于训练资源、时间和计算成本来说都比较高。因此，总结出适合大部分超参数的初始值或者初始策略就很有必要。这些初始值或者初始策略会使得模型有一个不错的起点，不仅可以尽可能地保证模型不输在起跑线上，而且还可以大幅降低试错成本，让算法工程师可以把更多的时间和精力投入到数据或者模型结构优化上（尤其是数据优化，一般会大幅提升模型质量）。

除了超参数之外，推荐算法的建模还有另外一个决定性因素——数据。数据的好坏直接决定了模型的质量，因此收集到原始数据后如何对其进行处理也成为了算法工程师必须面对的问题，比如正负样本失衡、数据量过大导致线下调参成本高等。

本章会探讨推荐算法的一些最佳实践，包括深度学习超参数调节以及数据处理两方面的经验总结。当然，最佳实践也只是经验之谈，究竟是否真的在具体的业务中产生作用，还需要在实际应用中多加尝试和实验。

 软件环境：

❑ TensorFlow 1.15

❑ Python 3.6

12.1　深度学习调参

在实际应用中，对于超参数，建议采取先粗后细的策略来对其进行调节：先粗粒度地确定参数的大致范围，再在小范围内细粒度地调节。在实现某个深度学习算法时，如果该算法有出处（比如出自论文、博客等），那么可以把出处中的参数作为初始值，这样训练出来的模型一般不至于太差。如果算法没有出处，那么可以按照经验设置初始参数。接下来主要介绍一些常见的超参数，并给出一些初始值建议。

12.1.1　学习率

学习率是所有超参数中当之无愧最重要的。如果只允许调节一个超参数，那么一定是学习率。想要训练出一个好的模型，必须好好调节学习率：如果学习率太大，模型在训练过程中容易发散（一般表现为 loss 不降反升）；如果学习率太小，模型收敛时间又很难让人满意（一般表现为 loss 减小得特别慢）。

训练初期，模型远远没有拟合数据，所以此时的学习率设置得稍微大一点儿也不会错过最优解。随着模型遇到越来越多的数据，拟合得越来越好，学习率就应该适当减小，以便让模型在最优解附近不断地小幅振荡并最终达到最优解。初始的学习率一般设定在 10^{-6} 和 1 之间，可以从 0.01 开始[①]，重点在于如何让学习率有效地变化起来。

学习率按照某种方式不断地变化称为学习率调整策略（learning rate scheduler）。接下来总结一下常用的学习率调整策略，假设初始学习率为 η，同时每个策略均会添加简单的 TensorFlow 代码片段，便于理解。

为了方便演示，先定义一个辅助函数，用于观测学习率的变化情况：

```
# -*- coding: utf-8 -*-
import tensorflow as tf

sess = tf.InteractiveSession()


def get_lr(lr):
    sess.run(tf.global_variables_initializer())
    lr = sess.run(lr)
    return lr


# 初始学习率
learning_rate = 0.1
# 衰减步数
decay_steps = 10000.0
```

[①] Yoshua Bengio. *Practical recommendations for gradient-based training of deep architectures*, 2012.

```
# 衰减率
decay_rate = 0.9
# 训练步数
global_steps = [0, 10000, 20000, 30000]
```

1. constant

也就是常数策略，顾名思义，在这种策略下，学习率从训练开始到结束不会变化，在实际应用中几乎不会使用，因此不再赘述。

2. inverse time decay

从名称上可以看出，这种衰减策略与时间的倒数有关。当然，这里的时间并不是真正的时间，映射到模型训练中，时间指代的是训练步数。学习率衰减公式如下：

$$\eta_t = \eta \times \frac{1}{1 + r \times \dfrac{t}{s}} \tag{12-1}$$

其中，η_t 表示训练到第 t 步（对应 global step）时的学习率，r 表示衰减系数（对应 decay rate，小于 1，人为设定），s 表示衰减步长（对应 decay step，人为设定）。假设 r 等于 0.9，s 等于 10 000，则表明训练到第 10 000 步时 $\eta_t = \dfrac{\eta}{1 + 0.9}$，训练到第 20 000 步时 $\eta_t = \dfrac{\eta}{1 + 0.9 \times 2}$，以此类推，对应的衰减如图 12-1 所示，横坐标是 t，纵坐标是 η。

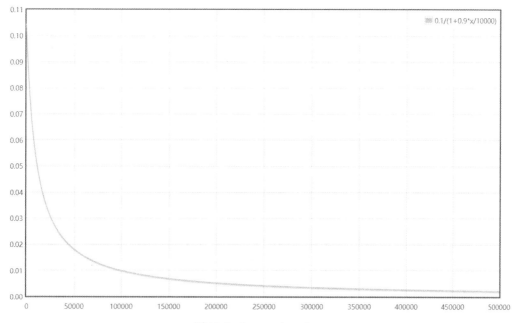

图 12-1　inverse time decay

TensorFlow 代码片段如下：

```
_lr = [get_lr(tf.train.inverse_time_decay(learning_rate,
                                           global_step,
                                           decay_steps,
                                           decay_rate)) for global_step in global_steps]

"""
输出: [0.1, 0.05263158, 0.035714287, 0.02702703]
0.1 = 0.1 / (1 + 0)
0.05263158 = 0.1 / (1 + 1 × 0.9)
0.035714287 = 0.1 / (1 + 2 × 0.9)
"""
print(_lr)
```

3. exponential decay

观察图 12-1 inverse time decay 会发现，随着 t 越来越大，η 衰减得越来越慢。指数衰减的目的正好相反：随着 t 越来越大，η 衰减得越来越快。学习率衰减公式如下：

$$\eta_t = \eta \times r^{\frac{t}{s}} \tag{12-2}$$

式 (12-2) 中各符号含义同式 (12-1)。易知，每训练 s 步，学习率就会衰减 $1/r$。假设 r 等于 0.9，s 等于 10 000，则表明训练到第 10 000 步时 $\eta_t = 0.9 \times \eta$，训练到 20 000 步时 $\eta_t = 0.9^2 \times \eta$，以此类推，对应的衰减如图 12-2 所示，横坐标是 t，纵坐标是 η。对比图 12-1 可以发现，exponential decay 衰减策略一开始衰减得比较慢，然后会越来越快，大约在第 350 000 步，exponential decay 的学习率会小于 inverse time decay 的学习率。

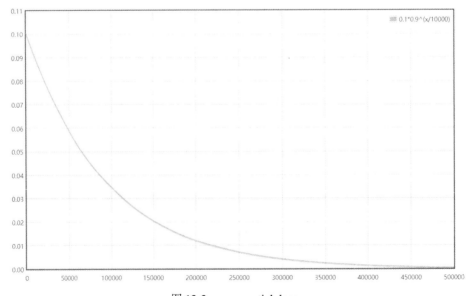

图 12-2　exponential decay

TensorFlow 代码片段如下：

```
_lr = [get_lr(tf.train.exponential_decay(learning_rate,
                                          global_step,
                                          decay_steps,
                                          decay_rate)) for global_step in global_steps]
"""
输出: [0.1, 0.089999996, 0.08099999, 0.07289999]
0.089999996 = 0.1 × 0.9, 计算机精度问题
0.08099999 = 0.1 × 0.9 × 0.9
"""
print(_lr)
```

4. polynomial decay

不管是 inverse time decay 还是 exponential decay，它们都有一个共同点：学习率单调递减。polynomial decay 也基本上呈现这种特点，其学习率衰减公式如下：

$$t = \min(t, s)$$
$$\eta_t = (\eta - \eta_{\min}) \times \left(1 - \frac{t}{s}\right)^p + \eta_{\min} \tag{12-3}$$

式 (12-3) 中各符号含义同式 (12-1)，$\eta_{\min}$ 表示最小学习率（需要人为设置），p 是指数项，易知当 $t > s$ 时，学习率不会再变，恒为 $\eta_{\min}$。但是 polynomial decay 还提供了另外一种衰减策略：整体上学习率呈下降趋势，但是会在一定范围内不断振荡，如式 (12-4) 所示：

$$s = s \times \left\lceil \frac{t}{s} \right\rceil$$
$$\eta_t = (\eta - \eta_{\min}) \times \left(1 - \frac{t}{s}\right)^p + \eta_{\min} \tag{12-4}$$

不同之处在于衰减步长 s 的取值，它不再是定值，当 t 是 s 的整数倍时，s 被置为 t，$\eta_t = \eta_{\min}$；当 t 不是 s 的整数倍时，s 被置为第一个大于 t 且是 s 整数倍的数，$\eta_t > \eta_{\min}$，可见这是一个周期性变化的学习率，它不会保持恒定，也不是单调递减，而是在 $\eta_{\min}$ 和 η 之间不断振荡。假设 p 等于 1.0，s 等于 10 000，$\eta_{\min}$ 等于 0.0001，对应的衰减如图 12-3 所示，横坐标是 t，纵坐标是 η，当 t 是 s 的整数倍时 $\eta = \eta_{\min}$，整体上学习率不断衰减，来回振荡。

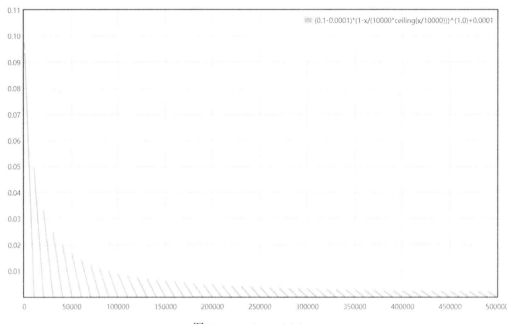

图 12-3 polynomial decay

TensorFlow 代码片段如下：

```
global_steps = [0, 10000, 10001, 20000, 20001]

_lr = [get_lr(tf.train.polynomial_decay(learning_rate,
                                         global_step,
                                         decay_steps,
                                         end_learning_rate=0.0001,
                                         power=1.0,
                                         # cycle=True 则为式 (12-4)，cycle=False 则为式 (12-3)
                                         cycle=True)) for global_step in global_steps]


"""
输出：[0.1, 1e-04, 0.050045006, 1e-04, 0.033396672]
t 是 s 的整数倍时，学习率为最小值 0.0001
"""
print(_lr)
```

5. piecewise constant

这种学习率调整策略比较简单，称为分段常数，顾名思义，在不同的阶段之间逐渐衰减，在阶段内保持恒定。比如，设置 0 到 10 000 步（含，下同）学习率为 0.1，10 001 到 20 000 步学习率为 0.05 等，这种策略在实际应用中使用得并不多，因此不再赘述。

TensorFlow 代码片段如下：

```
global_steps = [0, 10000, 10001, 20000, 20001]
boundaries = [10000, 20000]
values = [0.1, 0.05, 0.025]
_lr = [get_lr(tf.train.piecewise_constant(global_step,
                                           boundaries,
                                           values)) for global_step in global_steps]

"""
输出：[0.1, 0.1, 0.05, 0.05, 0.025]
"""
print(_lr)
```

6. reduce on plateau

最后介绍的这个学习率调整策略不受人为控制，它的工作原理是这样的：选定一个指标（以 AUC 为例），在训练过程中，如果验证集的 AUC 一直涨，那么学习率不变；一旦开始下跌或者下跌的幅度超过某个阈值，学习率开始衰减（可以采用上述任何一种衰减策略，比如exponential decay）。

 如果指标是 loss，则反过来：验证集 loss 不涨，则学习率不变；loss 开始上涨或者上涨的幅度超过某个阈值，学习率开始衰减。

TensorFlow 代码片段如下：

```
import tensorflow as tf
import numpy as np

def reduce_lr_on_plateau(learning_rate,
                         global_step,
                         decay_steps,
                         decay_rate,
                         auc,
                         patient_steps=10000,
                         cooldown_steps=5000,
                         min_delta=1e-4,
                         min_lr=0.0001):
    if not isinstance(learning_rate, tf.Tensor):
        learning_rate = tf.get_variable('learning_rate',
                                        initializer=tf.constant(learning_rate),
                                        trainable=False)

    def exponential_decay(lr):
        return tf.train.exponential_decay(lr,
                                          global_step,
                                          decay_steps,
                                          decay_rate)

    with tf.variable_scope('reduce_lr_on_plateau'):
        step = tf.get_variable('step',
                               trainable=False,
                               initializer=global_step)
```

```
        best = tf.get_variable('best',
                               trainable=False,
                               initializer=tf.constant(0.0, tf.float32))

        def _update_best():
            with tf.control_dependencies([tf.assign(best, auc),
                                          tf.assign(step, global_step)]):
                return tf.identity(learning_rate)

        def _decay():
            with tf.control_dependencies(
                    [tf.assign(best, auc),
                     tf.assign(learning_rate,
                               tf.maximum(exponential_decay(learning_rate),
                                          min_lr)), # 4
                     tf.assign(step, global_step + cooldown_steps)]): # 5
                return tf.identity(learning_rate)

        def _no_op(): return tf.identity(learning_rate)

        met_threshold = tf.greater(auc,
                                   best + min_delta) # 1
        should_decay = tf.greater_equal(global_step - step,
                                        patient_steps) # 2

        return tf.cond(met_threshold,
                       _update_best,
                       lambda: tf.cond(should_decay,
                                       _decay,
                                       _no_op)) # 3
```

有两个参数需要说明。

❑ patient_steps：假设第 N 步指标下跌，那么在第 N + patient_steps 步后再查看一次指标，如果还是下跌，则开始执行学习率调整策略。

❑ cooldown_steps：假设第 M 步执行了学习率调整策略，那么在第 M + cooldown_steps 步后才开始继续监控指标变化（也就是在 cooldown_steps 步内无论指标怎么变化，都不对学习率做任何操作）。

几处注释说明如下。

(1) 注释 # 1 处：判断当前 AUC 是否大于历史最优（best AUC + delta，delta 是一个很小的值）。

(2) 注释 # 2 处：判断是否需要衰减。

(3) 注释 # 3 处

■ 注释 # 1 满足：只更新 best 值和 step 值，学习率保持不变。

■ 注释 # 1 不满足

> ➤ 注释 # 2 满足：执行衰减（_decay）操作。
> ➤ 注释 # 2 不满足：不执行任何操作。

(4) 注释 # 4 处：执行衰减操作，这里选择了 exponential decay。

(5) 注释 # 5 处：设置 step 为当前 global_step + cooldown_steps。

最佳实践：exponential decay 或者 polynomial decay 都是不错的选择。

12.1.2　batch size

batch size 决定了一次训练数据的数量，属于比较好确定的超参数。设置它一般需要在速度和精度间折中：大的 batch size 一般可以更好地利用硬件资源，提高训练速度；小的 batch size 相当于自然引入了噪声，可能会增强泛化性。因此：

❑ 如果算力跟得上，训练时间在可接受的范围内，使用小一点儿的 batch size，32 是一个很好的初始值[1][2][3]；

❑ 否则使用大一点儿的 batch size，提高训练资源利用率，256、512 都是很好的初始值。

最佳实践：batch size 初始设置为 32，如果因此带来的训练时长不可接受，可以调高到 256、512 或者更大，以便更好地利用计算机资源。

Yann LeCun 2018 年 4 月在推特上发过一段推文，引用如下：

Training with large minibatches is bad for your health. More importantly, it's bad for your test error. Friends don't let friends use minibatches larger than 32. Let's face it: the only people have switched to minibatch sizes larger than one since 2012 is because GPUs are inefficient for batch sizes smaller than 32. That's a terrible reason. It just means our hardware sucks.

中心思想是 batch size 不要超过 32，那么为什么还有那么多机器学习任务的 batch size 设置得很大甚至达到了 4K、8K 这样的量级呢？LeCun 表示这是因为当前的硬件条件还不够好，没法很有效地训练 batch size 小于 32 的数据。

12.1.3　epoch

全量数据集遍历一遍称为 epoch。在大规模推荐系统中，由于海量数据的存在，这个超参数一般设置为 1。当然，还有另外一个原因使得这个超参数不用特别关注——早停（early stopping）技术：可以设置一个固定的较大的 epoch（比如 10），然后利用早停技术自动终止训练。

---

[1] Yoshua Bengio. *Practical recommendations for gradient-based training of deep architectures*, 2012.
[2] Dominic Masters, Carlo Luschi. *Revisiting Small Batch Training for Deep Neural Networks*, 2018.
[3] Nitish Shirish Keskar, Dheevatsa Mudigere, Jorge Nocedal, et al. *On Large-Batch Training for Deep Learning: Generalization Gap and Sharp Minima*, 2016.

最佳实践：将 epoch 设置为 1 或者使用 early stopping 自动终止训练。

12.1.4　隐藏层数

隐藏层的个数一般可以设置为 3。当然，要是时间成本允许，可以从 1 层开始慢慢叠加。

最佳实践：全连接层的隐藏层一般设为 3 层即可，隐藏层不包含输入层和输出层。

12.1.5　隐藏节点数

全连接层一般呈塔形，从输入层到输出层的节点个数呈递减趋势。假设输入层维度为 D，则可以将第一层节点数设置为小于 D 的最大 2 的幂次方，每一层的节点数可以设置为上一层的一半。比如输入层的维度为 1000，小于 1000 的最大 2 的幂次方为 512，因此第一层可以设置为 512，第二层设置为 256，第三层设置为 128，输出层设置为 1。

最佳实践：节点个数设置为 2 的整数次方，以更好地利用计算机资源。

12.1.6　激活函数

随着技术的发展，激活函数越来越多，从最早的 sigmoid，到现如今的 elu、selu 等。但是不管怎么说，让所有隐藏层都使用 ReLU 或者 Leaky ReLU 作为初始激活函数，也是不错的选择，而像 elu、selu 等稍微复杂的激活函数会让训练速度减慢，如果训练时间和线上性能不是问题的话，也可以一试。

最佳实践：隐藏层的激活函数初始使用 ReLU / Leaky ReLU 一般不会有太大问题。

12.1.7　权重初始化

对于深度模型中各层参数初始化问题，以下原则基本可以使得初始化不会成为导致模型训练出现问题的主要原因：

❏ 如果激活函数是 tanh，则初始化策略可以选择 Xavier/ Glorot[1]；
❏ 如果激活函数是 ReLU / Leaky ReLU，则初始化策略可以选择 He[2]。

最佳实践：根据不同的激活函数选择不同的初始化策略，引文[3]提供了另外一种参数初始化方法。

---

[1] Xavier Glorot Yoshua Bengio. *Understanding the difficulty of training deep feedforward neural networks*, 2010.
[2] Kaiming He, Xiangyu Zhang, Shaoqing Ren, et al. *Delving Deep into Rectifiers: Surpassing Human-Level Performance on ImageNet Classification*, 2015.
[3] Dmytro Mishkin, Jiri Matas. *All you need is a good init*, 2015.

12.1.8 优化器

常见的优化器（optimizer）有 SGD、Momentum、Ftrl、AdaGrad、Adadelta、Adam、Nadam 等。对于大规模推荐系统来说，特征数据可能会非常稀疏：有的出现频次特别高（比如成熟用户），有的出现频次特别低（比如质量不太高的物品），所以具有学习率自适应的优化器就成为了首选。

考虑到海量数据下的训练，推荐优先尝试 AdaGrad 或者 SGD + Momentum，它们兼顾了速度和精度。如果有足够的时间和资源，可以再尝试 Adam 或者 Nadam 这样更为复杂的优化器。

最佳实践：优先尝试 AdaGrad 或者 SGD + Momentum。

12.1.9 其他实践

- ❑ 尽可能避免从零手写模型：实际应用中优先找到已有的实现，其次考虑从零实现。
- ❑ 尽可能避免随意更改模型结构：公开发表的论文中的模型结构一般是经过作者们精心设计优化的，比如激活函数、损失函数等，如果没有特别的需求，不建议随意修改。
- ❑ 数据 >>> 模型：实际应用中对于效果提升最多的一般来自数据/特征的优化，因此尽可能把优化重心放在数据/特征质量上，模型的优化次之。"数据和特征决定了机器学习的上限，而模型和算法只是逼近这个上限"。
- ❑ 尽可能避免把大量时间用在调参上：模型的好坏取决于数据质量。数据质量高，即使比较粗糙的模型超参数也能取得很好的效果。如果把调参作为工作重点，就有点儿本末倒置的味道。
- ❑ 迁移学习：推荐系统中，对于物品向量建议不要从零开始学习，使用预训练向量来作为初始参数，一般会有很好的效果。关于这部分的内容，第 13 章谈到冷启动问题时再详细介绍。

深度模型的超参数实在太多了，本章中没有提到的还有 batch normalization、dropout（一般设置为 0.3~0.5）等。每个参数的重要性在不同的任务中可能都不一样。超参数的调节一直是深度学习领域的一大痛点，关于这方面的内容，Auto ML 和 Auto Feature 等相关概念和研究值得关注。可能在未来，算法工程师可以不再关心超参数的调节或者特征的抽取了。另外，有些超参数翻译后稍显得不那么直观，比如 batch size 的中文名是批次大小，所以保留了部分超参数的英文名。

12.2 现实数据问题

排序算法最核心的问题是数据问题，从前期的数据采集到后期的数据处理以及到最后生成训练数据，可以说实际应用中算法工程师的绝大部分时间在与数据打交道，因此本节会重点关注一些比较常见的问题。

> 现实世界中的数据远不止本节将要提到的问题，因此平时要养成记录的习惯——记录下
> 出现的问题以及解决方案，这不仅能够避免再次踩坑，同时也是个人的经验沉淀。

12.2.1　类别失衡

类别失衡（class imbalance）指的是数据中某个类别的数量远超其他类别的数量。以点击率预估任务为例，其训练数据一般来自于**曝光和点击**：曝光未点击的数据作为负样本，标签记为 0；曝光点击的数据作为正样本，标签记为 1。在实际应用中，正负样本比例通常会达到 1 比 100 甚至更高，这会造成严重的类别失衡。

一般来说，正样本对于模型是极为珍贵的，因为模型需要通过它识别哪些特征能够区分出正或者负。如果负样本太多，会造成正样本对于模型的贡献不够，导致模型学习不充分。从模型训练的角度来看，假设使用交叉熵作为模型的损失函数，其计算公式如下：

$$\text{loss} = -y\log\hat{y} - (1-y)\log(1-\hat{y}) \tag{12-5}$$

式 (12-5) 中，y 是真实标签，$\hat{y}$ 是预测概率。如果正负样本严重失衡，也就是 $y=1$ 占比很小，则式 (12-5) 中第一项较小，基本上由第二项（$y=0$）占主导，因此只要预测概率 $\hat{y}$ 每次都预测得很小，交叉熵就很小。正样本对模型的贡献几乎可以忽略不计，模型学习不到如何识别正样本，因此需要采取一定的技术解决正负样本失衡问题。

1. 采样

采样是一种比较常见的解决类别失衡问题的技术。按照对正样本还是负样本采样，可以把采样方式分为两种。

(1) 下采样：即减少负样本的数量。比如，原本正负样本比 1 : 100，通过对负样本施加 0.1 倍的下采样率，将正负样本比变为 1 : 10。

(2) 上采样：即增加正样本的数量，最简单的就是按照一定的比例复制正样本。比如，原本正负样本比 1 : 100，通过对正样本施加 10 倍的上采样率，将正负样本比变为 10 : 100。

在实际应用中一般会采用**下采样**的方式，因为在大规模推荐系统中，负样本的数据量过于庞大，很轻易地就达到十亿百亿量级。通过下采样，不仅可以平衡正负样本比，还会大幅缩短训练时间。这里介绍两种常用的下采样方法。

- **随机采样**

这是最简单直接的一种采样方式，随机抽取一定比例的负样本保留下来，其他的丢弃。其优点在于简单、可快速实现，一般想要快速上线时可以使用，也可以作为基线版本，为后续的数据

优化策略提供对照。

- **基于请求采样**

这种采样方式稍微复杂一点儿：在一次用户请求（或者曝光）内部进行采样。图 12-4 描绘了一次用户曝光，一次展示了 6 个物品。

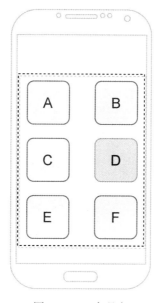

图 12-4　一次曝光

那么会有以下两种情况发生。

(1) 情况一：6 个物品，用户 1 个都没点击，均属于曝光未点击。

(2) 情况二：6 个物品中，用户至少点击了 1 个。

针对情况一，即该请求下没有任何正样本时，则对这 6 条数据进行采样。也有做法是**直接丢弃**这 6 条数据。建议不要直接丢弃，丢弃后线下训练数据的分布与真实数据的分布差异会比较大，实践中按照上述采样方式训练出来的模型，效果一般会好于直接丢弃。

针对情况二，即该请求下至少有 1 个正样本时，则对这 6 条数据不做采样，也就是保留所有负样本。还有一种处理方法是丢弃该请求内**最后一次点击**（或者最后一次点击之后的少数几个样本）之后的样本，因为最后一次点击之后的样本可能用户尚未看见，所以不能把它们放入训练数据中。比如图 12-4 中，用户点击了物品 D，那么训练数据里可以只保留 ABCD 或者 ABCDE。

- **概率校准**

当对数据进行下采样时，会对数据的分布造成一定程度的影响，比如未采样数据的平均点击率为 0.02，进行采样率为 0.1 的下采样后数据的平均点击率变成了 0.2，导致模型的平均预测概率也变成 0.2。如果只关心预测概率的相对大小，而不关心其绝对大小，那么并不需要将概率校准到原来的真实水平，但是假设打分公式是 score $= p_{点击} \times p_{转化} \times$ price，然后按照 score 进行排序，那么不管是点击率还是转化率都要求尽可能准确。接下来介绍一种常用的概率校准方法[1]，以点击率预估为例。

假设数据集中正样本个数为 P，负样本个数为 N，则整体平均真实点击率 CTR 为：

$$\text{CTR} = \frac{P}{P+N} \tag{12-6}$$

如果采样率 $r \in (0,1]$，则负样本个数变为 $r \times N$，那么训练数据的平均点击率 $\widehat{\text{CTR}}$ 为：

$$\widehat{\text{CTR}} = \frac{P}{P + r \times N} \tag{12-7}$$

由于模型拟合的是采样后的数据分布，因此整体预测概率 PCTR 理论上与 $\widehat{\text{CTR}}$ 分布一致，也是一个有偏的概率分布，需要将其修正到真实预测概率 PCTR，也就是与 CTR 分布保持一致。由式 (12-6) 和式 (12-7) 可得：

$$\widehat{\text{CTR}} = \frac{P}{P + r \times N} = \frac{1}{1 + r \times \dfrac{N}{P}} => \frac{N}{P} = \frac{1 - \widehat{\text{CTR}}}{r \times \widehat{\text{CTR}}}$$

$$\text{CTR} = \frac{P}{P+N} = \frac{1}{1 + \dfrac{N}{P}} = \frac{1}{1 + \dfrac{1 - \widehat{\text{CTR}}}{r \times \widehat{\text{CTR}}}} = \frac{r \times \widehat{\text{CTR}}}{1 - (1-r) \times \widehat{\text{CTR}}} \tag{12-8}$$

$\widehat{\text{PCTR}}$ 和 PCTR 也有同样的关系：$\text{PCTR} = \dfrac{r \times \widehat{\text{PCTR}}}{1 - (1-r) \times \widehat{\text{PCTR}}}$。

在训练时，可以使用有偏的 $\widehat{\text{PCTR}}$ 计算 loss 进行梯度更新；预测时，使用校准后的 PCTR 对外提供服务，或者直接使用校准后的 PCTR 计算 loss，那么预测时就不用再校准了。

2. 加权损失

解决类别失衡问题的另外一个常见方案就是修改损失函数，实现加权损失。在深入到加权损失之前，首先介绍两种常用的权重：类别权重和样本权重。

- **类别权重**

类别权重（class weight）是针对标签而言的：不同的标签在损失函数中有不同的损失权重。

---

[1] Xinran He, Junfeng Pan, Ou Jin, et al. *Practical Lessons from Predicting Clicks on Ads at Facebook*, 2014.

一般对类别设置权重遵循的原则是：类别越稀少，权重越高。类别权重的经验设置如下：

$$\begin{aligned} \text{class\_weight}_{\text{positive}} &= \frac{\text{total\_count}}{\text{positive\_count}} \times \frac{1}{2} \\ \text{class\_weight}_{\text{negative}} &= \frac{\text{total\_count}}{\text{negative\_count}} \times \frac{1}{2} \end{aligned} \tag{12-9}$$

式 (12-9) 的目标是把正负样本比变为 $1:1$，实际应用中可能会设置为 $1:5$ 或者 $1:10$ 等其他比例。

● **样本权重**

样本权重（sample weight）是针对样本而言的：不同的样本在损失函数中有不同的损失权重。类别权重与样本权重容易混淆，但它们的区别还是比较明显的：类别权重只跟该样本的标签有关，比如标签为 1 的权重为 10，标签为 0 的权重为 1；样本权重与标签的关联关系没有那么强，标签为 0 的样本权重也可能为 10。比如**基于请求采样**时，就需要设置样本权重：假设某一次请求/曝光产生 6 条数据，其中 1 次发生了点击行为，则该请求下的样本不会被采样，6 个样本的样本权重均为 1，也就是说此请求下标签为 0 的样本权重也是 1。假设另一次请求/曝光也贡献了 6 条训练样本，但是均为曝光未点击的样本，需要施加采样，如果采样率设置为 0.2，则该 6 条训练样本会被下采样为 1 条（0.2×6 向下取整），这 1 个样本的权重为 5（样本权重等于采样率的倒数[①]），此时标签为 0 的样本权重变为了 5。

● **加权损失**

考虑式 (12-5) 所示的交叉熵损失，按照标签拆开后，转化为式 (12-10)：

$$\text{loss} = \begin{cases} -y\log\hat{y}, & y = 1.0 \\ -(1-y)\log(1-\hat{y}), & y = 0.0 \end{cases} \tag{12-10}$$

如果施加类别权重，则式 (12-5) 的 loss 转化为式 (12-11)：

$$\text{loss} = \begin{cases} \text{class\_weight}_{\text{positive}} \times -y\log\hat{y}, & y = 1.0 \\ \text{class\_weight}_{\text{negative}} \times -(1-y)\log(1-\hat{y}), & y = 0.0 \end{cases} \tag{12-11}$$

由式 (12-11) 可以看出，如果正样本预测效果不理想，那么由于权重的存在，损失会被放大，从而达到让模型更关注正例的目的。

如果施加样本权重，则式 (12-5) 的 loss 转化为式 (12-12)：

$$\text{loss} = \begin{cases} \text{sample\_weight} \times -y\log\hat{y}, & y = 1.0 \\ \text{sample\_weight} \times -(1-y)\log(1-\hat{y}), & y = 0.0 \end{cases} \tag{12-12}$$

---

① H. Brendan McMahan, Gary Holt, D. Sculley, et al. *Ad click prediction: a view from the trenches*, 2013.

计算每个样本的 loss 时需要乘以对应的样本权重。

如果同时施加类别和样本权重，则式 (12-5) 的 loss 转化为式 (12-13)：

$$\text{loss} = \begin{cases} \text{class\_weight}_{\text{positive}} \times \text{sample\_weight} \times -y\log\hat{y}, & y = 1.0 \\ \text{class\_weight}_{\text{negative}} \times \text{sample\_weight} \times -(1-y)\log(1-\hat{y}), & y = 0.0 \end{cases} \tag{12-13}$$

同时设置两种权重的情况比较少见。

采样还是加权

到底是使用采样还是加权的方式来解决样本失衡问题呢？实际应用中两种方式都会用，但是在海量数据下，使用采样的方式较多。从预测概率的角度来看，对正样本加权，其实就相对于上采样正样本。如果不关心预测概率的绝对值，那么不管是采样还是加权，都不需要做概率校准；如果关心绝对值，那么就要特别谨慎，概率校准的公式会随着采样或者加权策略的不同而不同。

12.2.2   位置偏差

位置偏差（position bias）指的是用户由于受到物品位置的影响，更倾向于与头部的物品产生交互行为，即使头部的物品质量不高或者并非用户真正感兴趣的。

以图 12-4 为例，假设其中 6 个物品的位置分别为 1-1（表示第一行第一个，下同）、1-2、2-1、2-2、3-1、3-2，这些位置一般称为**坑位**。坑位在排序系统中扮演着绝对核心的角色，一件物品排在第一位和排在第一百位，会直接决定这件物品的生命周期，这也是为什么商家愿意花重金买坑位：越靠前的坑位流量越大，自然也就更加重要。

因此在训练时，需要让模型能够识别位置因素带来的影响，然后在预测时让模型排除位置的影响，完全关注用户对物品本身的兴趣——这就是偏差消除（position debias）技术。这里介绍一点儿简单的处理技巧。

- 训练时：将位置信息作为特征输入模型，比如对 1-1、1-2 等位置信息执行散列操作后做 embedding 处理，当作普通的特征参与模型训练。
- 预测时：此时并没有位置信息，所以比较通用的做法是**把所有待排序物品的位置特征固定为第一个坑位**（在这里为 1-1）进行预测，因此得到的概率可以理解为：如果所有物品都展示在第一个坑位，用户对物品的感兴趣程度是多少。借此达到消除位置信息对模型影响的目的。

debias 还有很多其他的验证[1][2]和解决方案[3][4]，本节介绍的处理手段简单易懂，最重要的是很容易实现，适用于快速上线。

12.2.3　海量数据下的调参

调参旨在得到一组让模型表现良好的超参数。当数据量非常大时，模型调参的成本非常高，尤其是时间成本和计算资源成本。针对时间成本，假设训练环境为单机 TensorFlow，训练数据跨度为 30 天，每天 1 亿条数据，共 30 亿条。训练时设置 batch size 为 1024，每秒训练 50 个 batch，那么训练一个 epoch 大概需要 16 个小时。当然，选择 early stopping 技术可能会让训练时间有所缩短，但是总的来说按照这样的时间估算，离线训练一次成本太高了，如果多调几组参数，多加几个 epoch，训练时间会更久。

为了降低时间成本，快速进行离线实验，可以采取这种手段：**在不破坏数据分布的情况下，对数据进行采样**。具体步骤为：

(1) 对每天的全量训练数据进行随机采样，不区分标签；
(2) 在采样后的数据上进行调参实验；
(3) 得到若干组超参数后，可以在原始的全量数据上进行精调。

总的来说，通过数据采样快速得到几组超参数，然后从中找到最佳超参数，如果更激进一点儿，直接用基于采样数据的最佳超参数上线实验。这里的采样只是针对训练数据，为了不破坏数据的分布，最好不要整体采样，而是在某个时间单位（比如天）内采样，最后将多个时间单位内的数据融合在一起。

按照上述处理逻辑，再来估计一下训练时间：以 0.05 的采样率进行采样，则训练时间由一个 epoch 需要 16 个小时，缩短为 $16 \times 0.05 = 0.8$ 个小时，大大降低了时间成本，提高了迭代效率。因此在平时的建模过程中，如果数据量很大并且需要快速确定一组不错的超参数，建议使用这种方式进行离线训练。

降低离线训练时间成本最直接的方式是增加计算资源，比如由单机训练变为分布式训练。但是不管采用哪种方式，都可以通过训练采样数据来进行调参。

① Andrew Collins, Dominika Tkaczyk, Akiko Aizawa, et al. *A Study of Position Bias in Digital Library Recommender Systems*, 2018.
② Kristina Lerman, Tad Hogg. *Leveraging position bias to improve peer recommendation*, 2014.
③ John Moore, Joel Pfeiffer, Kai Wei, et al. *Modeling and Simultaneously Removing Bias via Adversarial Neural Networks*, 2018.
④ Huifeng Guo, Jinkai Yu, Qing Liu, et al. *PAL: a position-bias aware learning framework for CTR prediction in live recommender systems*, 2019.

12.2.4　其他实践

- 洞察数据：这一点很容易被忽略，实际应用中由于处理数据的是一部分人，算法工程师是另一部分人，很容易造成后者不了解数据逻辑，只专注于调参。因此作为算法工程师，必须对数据中的每一个字段的含义、来源、处理逻辑等了如指掌，甚至比埋点开发人员更了解埋点。
- 数据的处理一定要契合业务：从来都是先数据后模型。数据不是为模型服务的，而是为业务服务的。
- 特征数据一致性：线上的数据与线下的数据一定要保持一致，比如线下数据里的网络类型（network）取值是 2G、3G、4G 等，线上服务传过来的却是 1、2、3。

注意

数据处理并没有好坏之分，只有合不合适，一切都要看具体的线上业务指标表现。

数据处理的很多小技巧与具体业务有关，本章很难完全涵盖。技术在发展，数据处理手法也在不断发展。对于本章提到的所有最佳实践，可能待到本书出版时已经失效，被新的实践代替了。

12.3　总结

- 深度学习的一大特点是超参数多，如果每一个都去调节，会耗费大量的精力和时间，一般按照参数优先级进行调节。
- 在所有超参数之中，学习率是最重要的一个，初始值可以在 0.01 到 1.0 之间，一般选择逐渐降低的学习率调整策略。
- 避免将工作重点放在超参数调节上——"差不多就可以了"。最明显的效果提升来自于数据和特征的优化。
- 大规模推荐系统基本都会有正负样本失衡的问题，一般会使用负样本采样和加权损失的方式来解决。如果需要保证预测概率的绝对准确，还需要进行概率校准。
- 数据处理的技巧随着业务和算法类型的不同而不同，一个比较好的习惯是经常阅读业界经典的文献，尤其是谷歌、Meta 以及阿里巴巴有关推荐算法/数据的论文。

第三部分

工程实践

最后一部分我们将目光转移到工程实践上来，探索推荐系统中冷启动问题的解决方案、提高建模效率的常用措施，包括缩短模型训练时间以及提高编码效率等。

第 13 章探讨推荐系统中不可避免的冷启动问题（不管是用户冷启动还是物品冷启动），并尝试给出一些建议。第 14 章关注如何提高模型的更新频率，在大规模推荐系统中这个问题显得尤为重要。如果单机环境的训练依然无法满足生产的需要，第 15 章会详细介绍分布式训练的相关内容，包括单机代码移植以及实际应用中可以落地的分布式训练框架等。第 16 章从代码编写的角度来提高建模效率，会设计一个简单的框架来完成模型的快速编码实现。

第13章

冷启动问题

算法的落地依赖数据，尤其是在大规模推荐系统中，用户行为产生的数据对于建模来说至关重要。不管是协同过滤、双塔等召回模型，还是 Wide & Deep、DIN 等排序模型，无一不对数据有一定的需求。以 DIN 为例，它需要用户的历史行为序列特征，也就是说如果是纯新用户，那么该模型的作用可能会大打折扣。

以全球最大的视频网站 YouTube 为例，当用户处于登录状态时，如图 13-1 所示的 YouTube 首页推荐，会按照用户历史行为（这里主要是游戏和搞笑视频）推荐相关视频，从中可以看出游戏和搞笑视频占据了 50% 的坑位，而且页面左下角显示了用户的**订阅内容**。

图 13-1　YouTube 个性化推荐

当用户退出登录，变成一位访客开始浏览网站时，YouTube 首页推荐的变化如图 13-2 所示。页面上出现了**时下流行板块**，且会占据首页大部分的坑位，这些视频的播放量都比较大，但是内容与用户历史行为的关系并不是很大。不过从推荐结果中包含一定的中文视频可以推断出，它应该使用了用户当前的 IP 地址以及语言信息。同时可以发现左下角的标签从订阅内容换成了 **YOUTUBE 精选**，"巧合"的是精选中的类别与时下流行中的内容类别存在明显关联（音乐、体育、游戏、新闻和直播）。

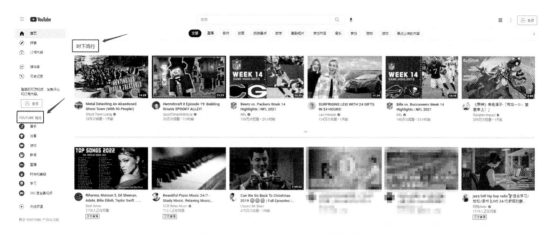

图 13-2　YouTube 非个性化推荐

通过上述案例，可以或多或少地了解 YouTube 首页对于新用户采用的推荐策略之一：热门推荐（时下流行），不依赖任何用户历史信息即可做出推荐。同样，对于新物品而言，也会存在同样的问题：由于新物品从未出现在训练数据中，模型对它的预测效果一般也难以控制。对于**新用户**或者**新物品**推荐难的问题，统称为冷启动问题。

13.1　冷启动概述

推荐系统是一门在海量物品中尽可能找到用户感兴趣的物品的技术。因此，当用户信息或者物品信息都比较匮乏时，推荐系统找不到用户和物品之间的"连接关系"，从而导致没法做出很好的推荐——这就是著名的冷启动问题。引用维基百科中关于冷启动的定义：

> Cold start is a potential problem in computer-based information systems which involves a degree of automated data modeling. Specifically, it concerns the issue that the system cannot draw any inferences for users or items about which it has not yet gathered sufficient information.

定义的中心思想是推荐系统对于新用户或者新物品了解得还不够多，没有办法掌握新用户的喜好，所以不能很好地为这类用户提供高质量的推荐服务。同理，推荐系统对新物品也几乎一无所知，比如对新物品的销量、点击率、转化率等信息知之甚少，没法判断物品质量是好是坏，因此对于这些物品的推荐也很容易出现问题。

以协同过滤算法为例，协同过滤需要用户有历史行为，同时也需要物品被用户消费过，因此不管是计算用户与用户之间的相似度，还是计算物品与物品之间的相似度，该算法在新用户或者新物品上都没法做出任何推荐，算法失效。同样的问题也发生在关联规则和 Word2Vec 中，几乎所有算法（包括深度学习算法）在冷启动问题上都显得捉襟见肘，因为算法依赖数据，对于从未出现过的用户或者物品，如果不施加一定的人工策略，很难有较好的收益。

推荐系统中的长尾效应特别明显（如图 13-3 所示）：少数头部物品贡献了大半部分的流行度（曝光率/点击率等），但是即使如此，长尾物品对于整体的贡献也不可忽视。特别地，一旦对长尾物品处理得不好，会造成很强的马太效应（强者愈强，弱者愈弱：越热门的物品越受人欢迎，越冷门的物品越无人问津），导致推荐系统越推荐越窄，内容流动性越来越差，用户看到的物品越来越局限，最终可能会导致推荐系统丧失作用。

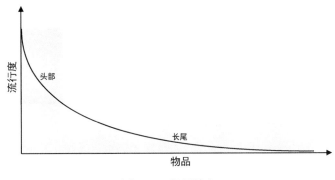

图 13-3　长尾效应

冷启动问题一般可以分成三类。

(1) 用户冷启动：即新的或者行为很少的用户到来时，推荐系统如何向他做推荐。

(2) 物品冷启动：即新的或者曝光很少的物品出现时，推荐系统如何将它推出去。

(3) 系统冷启动：没有任何用户数据时，推荐系统如何运作。

冷启动问题至关重要，它是每个推荐系统都必须考虑和面对的问题，缓解冷启动问题的技术一直在演进之中。接下来介绍生产中常用的一些冷启动解决方案，可以作为实际应用中的参考。

13.2　用户冷启动

首先要明确一个问题：冷启动用户的定义是什么。一般来说，对于冷启动用户的定义要根据具体的业务来确定。以电商领域为例，对于冷启动用户，有的定义为从未购买过的用户，有的定义为从未点击过或者点击次数小于一定阈值的用户，又或者是进入推荐系统不足一段时间的用户等。在确定了冷启动用户的定义之后，虽然对于这些用户的历史行为信息知之甚少，但是依然可以通过其他信息来为用户做粗粒度的准个性化推荐。

13.2.1　热门排行榜

热门排行榜是缓解用户冷启动问题最简单直接的策略之一：对于一个未知用户，向他展示热度较高的物品大概率不会招致反感。最简单的热门排行榜的逻辑如下。

(1) 直接计算所有物品在最近一段时间内某个维度的统计值, 按照降序排列取 Top N, 存储到数据库/内存中。

维度: 根据领域的不同, 维度也会不一样, 比如电商中的销量、加购 UV、收藏 UV、点击 UV 等。

(2) 当用户进入推荐系统, 只要判断他是冷启动用户, 就将 N 个物品作为候选物品送入推荐池。

不过这种策略的缺点也很明显, 如果时间范围取得过大, 则可能会造成 Top N 物品很长一段时间内都不会发生变化, 同时, 如果维度只选择一种 (比如只按照销量排序), 则也可能会造成同样的问题。一旦冷启动用户若干次看到同样的结果, 就可能会对推荐结果感到厌倦, 这很大程度上会造成冷启动用户流失。

为了解决以上两个问题——物品统计维度单一和物品流动性不够 (指 Top N 物品可能很长一段时间内不会发生变化) ——需要引入多个维度。以电商推荐为例, 假设所有物品统计维度如表 13-1 所示, 当然这里只列举了常用的一些维度, 实际应用中可以根据自身的业务需求添加不同的统计维度。可以看出, 综合考虑这 9 个维度可以解决 **1) 物品统计维度单一**的问题, 上架时长的加入可以解决 **2) 物品流动性不够**的问题。

表 13-1 物品统计维度

编　号	物品统计维度	说　明
1	销量	过去一段时间内的销量
2	加购 UV	过去一段时间内的加购人数
3	收藏 UV	过去一段时间内的收藏人数
4	点击 UV	过去一段时间内的点击人数
5	评论数	过去一段时间内的评论数
6	转化率	过去一段时间内的转化率
7	点击率	过去一段时间内的点击率
8	好评率	过去一段时间内的好评率
9	上架天数	上架时间到当前时间的天数

使用上述 9 个维度的数据来对每个物品打分, 再根据打分取 Top N 的物品, 假设所用打分公式如下:

$$\begin{aligned} \text{score}_{物品} = {}& w_{销量} \times 销量 + w_{加购UV} \times 加购UV + w_{收藏UV} \times 收藏UV + w_{点击UV} \times 点击UV \\ & + w_{评论数} \times 评论数 + w_{转化率} \times 转化率 + w_{点击率} \times 点击率 + w_{好评率} \times 好评率 \\ & + w_{上架时长} \times 上架时长 \end{aligned} \tag{13-1}$$

式 (13-1) 中, w 表示维度的权重, 可以根据具体业务中维度的重要程度设置。不过显然式 (13-1) 存在一个重要问题: 各维度的取值范围不一致, 需要做归一化。归一化的方式有许多种, 这里采用分桶的方式:

(1) 假设维度数据为 x，统计其 n 个分位数，得到 $n-1$ 个区间；

(2) 将 x 分段，根据具体的数值映射到其中一个区间 i 上（ $i \in [0, n-1]$ ）；

(3) 得到归一化后的维度数据 $\tilde{x} = \dfrac{i}{n-1}$ ，将 $\tilde{x}$ 带入式 (13-1) 中参与打分计算。

上述归一化方式不适用于上架天数，设置这一维度，是为了让新品有机会被推出来（提高物品流动性）。以下是处理这个维度的方式之一（假设业务定义上架 7 天后的物品为老品）：

$$
归一化_{上架时长} =
\begin{cases}
1 - \dfrac{上架天数}{7}, & \text{如果上架天数} < 7 \\
0, & \text{其他}
\end{cases}
$$

完成所有维度归一化后，将归一化后的值加权求和就可以得到最终每个物品的打分。

综合多维度排序的方式一般来说效果还是不错的，简单且易实现，且可解释性很好，实际应用中可以将这种方式作为基线对照组，与后续的迭代策略进行比对。

13.2.2　上下文信息

即使是新用户，当其访问推荐系统时，也必定会携带一定的信息。如表 13-2 所示，表中仅列出了部分字段，这些信息均是访问网站/App 时必带的信息。借助这些上下文信息，依然可以为冷启动用户做不错的推荐。

表 13-2　物品统计维度

信　息	说　明
geoIP	地理位置 IP：若用户关闭 GPS，则该字段为空
device	设备类型：手机/平板电脑/PC 等
os	操作系统：iOS/Android/Windows 等
browser	浏览器：Chrome/Safari/IE 等
timestamp	当前访问的时间
url	当前访问的页面
...	其他信息

1. 细粒度排行榜

热门排行榜不一定需要从全局数据中统计得到，比如根据 url 可以得到当前用户访问的页面地址，向该用户推荐该页面下的热门排行榜。同理，可以将一天的时间划分为若干个区间，然后统计每个区间内的排行榜，根据 timestamp 推荐对应时间区间内的排行榜。尤其是 geoIP 这个信息，非常有用，根据 geoIP 可以得到用户所在地域（省、市、区、街道等），由于同一个地理区域的人消费习惯比较相似，因此可以在该地域内统计排行榜。当然，可以处理得更加精细，考虑更多的字段限制，比如同时参考 geoIP 和 timestamp，也就是向用户推荐当前区域某个时间段的排行榜。以上所有做法的目的是尽可能让推荐结果具有一定程度的个性化。

2. 深度学习

观察表 13-2，如果将这些信息通过深度学习的方式编码为用户 embedding，那么就可以与物品 embedding 结合得到 Top N 推荐。这种做法与双塔召回异曲同工。特别地，由于用户信息较少，可以将物品池缩小为一些热门物品（比如所有品类内排名 Top 20% 的物品）的集合，这样既可以保证推荐物品与冷启动用户信息具有相关性，又可以保证物品质量。

13.2.3 其他策略

还有一些常用的策略，简单介绍如下。

❑ 显示用户偏好：在新用户第一次进入网站/App 时，让用户选择感兴趣的类别，比如数码产品、游戏之类的，然后利用用户选择的具体类别去做推荐。这种方式带有一定的强迫性，可能会引起用户反感从而造成用户流失。

❑ 其他业务数据：可能用户在本业务线是新用户，但在其他业务线已经是很成熟的用户了。比如同一个企业已经有了产品 A，现在拓展业务诞生了产品 B，那么 B 就可以使用 A 的数据作为冷启动问题的解决方案。当然，这种策略不仅仅适用于用户冷启动，同样适用于物品冷启动以及系统冷启动。

❑ 外站信息：有些企业之间会共享数据，比如用户在企业 A 网站/App 上的行为，企业 B 可以拿到，从而可以有效解决企业 B 的用户冷启动问题，尤其是当企业 A 的用户基数特别大、用户行为特别丰富时，这种优势就更为明显了。

用户识别

用户识别是一个特别重要的方面，不容忽视。如今用户接入推荐系统的方式多种多样：手机、平板电脑、PC 等。每种接入终端都有相应的设备 id：iOS 系统对应的 IDFA、Android 系统对应的 Android id、浏览器对应的 cookie id 等。当然，如果用户在网站/App 上注册登录，还会存在会员号（member id）。也就是说，同一个用户可能会存在三四个 id，如果不能很好地将这些 id 识别关联起来，很可能会造成同一个用户使用手机访问时被识别为成熟用户，使用 PC 访问时又被识别成了冷启动用户。因此在实际应用中，一般会维护一个统一的逻辑 id（与业务无关），其他 id 均映射到这个 id 上，后续的所有处理均通过此逻辑 id 进行。

13.3　物品冷启动

与用户冷启动类似，第一步也需要确定冷启动物品的定义，明确了定义之后，再开始考虑物品冷启动的解决方案。由于冷启动物品的用户反馈信息较少，无法甄别孰优孰劣，因此物品冷启动问题更多依靠人工干预和物品本身的属性来做推荐。比如电商平台中的物品信息一般包括标题、类目、品牌、颜色、适用年龄等，内容推荐平台中的物品一般有标题、分类、题材、导演、主演等，根据这些信息，一般可以大大缓解物品冷启动问题。

> 冷启动物品的定义一般也依赖具体的业务定义，比如有的业务定义冷启动物品为上架 3 天内的物品（根据时间），有的定义为点击或者购买次数不超过 3 的物品（根据人数）等。

13.3.1　基于内容的过滤

基于内容的过滤（content-based filtering）是一种根据物品特征属性的相似性而做出推荐的技术，可以看出其核心在于计算物品相似度。由于线上服务方式与 Item-Based CF 完全一样，因此本节只关注如何根据物品属性计算相似度。

1. Jaccard 系数

Jaccard 系数又称 Jaccard 相似度，用于计算候选集的相似程度，定义为 A 和 B 交集大小与并集大小的比值，计算公式如下：

$$J(A,B) = \frac{|A \cap B|}{|A \cup B|} = \frac{|A \cap B|}{|A| + |B| - |A \cap B|} \tag{13-1}$$

假设 A 和 B 分别是两件衣服，A 的属性为 [品类：长裙，颜色：红，价格：高，季节：夏]，B 的属性为 [品类：短裙，颜色：红，价格：高]。按照式 (13-1) 可以得到：$|A| = 4$，$|B| = 3$，$|A \cap B| = 2$，因此 $J(A,B) = 2/5$。

Jaccard 系数的计算方式简单，不过每个特征非 0 即 1。如果想要更细粒度地区分出特征重要性，tf-idf 是一个不错的工具。

2. tf-idf

tf-idf（term frequency-inverse document frequency）在信息检索和文本挖掘领域经常使用，原本用来衡量文档中词的重要性，在推荐系统中如果把物品映射为文档，把物品属性映射为词，则可以使用词的 tf-idf 来计算物品属性的重要性。tf-idf 认为：某个词在某篇文档中的出现频率越高，且在其他文档中的出现频率不高，那么该词与该文档就越相关——这种思想通过 tf 和 idf 实现。

- tf 表示词频，即该词在该文档中出现的次数。由于文档长短不同，为了使得不同文档之间可以相互比较，需要将 tf 归一化。
- idf 表示逆文档频率，即总文档数与包含该词的文档数的比值，比值越大，说明该词越具有区分性。

词在文档中的 tf-idf 计算公式（一般在计算 tf-idf 时，需要去除一些意义不大的词，称为 stop word，比如语气词、助词等）如下所示：

$$\text{tf} = \frac{\text{该词在该文档中的出现次数}}{\text{该文档中的单词总数}}$$

$$\text{idf} = \log\left(\frac{\text{文档总数}}{\text{包含该词的文档数} + 1}\right) \tag{13-2}$$

$$\text{tf-idf} = \text{tf} \times \text{idf}$$

依然以 A 和 B 两件衣服为例，假设总衣服件数为 10，各属性在所有衣服中出现的次数如表 13-3 所示。

表 13-3　属性统计

品　　类	颜　　色	价　　格	季　　节
长裙：3	红：4	高：3	夏：4
短裙：7	红：4	高：3	/

对于 A，各属性的 tf-idf 如下所示：

$$\text{tf-idf}_{\text{长裙}} = \text{tf}_{\text{长裙}} \times \text{idf}_{\text{长裙}} = \frac{1}{1} \times \ln\left(\frac{10}{3+1}\right) \approx 0.916$$

$$\text{tf-idf}_{\text{红}} = \text{tf}_{\text{红}} \times \text{idf}_{\text{红}} = \frac{1}{1} \times \ln\left(\frac{10}{4+1}\right) \approx 0.693$$

$$\text{tf-idf}_{\text{高}} = \text{tf}_{\text{高}} \times \text{idf}_{\text{高}} = \frac{1}{1} \times \ln\left(\frac{10}{3+1}\right) \approx 0.916$$

$$\text{tf-idf}_{\text{夏}} = \text{tf}_{\text{夏}} \times \text{idf}_{\text{夏}} = \frac{1}{1} \times \ln\left(\frac{10}{4+1}\right) \approx 0.693$$

对于 B，各属性的 tf-idf 如下所示：

$$\text{tf-idf}_{\text{短裙}} = \text{tf}_{\text{短裙}} \times \text{idf}_{\text{短裙}} = \frac{1}{1} \times \ln\left(\frac{10}{7+1}\right) \approx 0.223$$

$$\text{tf-idf}_{\text{红}} = \text{tf}_{\text{红}} \times \text{idf}_{\text{红}} = \frac{1}{1} \times \ln\left(\frac{10}{4+1}\right) \approx 0.693$$

$$\text{tf-idf}_{\text{高}} = \text{tf}_{\text{高}} \times \text{idf}_{\text{高}} = \frac{1}{1} \times \ln\left(\frac{10}{3+1}\right) \approx 0.916$$

根据上述结果可以将 A 和 B 用向量表示：A 表示为 [长裙：0.916，红：0.693，高：0.916，夏：0.693]，B 表示为 [短裙：0.223，红：0.693，高：0.916]。A 和 B 的交集有颜色和价格，因此计算 A 和 B 的余弦相似度如下：

$$
\begin{aligned}
\text{sim}(A, B) &= \frac{\text{tf-idf}_{A:红} \times \text{tf-idf}_{B:红} + \text{tf-idf}_{A:高} \times \text{tf-idf}_{B:高}}{|A||B|} \\
&= \frac{0.693 \times 0.693 + 0.916 \times 0.916}{\sqrt{0.916^2 + 0.693^2 + 0.916^2 + 0.693^2} \times \sqrt{0.223^2 + 0.693^2 + 0.916^2}} \\
&\approx 0.694
\end{aligned}
$$

可以看到，tf-idf 本质上是将物品表征为向量，优点是增强了物品的信息表达能力，缺点同样明显：只考虑词频，没有考虑词的位置、语义等。如果想要利用词的更深层次的信息，则需要借助 Word2Vec 或者深度学习模型得到物品 embedding。

3. 预训练模型

大学时代可以掌握高数，是因为中学时代学习了函数、几何等，而这又是因为小学时代理解了加减乘除等。这也很符合人类学习的规律——循序渐进，由易及难——预训练模型的道理正是如此。

当一个物品还处在冷启动阶段时，它的自身属性可以分为两类：1) 标题、描述、属性等属于文本信息；2) 缩略图、封面图等属于图像信息。这些信息称为物品元数据。因此借助于现如今已经非常成熟的 NLP 和 CV 算法技术，可以生成包括冷启动物品在内的所有物品 embedding，具体步骤如下：

(1) 假设已有 NLP 或者 CV 模型 M，模型的输入为物品元数据信息，输出为物品 embedding；
(2) 所有物品经过模型 M，得到物品预训练 embedding；
(3) 将此物品预训练 embedding 提供给下游业务使用。

上述步骤中，模型 M 被称为预训练（pretrain）模型，这种预训练 + 微调的训练方式在如今的推荐系统中非常常见[①]，也几乎成了生产中建模流程的标准操作。比如模型 M 专注于学习物品的相似性，这样下游使用模型 M 的产出时，就已经有了很丰富的物品信息，可以极大地提升自身的模型效果。

---

① 基于语义的预训练模型可以参考 eBay 的 Sequence-Semantic-Embedding（GitHub），基于图像的预训练模型有 ResNet、Inception 和 Xception 等。在实际应用中，一般预训练模型由 A 团队产出，然后 B 团队基于此做后续的微调。

迁移学习

迁移学习（transfer learning），顾名思义，就是把预训练模型的参数迁移到新的模型上来，帮助新模型训练，加快新模型收敛。在推荐系统中，最常见的应用场景是：使用预训练模型得到物品 embedding，再将这份物品 embedding 作为点击率/转化率预估等任务的模型初始参数。更为重要的是，预训练模型可以使得召回、排序等几乎所有模型都受益无穷，因此在实际生产中，预训练模型的迭代和优化也是日常开发的一项重要工作。

第 14 章将会简单介绍如何使用 TensorFlow 实现迁移学习。

13.3.2 推荐策略

由于并非所有物品都有详细的信息，比如用户上传一个短视频时，不填写任何标题、类型、描述等信息，而大部分短视频可能是这种情况，因此除了使用物品信息外，还需要考虑通过人为干预的方式将冷启动物品推出来。

1. 独立场景

独立场景指的是，在网站/App 内设置独立的页面或者频道，其中的内容均是近期上架的新品，比如图 13-4 是京东首页的**新品首发**板块。

图 13-4 京东的"新品首发"

类似的处理手段也出现在 YouTube 视频推荐系统中。如图 13-5 所示是 YouTube 的首页标签，其中就有一个**最近上传**的内容标签，也是旨在让新品有机会被推出来。

图 13-5 YouTube 新内容

2. 多路召回

由于推荐系统需要考虑的业务因素太多，比如上架 7 天以内的物品必须超过 3%，上架 30 天以内的物品必须超过 20%，活动物品当天必须满足曝光 10 000 人次等，因此多路召回便是召回阶段使用最多的召回方式之一。一般实际应用中的多路召回来自于业务规则和算法模型两个方面，如图 13-6 所示。

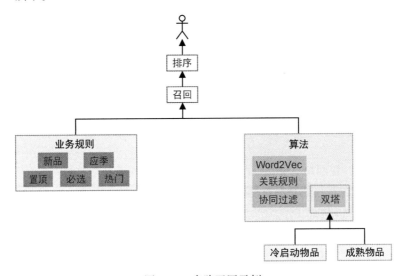

图 13-6 多路召回示例

图 13-6 展示了电商推荐系统中常见的一种多路召回方案，业务规则召回包括如下内容。

- 新品：比如定义上架 7 天以内的物品为新品。
- 应季：当季的物品，比如夏季的风扇、遮阳帽等。
- 置顶：一些业务设置置顶的物品。
- 必选：必须出现在召回池中的物品，比如苹果新品发布会当天，推荐系统中必须出现新品。
- 热门：近期销量高/点击量高/加购量高/收藏量高的物品。

算法召回则包括如下内容。

- Word2Vec、关联规则和协同过滤：根据算法计算出物品相似度，利用用户历史行为寻找相似物品进行召回。
- 双塔：深度学习双塔召回，根据用户向量，从冷启动物品池和成熟物品池中分别召回。

每路召回的个数可以按照具体的业务来确定。当然，也可以通过 A/B 测试来确定：效果好的召回可以适当增加召回数量。

3. 多层流量池

多层流量池指的是将流量池按照流量大小划分为多个层级，通过如下步骤解决物品冷启动问题：

(1) 先将冷启动物品推送给第一层流量池（也是流量最小的流量池）；
(2) 评估该流量池中所有冷启动物品的业务指标（比如点击率、停留时长等）；
(3) 将达到预期（比如满足某种业务标准或者阈值）的冷启动物品送入下一层流量池；
(4) 重复第 (2) 步，直到冷启动物品不再满足冷启动定义而变为成熟物品为止。

图 13-7 描述了多层流量池的运转机制，冷启动物品进入流量大小为 10 000 的第一层流量池，经过一段时间的实验之后，根据 A/B 指标筛选出符合条件的物品，进入流量大小为 100 000 的第二层流量池，一旦通过第二层流量池筛选出的物品不再是冷启动物品，那么后续不需要再通过物品冷启动机制进行干预。

图 13-7 多层流量池示例

可以看出，多层流量池机制中循序渐进地增大流量的方式不会对整体系统产生很大的影响，而且逐层筛选的方式能够保证优质冷启动物品尽早地获得流量。同时，这种机制也带有一定的探索（exploit）：将冷启动物品随机推荐给一定的流量具有一定的试探性（实际应用中，并非完全随机推荐，而是优先选择行为比较丰富的成熟用户，一般认为这种用户更容易接纳新鲜事物），而试探性也正是**系统冷启动**解决方案的一个重要因素。

13.4 系统冷启动

系统冷启动指的是推荐系统新上线，没有任何历史用户时面临的问题。这几乎是在推荐算法开发过程中会遇到的最棘手的问题了：由于没有任何历史数据，上述介绍的策略、算法几乎都失去了作用，但是除了完全随机推荐之外，还有更好的策略：一种**更好的随机**——multi-armed bandit[①②③]。

　　multi-armed bandit 可翻译为多臂机。如图 13-8 所示，机器上有多个摇臂，每拉动一次摇臂会产生两种结果之一：成功出金币或者失败无所获。由于每个摇臂成功的概率分布不同，所以需要不断地尝试多个摇臂，来获取概率分布，从而让后续的产出价值最大化。多臂机本身属于强化学习的范畴，具体到推荐系统中，一开始随机向用户推荐某些物品，然后根据用户的行为反馈逐渐修正推荐结果来使得收益最大化。在拉动摇臂时，会有两种选择：1) 拉动当前成功概率最高的摇臂；2) 拉动其他成功概率可能更高或者更低的摇臂。第一种选择称为 exploration（利用），第二种选择称为 exploitation（探索），这也是推荐系统中著名的 E&E 问题：固守现状还是勇敢向前。多臂机尝试在 E 和 E 之间折中（trade-off）。

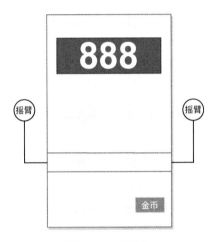

图 13-8　多臂机

　　常见的 bandit 算法包括 Thompson sampling、upper confidence bound 以及 epsilon-greedy 等。本节以 epsilon-greedy 为例，简单描述多臂机的运行原理。epsilon-greedy 属于一种贪心算法，每次选择摇臂时，遵循如下规则：

$$\text{拉动的摇臂} = \begin{cases} \text{当前收益最高的摇臂,} & \text{概率} = 1-\epsilon \\ \text{随机摇臂,} & \text{概率} = \epsilon \end{cases} \tag{13-3}$$

　　收益或者回报以 reward 表示，ϵ 为人为设定的随机选择概率，假设 ϵ 为 0.1，则有 0.9 的概率继续拉动当前收益最高的摇臂（exploration），有 0.1 的概率随机选择摇臂（exploitation）。

① Aleksandrs Slivkins. *Introduction to Multi-Armed Bandits*, 2019.
② Sébastien Bubeck, Nicolò Cesa-Bianchi. *Regret Analysis of Stochastic and Nonstochastic Multi-armed Bandit Problems*, 2012.
③ Steven L. Scott. *Multi-armed bandit experiments in the online service economy*, 2014.

基于式 (13-3)，做一个简单的实验：对比 epsilon-greedy 与 random（每次都随机摇臂）。实验设置如下。

- ϵ：0.1，即以 0.9 的概率选择当前最优摇臂。
- 摇臂个数：5，每个摇臂成功与否分别服从参数为 $p_i, i \in [0,1,2,3,4]$ 的伯努利分布。
- 拉动摇臂次数：50 000。

按照上述参数，完整代码如下：

```python
# -*- coding: utf-8 -*-
import numpy as np

np.random.seed(987654321)


class Bernoulli:
    @staticmethod
    def soft_max(z):
        ez = np.exp(z)
        dist = ez / np.sum(ez)
        return dist

    def __init__(self, num):
        self._num = num
        self._bernoulli_p = self.soft_max([i for i in range(self._num)])

    def draw(self, arm):
        p = self._bernoulli_p[arm]
        return 0.0 if np.random.random() > p else 1.0


class MAB:
    def __init__(self, arm_num):
        self._arm_num = arm_num
        self._bernoulli_arm = Bernoulli(self._arm_num)

    def _random_arm(self):
        return np.random.choice(self._arm_num)


class Random(MAB):
    def __init__(self, arm_num):
        super().__init__(arm_num)

    def _select(self):
        return self._random_arm()

    def get_reward(self, pull_num):
        rewards = []
        for i in range(pull_num):
            chosen_arm = self._select()
            chosen_arm_reward = self._bernoulli_arm.draw(chosen_arm)
```

```
            rewards.append(chosen_arm_reward)
        return np.cumsum(rewards) / (1 + np.arange(pull_num))


class EpsilonGreedy(MAB):
    def __init__(self, epsilon, arm_num):
        super().__init__(arm_num)
        self._epsilon = epsilon
        self._counts = np.zeros(self._arm_num)
        self._mean_rewards = np.zeros(self._arm_num)

    def _best_arm(self):
        return np.argmax(self._mean_rewards)

    def _select(self):
        rand = np.random.random()
        return self._best_arm() if rand > self._epsilon else self._random_arm()

    def _update(self, arm, reward):
        arm_counts = self._counts[arm]
        arm_mean_reward = self._mean_rewards[arm]
        cumulative_arm_reward = arm_counts * arm_mean_reward

        updated_cumulative_arm_reward = cumulative_arm_reward + reward
        updated_arm_counts = arm_counts + 1
        updated_arm_mean_reward = updated_cumulative_arm_reward / updated_arm_counts
        self._counts[arm] = updated_arm_counts
        self._mean_rewards[arm] = updated_arm_mean_reward

    def get_reward(self, pull_num):
        rewards = []
        for i in range(pull_num):
            chosen_arm = self._select()
            chosen_arm_reward = self._bernoulli_arm.draw(chosen_arm)
            self._update(chosen_arm, chosen_arm_reward)
            rewards.append(chosen_arm_reward)

        return np.cumsum(rewards) / np.arange(1, pull_num + 1)


if __name__ == '__main__':
    pulls = 50000
    arms = 5
    epsilon = 0.1

    random_select = Random(arms)
    # epsilon-greedy 中 5 个摇臂的成功概率分别为 softmax([0,1,2,3,4])
    # 即 [0.01165623, 0.03168492, 0.08612854, 0.23412166, 0.63640865]
    epsilon_greedy = EpsilonGreedy(epsilon, arms)
    rand_rewards = random_select.get_reward(pulls)
    eg_rewards = epsilon_greedy.get_reward(pulls)

    import matplotlib.pyplot as plot
```

```
plot.plot(rand_rewards, label='random')
plot.plot(eg_rewards, label='epsilon')
plot.xlabel('pull')
plot.ylabel('average_rewards')

plot.legend()
plot.show()
```

上述代码的输出如图 13-9 所示。实验早期由于随机性较大，所以 random 会产生波动，且与 epsilon-greedy 不相上下，但是随着拉动摇臂的次数越来越多，两者的差距越来越大，且平均一次拉动摇臂的回报分别逐渐收敛在 0.2 和 0.59 附近。

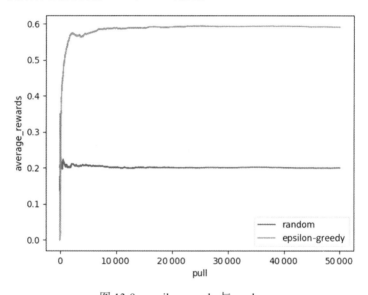

图 13-9　epsilon-greedy 与 random

 为什么收敛在 0.2 和 0.59 附近？

参数为 p 的伯努利分布，p 是试验成功的概率，则其数学期望 $E = p$。

当 ϵ 为 0.1，摇臂个数为 5 时：

❏ 5 个摇臂每次成功的概率 $p = [0.0117, 0.0317, 0.0861, 0.2341, 0.6364]$；

❏ 对于 random，每个摇臂被选中的概率为 0.2，整体期望 $E = 0.2 \times (0.0117 + 0.0317 + 0.0861 + 0.2341 + 0.6364) = 0.2$；

❏ 对于 epsilon-greedy，1) 有 0.9 的概率选择成功概率最大的摇臂，2) 有 0.1 的概率随机选择 5 个摇臂中的一个的概率为 $\dfrac{0.1}{5} = 0.02$，整体期望为 $E = 0.9 \times 0.6364 + 0.02 \times (0.0117 + 0.0317 + 0.0861 + 0.2341 + 0.6364) \approx 0.592$。

由此可以看出，即使是简单的 epsilon-greedy，带来的收益也是比较可观的，更别提其他一些更为先进的算法了。因此当在实际应用中遇见系统冷启动问题时，除了从外部获取数据等非算法渠道之外，还可以考虑一些解决多臂机问题的算法。

 其实解决多臂机问题的算法也可以用来解决用户冷启动和物品冷启动问题。

13.5　总结

- ❑ 推荐系统中的冷启动问题是不可避免的，一般分为用户冷启动、物品冷启动和系统冷启动。
- ❑ 用户冷启动问题指的是难以向历史行为少的用户做出很好的推荐，常见的解决方案包括综合热门排行榜、利用上下文信息等，当然，深度模型的应用也非常广泛。
- ❑ 物品冷启动问题指的是物品新上线或者被消费次数过少时很难被推出去，一般从物品信息本身以及人工策略的角度考虑，对业务效果影响较大的是使用预训练物品 embedding，同时多路召回以及多层流量池机制是一些很不错的实践技巧。
- ❑ 系统冷启动问题指的是推荐系统从零搭建，缺少历史数据。这属于最棘手的冷启动问题，除了从外部获取数据外，多臂机这种简单的强化学习领域的算法一般可以发挥很好的作用。

第 14 章

增量更新和迁移学习

假设每日训练数据有 1 亿条，batch size 为 1024 单位，每秒可以训练 50 batch，那么训练完 30 天的数据大概需要 16 个小时，如果有资源争抢或者数据量上涨的情况，训练时间很可能会超过 1 天，也就是说模型的更新频率会超过 1 次/天，如果每日上新物品的数量非常多，会导致新物品的推荐效果欠佳。同时，模型的更新频率降低也会导致无法及时捕捉数据分布的变化，比如电商平台大促销期间的数据分布与平时的数据分布差异极大。

事实上，模型的更新频率更多时候是由具体的业务决定的，并不是所有业务都要求模型实现毫秒级更新，特别是对于一些物品更新不是那么快、用户行为并不是很丰富的场景（比如汽车推荐、职位推荐等），模型一天更新一次似乎也完全可以接受，而对于类似 YouTube 这种每秒都有海量内容上新的平台，模型更新慢就显得不可接受。

当需要提高模型训练速度或者缩短模型训练时间时，一种简单直接的解决方案是添置性能更好的训练设备：将模型训练从 CPU 上切换到 GPU 上，或者使用算力更强的 CPU 等。除此之外，还可以从模型训练的策略上去解决这个问题，这也正是本章的重点：探讨如何缓解或者解决数据量过大带来的模型更新慢的问题。

14.1 离线训练

离线训练，或者离线学习（batch training/learning），要求预先准备好**有限的**训练数据集，模型在数据集上完成训练后，才可以对外提供服务，这也是实际应用中最常见的训练方式。

14.1.1 数据流向

以点击率预估任务为例，假设正样本来自曝光且点击数据、负样本来自曝光未点击数据，数据流向（包括用户发起请求到最终模型完成更新）的整体流程如图 14-1 所示，具体步骤如下：

(1) 用户向推荐服务发起请求；

(2) 推荐服务根据用户信息、上下文信息以及物品信息等调用特征服务得到模型所需特征；

(3) 将特征送入在线预测服务进行预估；

(4) 推荐服务得到模型预估服务的预测值；

(5) 根据预测值进行排序，将推荐结果返回给用户；

(6) 如果用户不断翻看推荐页面，则会产生曝光事件，终端（手机、电脑等）会向服务器上报曝光埋点数据，携带本次**请求 ID**，数据处理任务对曝光数据进行处理，得到离线曝光数据；

(7) 如果用户发生了点击行为，则会产生点击事件，此事件的请求 ID 与曝光事件相同，按照第 (6) 步的上报逻辑，会得到离线点击数据；

(8) 离线数据任务对曝光数据和点击数据进行处理（根据请求 ID 进行数据关联、特征工程等），转化为模型可用的数据格式，得到训练数据；

(9) 训练完成后，模型会被推送到线上，提供对外服务。

离线学习的特点是**先训练后服务**。

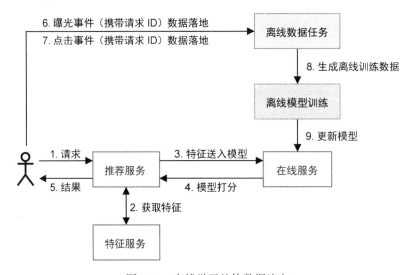

图 14-1   离线学习整体数据流向

14.1.2   更新方式

一般情况下，数据太多会导致模型训练耗时比较久（当然，训练设备性能差也是原因之一，但并非主要原因），那么可以考虑采用全量更新和增量更新的方式来缩短训练时间，提高更新频率。

全量更新指的是模型从零开始训练，模型参数随机初始化，一般会使用较多的数据（比如过去 1 个月或者 6 个月甚至更长时间的数据），当然，训练时间也比较长。增量更新指的是在已有模型的基础上，仅仅拟合新数据，这种更新方式一般使用的数据较少（比如过去 1 天或者 3 天的数据），相应地，训练时间比较短。图 14-2 展示了全量更新和增量更新结合的一种方式，假设全量使用 30 天的数据，增量使用 1 天的数据，如果前者训练需要 72 个小时，后者只需要大约 2.5 个小时就可以完成。这种模型更新的方式很好理解，实际应用中使用得也比较多，优点是占用资源少，第一次全量模型训练完毕后，后续只会周期性地使用少量数据进行训练，大大缩短了训练时间，提高了模型迭代的频率。

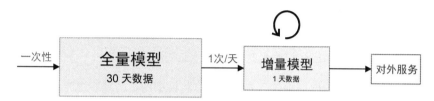

图 14-2　全量更新和增量更新结合方式之一

当然，凡事都有两面性：训练数据减少，使得增量模型能更好地拟合新数据，但是对全局数据的拟合程度很难保证，也就是说，模型的收敛可能局限在新数据的最优点，而不是全局最优点。还有一个更可能存在的问题，一旦某次增量更新因为某种原因导致模型质量下降（模型跑偏，比如大促活动、突发热点事件等），后续的增量模型会受到影响，可能需要很久才能恢复。为了能够定期对增量模型进行"纠偏"，使得模型能够再次与整体数据分布保持一致，一般会进行周期性的全量更新。图 14-3 展示了全量更新和增量更新结合的另一种方式，全量模型和增量模型均采用周期性更新，这样可以完成对模型的"纠偏"，同时能保证模型的更新频率。

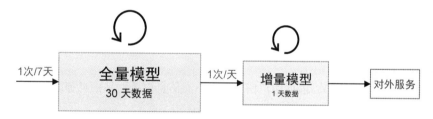

图 14-3　全量更新和增量更新结合方式之二

仔细观察会发现：假如图 14-3 中的全量模型每次都从零开始，则最终产出的模型最多能"见到"的数据天数为 37（1 次全量模型 30 天 + 7 次增量模型共 7 天 = 37 天），而图 14-2 中由于不断增量，因此最终产出的模型"见到"的数据天数不断叠加，没有上限。因此，为了结合两种方式各自的优点——1) 纠偏；2) 数据量不限——可以考虑采用图 14-4 所示的全量更新和增量更新结合的第三种方式：第一次全量模型生成后，后续的纠偏模型（7 天训练 1 次）不再从零开始，而是在最新的增量模型基础上继续增量，这种方式结合了方式一和方式二的优点，在实际应用中的表现一般也会优于前两者。

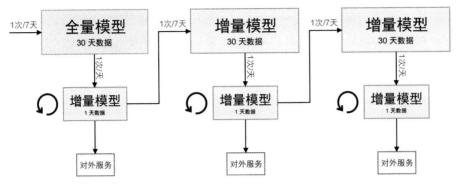

图 14-4　全量更新和增量更新结合方式之三

实际上，到此为止介绍的模型提效方式一般可以将模型的更新频率提高到几个小时一次，这已经可以满足大部分业务的需求。如果希望模型能够做到实时或者秒级更新（比如时时刻刻都有大量物品上下线等），那么离线训练的方式无法满足要求，只能考虑在线学习的模型更新方式了。

14.2　在线训练

在线训练，或者在线学习（online training/learning），并不需要将训练数据全都准备好，而是将训练数据以数据流的形式按照时间顺序源源不断地输入模型进行训练。一般应用在数据分布变化快的业务，比如股票价格预测、电商大促活动或者计算广告等。

14.2.1　数据流向

将图 14-1 的离线学习数据流向转化为在线学习数据流向，则得到图 14-5，具体步骤如下。

(1) 用户向推荐服务发起请求。

(2) 推荐服务生成**请求 ID**，根据用户信息、上下文信息以及物品信息等调用特征服务得到模型所需特征。

(3) 将特征送入在线预测服务进行预估。

(4) 推荐服务得到模型预估服务的预测值。

(5) 得到第 (4) 步的预测值后，以下两步是并发执行的：

　　1) 将第 (2) 步生成的请求 ID、第 (3) 步获取的特征以及第 (4) 步得到的预测值实时发送到**在线关联服务**；

　　2) 将第 (2) 步生成的请求 ID 以及根据预测值排序后得到的推荐结果返回给用户。

(6) 如果用户不断翻看推荐页面，则会产生曝光事件，终端（手机、电脑等）会向服务器上报曝光埋点数据，携带本次请求 ID，将此次曝光事件送入**在线关联服务**。

(7) 如果用户发生了点击行为，则会产生点击事件，将此次点击事件送入**在线关联服务**。

(8) 在线关联服务对曝光数据和点击数据进行实时处理（数据关联、特征工程等），转化为模型可用的数据格式，得到训练数据，源源不断地输入模型。

(9) 在训练过程中不断修改模型参数，在线服务实时获取模型参数，对外提供预测服务。

在线学习的特点是**边训练边服务**。

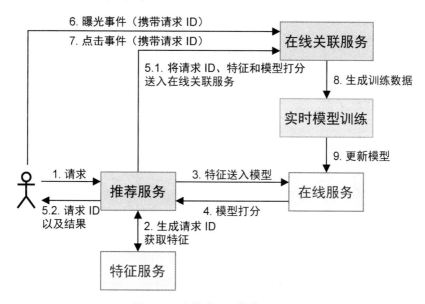

图 14-5　在线学习整体数据流向

前端埋点和后端埋点

　　实际上，离线学习和在线学习的数据整体流向可以非常相似。图 14-1 与图 14-5 稍加整合即可得到另外一种形式的离线学习数据流向：一般来说，图 14-5 中的第 5.1 步、第 6 步和第 7 步是通过将数据发送到不同的消息队列（比如 Kafka 等），然后在线关联服务不断地从各个消息队列中获取数据进行关联从而生成样本。如果去除在线关联服务，直接将第 5.1 步、第 6 步和第 7 步的数据落地（比如存储在 HDFS 等分布式存储中），然后通过图 14-1 中的离线数据任务进行数据关联从而生成样本，如图 14-6 所示，这也是实际应用中常见的一种离线学习训练方式。

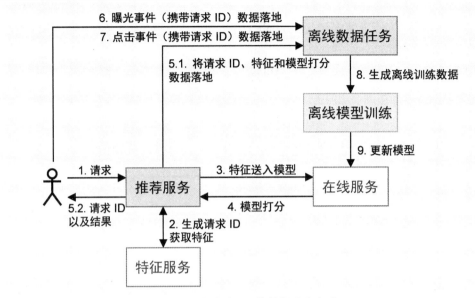

图 14-6　离线学习整体数据流向方式二

但是无论如何，离线学习和在线学习的本质不会改变，即：离线学习先训练再服务，在线学习边训练边服务。

图 14-1 和图 14-6 展示了两种数据埋点方式：前端埋点和后端埋点。

- 前端埋点指的是埋点数据由前端产生，当用户在前端产生行为时，触发前端代码，收集数据。
- 后端埋点指的是埋点数据由后端产生，当用户在前端产生行为请求后端时，触发后端代码，收集数据。

具体采用哪一种埋点，需要根据自身的业务来确定，一般实际应用中两种埋点方式混合使用。

14.2.2　样本生成

观察图 14-1 与图 14-5 的离线学习和在线学习数据流向可以看出，两者的主要差异如下。

(1) 在线学习中请求 ID 必须由服务端生成（第 2 步）。

(2) 在线学习中会将请求 ID、特征以及预测值送入在线关联服务（第 5.1 步）。此时会发现，模型训练需要的特征已经有了，只差真实标签了，而真实标签是由用户行为提供的。

(3) 请求 ID 和结果会一起返回给用户（第 5.2 步）。用户产生行为后，将携带请求 ID 的行为数据送入在线关联服务（第 6 步和第 7 步），根据请求 ID 找到此标签对应的特征和预测值（第 8 步），从而可以生成一个完整的训练样本。

(4) 在线学习的 batch size 等于 1，即每训练一条数据就更新一次模型参数（第 8 步）。

上述 4 点差异从本质上来说可以归结为**样本生成方式不同**：在线学习需要实时地生成样本，而离线学习不需要。

接下来以一个具体示例来说明图 14-5 所示的在线学习训练样本如何构造。

(1) 用户 U 打开网站/App，终端向推荐服务发起请求。

(2) 推荐服务接收到请求，服务端生成本次请求 ID 为 req_id_123，此请求 ID 全局唯一。假设用户 U 落入实验组 E，由模型 M 进行服务，推荐系统为用户 U 召回的物品为物品 1、物品 2 和物品 3。

根据模型 M 的配置，服务器获取 M 所需特征，如表 14-1 和表 14-2 所示，为了方便演示，忽略了上下文、用户行为等特征。

表 14-1 用户特征

	用户 ID	年 龄	性 别
用户 U	uid_123	20	1

表 14-2 物品特征

	物品 ID	品 牌	价 格
物品 1	item 1	brand 1	price 1
物品 2	item 2	brand 2	price 2
物品 3	item 3	brand 3	price 3

(3) 将第 (2) 步中的特征输入模型 M 进行预估。

(4) 模型 M 返回的物品打分如表 14-3 所示。

表 14-3 模型打分

	预测值
物品 1	0.3
物品 2	0.5
物品 3	0.2

(5) 服务器将排序后的推荐结果物品 2、物品 1 和物品 3 返回给用户，同时将第 (2) 步中的请求 ID、特征和第 (4) 步中的预测值发送给在线关联服务，发送的内容格式如表 14-4 所示，可以看到，此时**有了特征和预测值，但是没有标签**。

表 14-4　请求 ID、特征和预测值

请求 ID	用户 ID	年龄	性别	物品 ID	品牌	价格	预测值
req_id_123	uid_123	20	1	item 1	brand 1	price 1	0.3
req_id_123	uid_123	20	1	item 2	brand 2	price 2	0.5
req_id_123	uid_123	20	1	item 3	brand 3	price 3	0.2

(6) 用户在终端上浏览推荐系统返回的内容，在交互过程中触发埋点，假设曝光了物品 1 和物品 2，则埋点会将曝光事件上报服务端，具体上报格式如表 14-5 所示（简化，下同）。

表 14-5　曝光事件信息

请求 ID	物品 ID	事　件
req_id_123	item 1	曝光
req_id_123	item 2	曝光

(7) 假如用户点击了物品 1，则埋点又会将此点击事件上报服务端，具体上报格式如表 14-6 所示。

表 14-6　点击事件信息

请求 ID	物品 ID	事　件
req_id_123	item 1	点击

(8) 根据第 (6) 步和第 (7) 步的曝光点击信息，可以生成标签（是否点击），正好与第 (5) 步的特征和预测值结合起来，就可以得到一个完整的训练样本。其中请求 ID 起到了串联数据的作用：保证特征和标签可以准确无误地关联起来。

(9) 训练样本一旦生成，将其实时输入模型进行训练，对模型参数进行实时更新，从而完成一次**学习**，将更新后的模型实时推送到线上对外提供预测服务。

由以上步骤可以发现，在线学习确实可以做到实时更新模型，能够很好地保证模型的时效性，及时捕捉到线上数据的变化，特别是在数据分布不断变化时（比如抢购、限时购、大促销等），它的优势更加明显。

14.2.3　延迟反馈

观察第 (5) 步、第 (6) 步和第 (7) 步，会发现一个潜在的问题：当第 (5) 步的特征数据生成后，

第 (6) 步和第 (7) 步的标签数据由于和用户行为有关，它们可能到达不了服务端，因此特征数据很可能会发生等不到标签（比如用户直接关闭网站/App 终端，在上报过程中突然断网等）或者标签到达很迟（比如物品曝光两个小时后才产生点击行为等）的情况——这类问题统称为延迟反馈问题。

延迟反馈问题本质上是样本标签如何确定的问题，由于特征数据已经准备好，"万事俱备，只欠标签"。本节讨论两种常用的解决方案，可以作为实际应用中的参考。

1. 窗口拼接

当曝光数据到来时，首先根据请求 ID 去样本池（第 5.1 步）中找到对应的特征数据，此时并不是直接将该数据作为负样本参与训练，而是在一定的窗口时间 T 内等待，如果在 T 时间内点击数据到来，则将该样本判定为正样本，否则将其判定为负样本。T 时间后将具有特征和标签的样本输入模型进行训练。其中超参数 T 的设置可以分析历史数据中曝光与点击时间差的分布，取 95 或者 99 分位点对应的时间差。

假设有 n 个负样本（曝光未点击），m 个正样本（曝光且点击），采用窗口等待方式生成样本时，样本总量为 $m+n$，如果对负样本施加采样率为 r 的下采样，则模型见到的样本数量为 $m+r\times n$，因此模型的预测平均概率为 $\widehat{CTR}=\dfrac{m}{m+r\times n}$，而真实数据的平均概率为 $CTR=\dfrac{m}{m+n}$，因此如果关心预测概率绝对值的准确性，就需要做概率校准，校准公式参考第 12 章。

窗口拼接适合正样本回流不会延迟太久的任务，比如点击率预估，绝大部分点击一般会在曝光后 10 分钟以内发生。但是还有一些预估任务正样本的回流非常慢，比如转化率预估任务，正样本定义为点击且转化（定义转化为购买），负样本定义为点击未转化，而转化经常会在点击后若干天才发生，由于窗口期过长，并不适用窗口拼接技术。当正样本回流周期很长时，一般建议采用离线学习进行训练，如果必须使用在线学习，那么可以考虑使用样本补偿技术来生成训练样本。

2. 样本补偿

先简单了解一下归因是什么，归因（attribution）是指将转化功劳分配给用户完成转化所经历路径中的不同广告、点击或者其他因素，比如用户购买了某个物品，那么归因需要确定该购买来自于哪次点击，同理，用户点击了某个物品，归因需要确定该点击来自于哪次曝光。本节以转化率预估为例，假设业务定义的归因最长时间跨度为 10 天，即用户当天购买的物品，为了找到该购买来自于哪一次点击，需要追溯过去 10 天的用户点击数据。以此为前提，接下来详细探讨转化周期过长时，样本补偿技术的作用。

归因可以说是在搜索推荐广告领域中占据绝对重要地位的业务逻辑，因为它关系到每个业务团队的产出（每个参与人员的价值和考核）。不同的业务对应不同的归因逻辑，作为一种商业机密，**如何归因**这个问题超出了本章的讨论范围。

特征数据是最早生成的（推荐结果返回给用户之前就生成了），所以该数据首先被存储在数据库中（比如 HBase 等），假设存储为 key-value 格式，key 为用户 ID + 物品 ID，value 为具体的特征，又由于归因周期为 10 天，因此可以将特征数据的过期时间设置为 10 天（即 10 天以后该数据会被作为负样本对待），存储完毕后，等待用户行为的到来：

(1) 当用户点击行为到来时，根据用户 ID + 物品 ID 查找特征数据，找到后不做任何等待，将此数据直接作为负样本输入模型参与训练；

(2) 当用户购买行为到来时，根据用户 ID + 物品 ID 查找特征数据，找到后将此数据作为正样本输入模型参与训练。

可以发现，样本的生成不同于窗口拼接技术，此时几乎没有延迟，来一条训练一条。虽然解决了正样本反馈延迟太久的问题，但是上述处理逻辑又带来了新的问题——数据分布产生了变化：假设点击未购买（即负样本）的数据条数为 n，点击且购买（即正样本）的数据条数为 m，真实数据的转化率为 $\mathrm{cvr} = \dfrac{m}{m+n}$。而在上述处理中，第 (1) 步是将所有的点击（ $m+n$ 条）都当作负样本参与训练，第 (2) 步是将购买（ m 条）作为正样本参与训练，因此样本总数为 $m+(m+n)$ 条，样本数据的转化率为 $\widetilde{\mathrm{cvr}} = \dfrac{m}{m+(m+n)}$，如果施加采样率为 r 的下采样，则模型见到的样本数量为 $m+r\times(m+n)$，模型平均预测转化率为 $\widetilde{\mathrm{cvr}} = \dfrac{m}{m+r\times(m+n)}$。同样，如果关心预测转化率绝对值的准确性，也需要做概率校准，将此预测概率校准到真实 cvr 水平，校准公式如下：

$$\mathrm{calibrated\_}\widehat{\mathrm{cvr}} = \frac{r\times\widehat{\mathrm{cvr}}}{1-\widehat{\mathrm{cvr}}} \tag{14-1}$$

式 (14-1) 中， $\widehat{\mathrm{cvr}}$ 为模型预测转化率， $\mathrm{calibrated\_}\widehat{\mathrm{cvr}}$ 为校准后的转化率。

在线学习必要性评估

在线学习虽然可以解决模型更新慢的问题，但是也应该注意到它将工程的复杂度提高了一个台阶。搭建一个成熟的在线学习系统，需要数据、后端和算法等多个团队的协作和配合。由于样本和模型在实时变化，模型的维护和调试难度增加，并且对于系统稳定性的要求特别高，最为重要的是，它带来的收益可能并没有想象中的那么大，因此在决定使用在线学习之前，一定要结合具体的业务场景，仔细评估在线学习的必要性，是否真的值得投入较多的资源。

在线学习是由离线学习慢慢演进而来的，因此在采用在线学习之前，应该至少具备了以下能力：

□ 具有完备的离线学习 pipeline，一个好的调度系统可以完成这个任务；

□ 具备完备的训练数据生成流程，数据源统一由数据团队维护，算法团队根据数据源生成训练数据；

□ 特征全局统一，原始特征由数据团队统一维护，而不是每个团队都有自己的特征体系；

□ 模型与后端工程解耦，也就是说模型准备上线时，即使模型做了很多特性优化（比如添加特征、修改网络结构等），服务端不修改任何代码即可完成模型的加载和对外服务。

对于实时性要求比较高的场景，可以首先判断**特征实时**是否可以满足业务需求，其中特征实时指的是用户画像或者物品标签实时更新，比如用户点了一个物品之后，其历史点击行为序列特征可以立刻发生变化。在实际应用中，特征实时性的优先级一般高于模型实时性，因此如果当前无法做到特征实时，也不建议使用在线学习。

14.3 迁移学习

迁移学习（transfer learning）是一种机器学习方法，指的是将为了解决某个问题而习得的技能应用在其他不同但是相关的问题上。现实世界中的算法团队一般会分成多个方向分工协作，除了传统的搜索广告推荐领域之外，还有自然语言处理（智能客服、自动评论审核等）和计算机视觉（以图搜图、目标检测等）方向。在实际应用中，最佳实践之一是将 NLP 或者 CV 的知识迁移到推荐算法。一般来说，NLP 或者 CV 任务可以很容易地利用物品本身的属性（NLP 会利用物品的标题、属性和描述等，CV 会利用物品的图片等）生成 embedding，因此本节将会简单介绍如何使用 TensorFlow 将生成的 embedding 数据加载进模型作为物品的初始 embedding 参与训练。

关于如何使用 NLP 或者 CV 算法生成物品 embedding，不在本书的讨论范围内。推荐算法使用已有的物品 embedding 时，通常会有两种选择：1) 将物品 embedding "冷冻"（freeze）住，也就是不参与训练，类似于常数，embedding 里的元素不会做任何修改，仅仅参与前向传播，不会做梯度更新；2) 将物品 embedding 仅作为初始化模型参数使用，后续与其他参数一样参与梯度更新。本节采用第 2) 种方式。

回顾物品 embedding 的查询步骤，如图 14-7 所示。

(1) 随机初始化形状为 $V \times D$ 的物品 embedding 矩阵 M，其中 V 是最大物品个数，D 是 embedding 维度。

(2) 物品 ID 先经过散列操作，模为 V，得到散列 ID。

(3) 通过散列 ID 查询矩阵 M 得到物品 embedding 向量 v。

(4) 使用 v 参与前向传播、后向传播等模型训练常规流程。

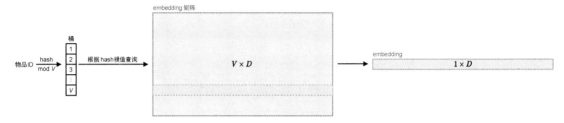

图 14-7　随机初始化的物品 embedding

当使用第三方提供的物品 embedding 时，假设数据格式如表 14-7 所示，ids 与 embeddings 一一对应，比如 ids 为 ["135", "246"]，embeddings 为 [[0.1, 0.2, 0.3], [0.15, 0.25, 0.35]] 则表示 id 为 "135" 的物品 embedding 是 [0.1, 0.2, 0.3]，id 为 "246" 的物品 embedding 是 [0.15, 0.25, 0.35]，以此类推。

表 14-7　第三方物品 embedding 数据格式

字　　段	格　　式	说　　明
ids	字符串数组	存放所有物品 ID 数据
embeddings	二维浮点型数组	存放所有物品 embedding 数据

假设表 14-7 中的 embeddings 形状为 $V_2 \times D_2$，则将该份数据加载到训练任务后，物品 embedding 的查询步骤如图 14-8 所示：

(1) 初始化形状为 $V_2 \times D_2$ 的物品 embedding 矩阵 M，矩阵初始化参数使用表 14-7 中的 embedding 数据；

(2) 物品 ID 先查询表 14-7 中的 ids，得到物品 ID 所在位置的索引 index；

(3) 通过 index 查询矩阵 M 得到物品 embedding 向量 v；

(4) 使用 v 参与前向传播、后向传播等模型训练常规流程。

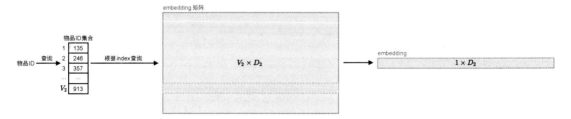

图 14-8　第三方物品 embedding

图 14-7 和图 14-8 展示的物品 embedding 查询步骤对应的代码片段如下所示，假设第三方 embedding 矩阵存储为 NumPy 数据格式：

```python
# -*- coding: utf-8 -*-
import numpy as np
import tensorflow as tf
from tensorflow.python.ops import lookup_ops

"""
numpy: 1.19.3
tf: 1.15.0
"""

features = ...
item_ids = features['item_ids']

# 查询物品 embedding 方式一：随机初始化
V = 10000
D = 128
# 初始化物品 embedding 矩阵
embedding_matrix = tf.get_variable(name='embedding_matrix', dtype=tf.float32, shape=(V, D))

# 物品 ID 的散列值
hash_ids = tf.strings.to_hash_bucket(item_ids, num_buckets=V)

# 查询物品 embedding
item_embeddings = tf.nn.embedding_lookup(embedding_matrix, hash_ids, name='item_embeddings')
...

# 查询物品 embedding 方式二：使用第三方 embedding，文件名 item_embedding.npy，存储 dict 数据，
# key 分别为 ids 和 embeddings
pretrain_embeddings = np.load('item_embedding.npy', allow_pickle=True).item()
# 物品 ID 集合
ids = lookup_ops.index_table_from_tensor(pretrain_embeddings['ids'],
                                         num_oov_buckets=0,
                                         default_value=0,
                                         hasher_spec=lookup_ops.FastHashSpec,
                                         dtype=tf.string,
                                         name='ids')

# 物品 embedding 矩阵
embedding_matrix_v2 = tf.get_variable(name='embedding_matrix_v2',
                                      dtype=tf.float32,
                                      initializer=pretrain_embeddings['embeddings'])

# 查询物品 ID 的位置索引
indices = ids.lookup(item_ids)

# 查询物品 embedding
item_embeddings_v2 = tf.nn.embedding_lookup(embedding_matrix_v2, indices, name='item_embeddings_v2')
...
```

14.4　总结

- □ 数据量过大导致训练时间过长时，可以考虑用增量更新的方式来解决，一般有离线训练和在线训练两种方式。
- □ 离线训练时，可以采用全量更新和增量更新交替的方式，不仅可以缩短模型的训练时间，也可以防止模型跑偏，实际应用中使用得也比较多。
- □ 当要求模型的更新频率达到秒级或者分钟级时，就要采用在线训练的方式了。在线训练的核心问题在于样本生成，一般会采用窗口拼接或者样本补偿的方式，前者适用于正样本能够很快回流的场景，后者则适用于回流较慢的场景。在线训练已经有一些优秀的开源框架[1]和一些优秀的论文[2][3][4]可以为实际生产提供参考。
- □ 迁移学习作为一种将已有知识应用在其他领域的技术，已经成为推荐算法中的最佳实践了。

---

[1] dl-on-flink（GitHub）。

[2] Siyu Gu, Xiang-Rong Sheng, Ying Fan, et al. *Real Negatives Matter: Continuous Training with Real Negatives for Delayed Feedback Modeling*, 2021.

[3] Sofia Ira Ktena, Alykhan Tejani, Lucas Theis, et al. *Addressing Delayed Feedback for Continuous Training with Neural Networks in CTR prediction*, 2019.

[4] Olivier Chapelle. *Modeling delayed feedback in display advertising*, 2014.

第15章

分布式 TensorFlow

伴随着移动互联网的飞速发展，几乎每个人每天都会在各种终端（比如手机、平板电脑、PC等）上产生大量数据。急剧增长的数据量会对算法工程师的工作产生多大的影响呢？下面做一个简单的模型训练时长估算。

假设一款流量较大的 App 日活（每日活跃用户）为 5000 万，平均每人产生 20 条曝光数据，即单日整体曝光数据量为 10 亿，训练时负样本采样率为 0.1，离线训练使用的数据周期为 30 天，经过简单的计算可知，最终的训练数据量约为 30 亿。在单台 64 核 256 GB 内存的机器（不考虑 GPU）上训练模型，batch size 设置为 512，如果每秒可以训练 20 个 batch，训练 2 轮需要多久呢？6.8 天！

换言之，大概需要一周的时间，实在太久了，有没有办法在不减少数据量的情况下大幅缩短训练时间并且不影响模型的预测性能呢？

15.1　分布式的理由

采用分布式最主要的两个原因：模型太大和数据太多。

首先是**模型太大**，随着模型结构越来越复杂，参数的数量很容易达到亿级，产生一个几十吉兆/上百吉兆的模型变得再正常不过，可是训练模型的服务器内存是有限的，当模型的容量已经大到单台服务器容纳不下时，必须考虑采用分布式训练。

其次是**数据太多**，模型需要很长时间才能训练完，这对于数据分布不断变化的推荐场景来说，稍显难以接受，同时对模型调参极不友好——一个高质量模型的诞生，需要经过若干次离线实验（调参），海量数据会导致在单机环境做离线实验的时间成本过高，同时也对计算资源提出了较高的要求。因此，当数据量过大时，为了降低试错成本（时间成本、资源成本、人力成本等），提高建模效率，分布式训练得到了越来越多的关注。

读者可能会有疑问，海量数据导致模型更新频率低的问题不是通过在线学习解决了吗？其实在线学习只是一种模型训练方式，我们可以在单机环境做在线学习，也可以在分布式环境做，它本身与分布式并不是互斥的关系，相反，两者结合会更好地解决模型更新慢的问题。

对应模型大和数据量大这两种需要分布式的情形，就诞生了两种并行方式——模型并行和数据并行。

15.2 并行方式

在深入了解并行方式之前，先熟悉一下分布式环境。

首先，数据最好存储在分布式文件系统中，比如 Hadoop 生态圈 HDFS，亚马逊云存储服务 S3 等，这些文件系统天生就是用来存储海量数据的，并且它们的备份容灾做得非常好，几乎不会丢失数据（当然，在极端情况下，没有任何文件系统是绝对可靠的），因此在实际的工作过程中，所有数据一般存储在分布式文件系统而不是单个或者若干个彼此独立的服务器上。

其次，对于模型训练来说，既然涉及分布式训练，那么就会有多台训练机（硬件设备，CPU 或者 GPU）共同参与训练。如图 15-1 所示，多台训练机处在同一个集群中，彼此之间可以通信，同时它们也可以"看到"同一份训练数据（存储在分布式文件系统中的数据对所有机器可见），那么它们该如何合作呢？当模型太大时该怎么办，数据量太多时又该怎么办？

 由于大规模推荐系统面对海量数据，实际生产中的分布式环境多为多机环境，因此本章提到的分布式环境均为多机环境。还有其他的分布式环境，比如单机多 GPU 等，这里就不过多介绍了。

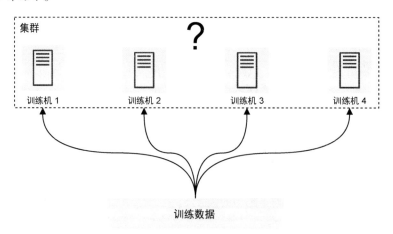

图 15-1 多台训练机

为了方便演示，图 15-2 展示了一个简单的模型结构，含有 3 层隐藏层。接下来就基于这个结构来说明模型并行和数据并行。

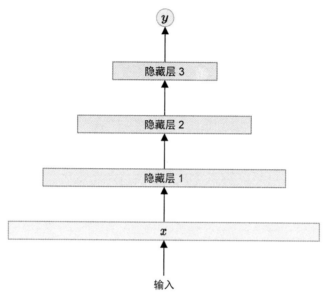

图 15-2　简单的模型结构

15.2.1　模型并行

模型并行，解决的是模型太大的问题：其做法是将一个完整的模型进行分割，放置在多台训练机上。假设图 15-2 中的模型参数过多使得模型容量大到单台训练机无法存放，那么模型并行的处理方式是将其进行切割，切割后每台训练机只保存模型的一部分结构，这样便不会出现内存不足的问题，从而模型可以正常训练。将图 15-2 所示模型分割后会得到图 15-3，模型中的每一层都分散在不同的训练机上，训练机 1 接收数据输入，将隐藏层 1 的结果传给训练机 2，训练机 2 再将隐藏层 2 的输出传给训练机 3，以此类推，最终到达训练机 4，训练机 4 得到模型的输出 y，完成了一次前向传播。紧接着训练机 4 计算损失，开始进行反向传播计算各层参数的梯度，首先计算训练机 3 上的模型参数梯度，然后计算训练机 2 上的模型参数梯度，最后计算训练机 1 上的模型参数梯度，所有参数更新后，完成了一次后向传播——模型的一次学习过程结束。

然而，在现实世界中，模型并行应用得特别特别少，除非模型实在是太大了，单台训练机确实容不下时才不得已采用它，大多数时候不会采用这种并行方式。究其原因，首先，在现阶段的工业中，一般的模型并没有大到单台训练机容纳不下，毕竟 512GB 或者 1TB 内存基本上可以满足绝大部分的要求；其次，不管是前向传播还是后向传播，数据都是在不同的节点之间传输，网络的开销会极大地降低模型的训练速度；最后，模型并行比较难调试，如果想得到一个质量不错的模型，存在很大的挑战，不利于实际工作中的快速迭代。

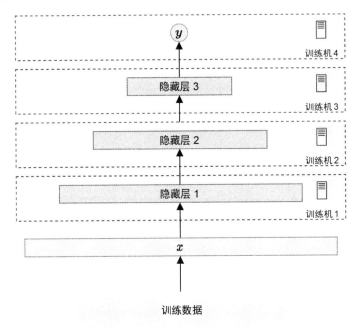

图 15-3   模型并行

以上就是本书关于模型并行的全部内容，由于模型并行在实际应用中采用得并不多，因此后续不会再讨论这方面的内容。

15.2.2   数据并行

数据并行，解决的是数据量太大的问题：其做法是每台训练机上都会持有完整的模型，但是每台训练机都会接收不同的数据。图 15-2 的模型采用数据并行后，会产生图 15-4 所示的训练方式，可以看到，每台训练机上都保留完整的模型，且结构完全一样，不同之处在于每台训练机接收的数据，每台训练机训练属于自己的那部分数据，最后所有训练机的计算结果进行合并。按照图 15-4 中的设置，理论上训练相同数量的数据，它的用时仅为单台训练机的 1/4，随着训练机的数量增长，用时会更少。

理论上训练时间会随着训练机的数量增长而成比例地减少，但是实际上也不大可能一直减少：随着训练机的数量越来越多，整个分布式系统的网络开销也越来越大，同时系统的稳定性也开始降低，而且不同训练机的性能也不尽相同，模型的训练速度经常会受制于性能较差的训练机。

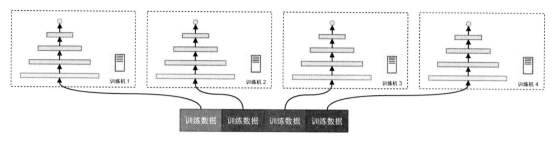

图 15-4　数据并行

数据并行虽然好，但是也要注意到以下两个问题。

❑ 虽然每台训练机上都有一个完整的模型结构，但是它们本质上都只是**同一个模型**的副本而已，每台训练机上的模型参数应该完全一样才合理。因此在数据并行中，需要考虑模型参数的共享问题，也就是说需要有一种机制，能够让所有训练机上的模型参数完全一样——这是参数共享问题。

❑ 由于不同的训练机训练不同的数据，因此有可能出现相同的特征出现在不同的训练机上，比如年龄段_青少年这个特征既可能出现在训练机 1 上，又可能出现在训练机 2 上。由于不同训练机各训各的，互不干扰，因此会导致相同的特征出现不同的梯度，这时又要如何更新该特征对应的参数权重呢——这是参数更新问题。

以上两个问题是数据并行的核心所在，也是几乎所有数据并行分布式训练框架必须解决的问题。

 本章后续提到的分布式，如果没有特殊说明，均指数据并行分布式。

15.3　参数共享与更新

首先需要了解到，TensorFlow 以类似 <K, V> 键值对的方式来存储特征对应的参数权重，其中 K 是特征 ID，V 是该特征对应的权重，比如 <年龄段_青少年, 0.01> 的意思是：年龄段_青少年这个特征的权重是 0.01。因此为了实现所有训练机上的模型权重是同一个模型的副本，一种可行的方案（当然，还有其他可行的方案，这里为了便于理解，暂时只讨论一种）是：使用一组特定的服务器，只用来存放模型参数权重，所有训练机上的模型如果想使用特征的参数权重，需要请求服务器，由服务器将权重返回给训练机。训练机一次训练结束后，将特征对应的参数梯度回传给服务器，由服务器更新该参数，整个流程如图 15-5 所示，图中使用 3 台服务器共同维护模型的参数，模型的所有参数（理想情况下）均匀分布在每台服务器上，3 台参数服务器本身也是分布式架构，对外暴露的是一个整体，因此从训练机的视角来看，参数服务器只有 1 台。

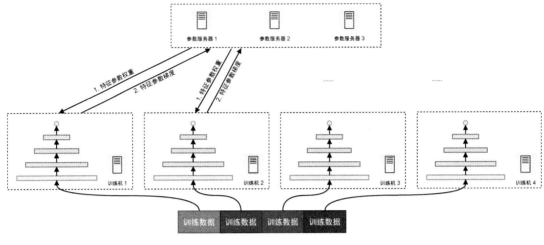

图 15-5　参数共享

图 15-5 很好地解决了**参数共享**的问题，通过这种架构，所有训练机都从同一个源头获取参数，从而实现了参数在多台训练机间的共享。接下来还需要解决**参数更新**的问题。注意到图 15-5 中的第 2 步：训练机将梯度发送给参数服务器，拿到参数的梯度后，参数服务器按照式 (15-1) 更新参数，其中 θ_{t-1} 表示参数 θ 在 $t-1$ 时刻的值，$\nabla\theta_{t-1}$ 表示损失在 $t-1$ 时刻对参数 θ 的导数，α 表示学习率。

使用单台训练机训练时，式 (15-1) 不会产生任何问题。使用多台训练机时，θ_{t-1} 由于是保存在参数服务器上的，所以可以理解为只有 1 份，但是 $\nabla\theta_{t-1}$ 是由训练机发送给参数服务器的，它可能会有多个值，该怎么处理这种情况呢？把多个 $\nabla\theta_{t-1}$ 求平均再使用式 (15-1)，还是有其他更好的做法？为了解决更新参数时有多个梯度的情况，产生了两种参数更新方式：同步更新和异步更新。

$$\theta_t = \theta_{t-1} - \alpha\nabla\theta_{t-1} \tag{15-1}$$

15.3.1　同步更新

假设训练机的台数为 N，batch size 设置为 B。N 台训练机同时训练，数据共 $N \times B$ 条，采用同步训练时，参数服务器会等待 $N \times B$ 条数据全都训练完，才会更新参数。图 15-6 展示了同步更新的逻辑：首先各训练机在一次训练完毕后向参数服务器发送计算后的梯度，参数服务器只有接收到 N 份梯度后才会更新参数，更新完毕后，所有训练机又基于最新的参数进行训练，循环往复。

> TensorFlow 可以设置一个小于 N 的数字 M，当参数服务器接收到 M 份梯度后也可以开始更新参数。

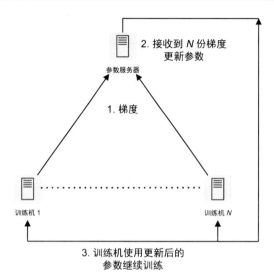

图 15-6　参数同步更新

再回到同一个参数对应多个梯度的问题，采用同步更新时，先对多个梯度求平均，再使用均值更新参数，比如年龄段_青少年这个特征对应的参数权重是 0.01，训练机 1、训练机 2、训练机 3 向参数服务器发送的梯度分别为 0.01、0.02、0.03，学习率是 0.01，那么参数服务器先对梯度进行平均，得到均值 0.02，再对参数进行更新，得到 $0.01 - 0.01 \times 0.02 = 0.0098$。

可以看到，采用这种更新方式的分布式训练，其实与单台训练机上 batch size 设置为 $N \times B$ 理论上是一样的。但是从图 15-6 中也很容易发现，同步更新完美落入木桶理论：即使参数服务器已经接收到 $N-1$ 份梯度，依然要等最后一份梯度，也就是说分布式训练速度极大地受制于性能较差的训练机。因此采用同步更新时，集群中的训练机性能最好是比较均衡而且网络传输性能不能有过大的差距，尽可能地避免木桶效应，所以在实际应用中，同步更新适用于训练机个数不多，且彼此之间配置相当的分布式环境。

当训练集群中既有 CPU 又有 GPU，数量可观且型号各异，配置有高有低时，不太适合使用同步更新进行分布式训练，这时就需要考虑采用另外一种更新方式——异步更新。

15.3.2　异步更新

与同步更新一样，训练机从参数服务器获取特征对应的参数权重，经前向传播、反向传播后得到每个参数的梯度，再将梯度返回给参数服务器。与同步更新不一样的是，参数服务器得到梯度后，并不等待其他训练机的梯度，而是直接更新参数，如图 15-7 所示。采用异步更新后，训练过程不再受到木桶效应的影响，因此训练速度比同步更新要快，尤其是在训练机的性能有较大差异时，这一优势会体现得更加明显。

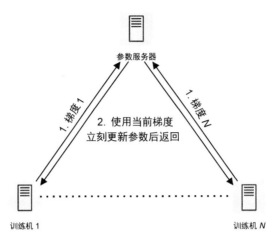

图 15-7　参数异步更新

异步更新虽然提升了训练速度，但也带来了一个新的问题——过期梯度问题（stale gradient problem）。以图 15-7 为例来解释这个问题的由来。

(1) 假设参数为 θ，训练机 1 和训练机 N 一开始从参数服务器拉取 θ 的权重均为 θ_0。

(2) 由于训练机 1 的性能比较高，所以它先训练完一个 batch 的数据，将梯度 $\nabla\theta_0$ 发送给参数服务器，参数服务器接收到梯度后，更新 θ_0，得到 θ_1；如果训练机 1 的性能远高于训练机 N，那么参数服务器不断接收到训练机 1 发送的梯度，并更新参数，假定更新到了 θ_7。

(3) 此时训练机 N 训练完了第一个 batch，将梯度 $\nabla\theta_0$（因为训练机 N 上参数 θ 的值依然为 θ_0）发送给参数服务器，参数服务器更新参数——这就出现了**过期梯度问题**：此时参数服务器上已经是 θ_7 了，然而接收到的梯度还是对 θ_0 求导得到的。

那么是不是就说明异步更新在实际生产中应用得比较少呢？事实并非如此。在推荐系统中，由于海量数据的存在，异步更新一般是分布式训练的首选，最重要的是异步更新在很多业务实验中的线上表现并不比同步更新差。虽然过期梯度会导致训练过程中 loss 不稳定，难以找到最优解等问题，但是现实世界中的数据本身就充满了各式各样的缺陷和噪声，深度学习模型又有大量人为设置的超参数，而且高维空间中的梯度下降也无法保证一定能找到最优解，因此过期梯度也不像前面说的那样"有害"。

综上所述，关于异步更新和同步更新，没有孰优孰劣的定论，适合自身业务场景的更新方式才是最好的更新方式：

❑ 同步更新适合小规模集群、训练机性能均衡的场景；

❑ 异步更新适合大规模集群或者训练机性能参差不齐的场景，它几乎是海量数据下大规模推荐系统的唯一选择。

15.4 分布式训练架构

分布式训练的参数更新方式到此就讲述完毕了，但是关于**参数共享**的问题，只是简单介绍了**参数服务器**这种解决方案，也就是 Parameter Server 架构。实际上，除此之外还有其他解决方案，本节会将重点放在两个流行的架构上：Parameter Server 架构和 Ring All Reduce 架构。

15.4.1 Parameter Server 架构

Parameter Server[1]的整体架构如图 15-8 所示，这种架构将计算资源分成了两种类型——server 和 worker。server 是参数服务器，负责存储和更新模型参数，可以简单理解为分布式键值数据库：键是参数，值是参数权重。一般有多台 server 共同组成参数服务器，以防出现单点故障。worker 是训练机，负责训练模型。

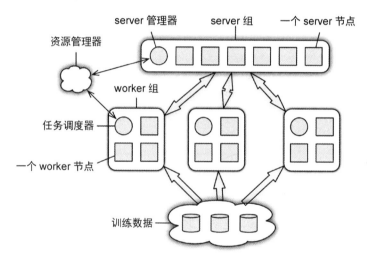

图 15-8　Parameter Server 架构

在 Parameter Server 架构下，模型"学习"的步骤如下，参数更新过程如图 15-9 所示：

(1) worker 读取数据，从 server 拉取参数；

(2) 有了数据和参数，worker 计算 loss，再计算参数的梯度，最后将梯度回传给 server；

(3) server 拿到梯度后，更新参数，完成一轮训练。

① Mu Li, David G. Andersen, Jun Woo Park, et al. *Scaling Distributed Machine Learning with the Parameter Server*, 2014.

算法 1：分布式次梯度下降

Task Scheduler:

1: issue LoadData() to all workers
2: **for** iteration $t = 0, \ldots, T$ **do**
3:     issue WORKERITERATE(t) to all workers.
4: **end for**

Worker $r = 1, \ldots, m$:

1: **function** LOADDATA()
2:     load a part of training data $\{y_{i_k}, x_{i_k}\}_{k=1}^{n_r}$
3:     pull the working set $w_r^{(0)}$ from servers
4: **end function**
5: **function** WORKERITERATE(t)
6:     gradient $g_r^{(t)} \leftarrow \sum_{k=1}^{n_r} \partial \ell(x_{i_k}, y_{i_k}, w_r^{(t)})$
7:     push $g_r^{(t)}$ to servers
8:     pull $w_r^{(t+1)}$ from servers
9: **end function**

Servers:

1: **function** SERVERITERATE(t)
2:     aggregate $g^{(t)} \leftarrow \sum_{r=1}^{m} g_r^{(t)}$
3:     $w^{(t+1)} \leftarrow w^{(t)} - \eta \left(g^{(t)} + \partial \Omega(w^{(t)})\right)$
4: **end function**

图 15-9   Parameter Server 架构算法更新逻辑

同时要注意一个很重要的点：由于 Parameter Server 是数据并行的架构，每台 worker 只能看到部分数据，因此训练时 worker 拉取的模型参数**并不是**全量模型参数，而只是该 worker 能看到的训练数据对应的参数，这就大大减少了网络开销，特别是当特征非常稀疏时（尤其是推荐系统的数据），这种网络开销减少得更为明显。而且也不用再担心模型太大时 worker 容不下的问题，因为每台 worker 并不会持有全量参数，只会保留很少一部分参数。图 15-10 展示的是**单台 worker 上的参数占全量参数的比例**与 **worker 总数**的关系，可见当 worker 数量为 100 时，每台 worker 持有的参数数量不超过全量参数的 1/10，这对于大模型来说已经非常友好了。

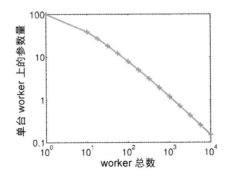

图 15-10   单台 worker 上的参数量与 worker 总数的关系

在 Parameter Server 架构中，worker 只和 server 通信，worker 与 worker 之间没有任何通信，因此 server 容易成为整个系统的瓶颈（比如 1 台 server 和多台 worker，网络开销呈线性增长），而且 server 和 worker 的数量比例也不太好确定——接下来的 Ring All Reduce 架构则没有这些问题。

15.4.2　Ring All Reduce 架构

Ring All Reduce[①] 架构中所有节点都是 worker，它们不仅需要参与模型梯度计算，也负责参数更新，而参数共享是通过 worker 与 worker 之间的通信来实现的。图 15-11 就是 Ring All Reduce 的一个例子，所有 worker 形成一条环（ring），每台 worker 既是数据的发送者，也是数据的接收者。这是它与 Parameter Server 架构最大的不同：Ring All Reduce 架构通过这种**去中心化**的设计思想来提高模型的训练效率。

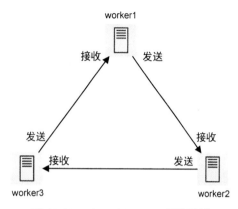

图 15-11　Ring All Reduce 架构示例

既然没有 server 了，那么如何保证所有 worker 上的参数是一样的呢？以图 15-11 为例，某一次训练后，worker1 上产生的梯度为 g_1，worker2 上产生的梯度为 g_2，worker3 上产生的梯度为 g_3，想令 3 个 worker 的参数最终完全一样，就需要让所有 worker 都能拿到全部的梯度数据，即 g_1、g_2 和 g_3——这正是 Ring All Reduce 算法需要完成的工作。

为了方便说明该算法的逻辑，图 15-12 左图是某一个时刻所有 worker 上的梯度，右图是经过 Ring All Reduce 算法得到的最终结果——所有 worker 拿到全部的梯度数据。为了在低时间复杂度下实现该功能，Ring All Reduce 算法需要经历两个阶段——Scatter-Reduce 和 All-Gather。

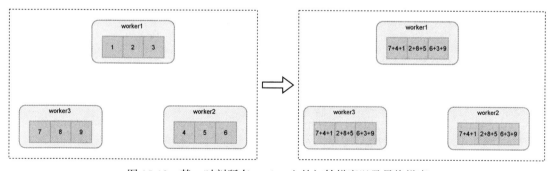

图 15-12　某一时刻所有 worker 上的初始梯度以及最终梯度

① Ring All Reduce 由百度首次引入深度学习领域，所以也可以叫 Baidu All Reduce，具体细节可参考 "Bringing HPC Techniques to Deep Learning"（Andrew Gibiansky）。

Ring All Reduce 架构中，每台 worker 会将梯度数据划分为 N 等份，N 为 worker 台数，因此演示时，每个 worker 上有 N 个数字，这里的 N 等于 3。

1. Scatter-Reduce 阶段

首先进入 Scatter-Reduce 阶段（这里的 Reduce 是 sum reduce），如图 15-13 所示，第一次迭代后的结果如右图所示。

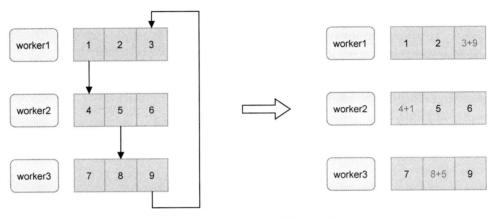

图 15-13　Scatter-Reduce 第一次迭代

紧接着开始第二次迭代，如图 15-14 所示，迭代完成后，每台 worker 上有 1/N 份完整的数据（红色标记的部分）。接下来进入 All-Gather 阶段。

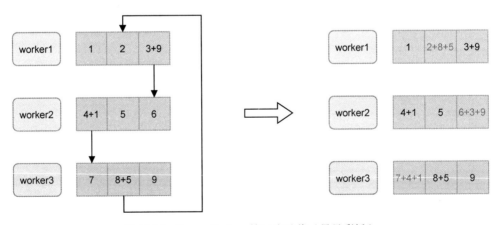

图 15-14　Scatter-Reduce 第二次迭代（另见彩插）

2. All-Gather 阶段

在这个阶段，不再需要 Reduce 操作，每台 worker 之间参数循环一次，第一次迭代如图 15-15 所示。

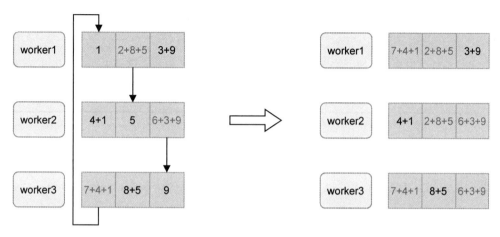

图 15-15　All-Gather 第一次迭代

再进行第二次迭代，如图 15-16 所示，此时所有 worker 都拥有了全部数据，该阶段完成。

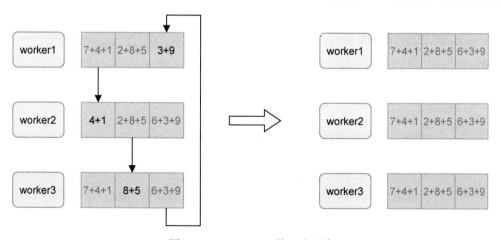

图 15-16　All-Gather 第二次迭代

3. 通信损耗

假设模型参数大小为 K，worker 台数为 N，由于 Scatter-Reduce 和 All-Gather 需要的迭代次数都是 $N-1$，且每次迭代时传输的数据都是 $\dfrac{K}{N}$，因此整体通信传输的数据为：

$$D_{\text{total}} = D_{\text{Scatter-Reduce}} + D_{\text{All-Gather}}$$

$$= (N-1) \times \frac{K}{N} + (N-1) \times \frac{K}{N}$$

$$= 2(N-1)\frac{K}{N}$$

$$\approx 2K \ (若 \ N \gg 1)$$

(15-2)

由式 (15-2) 可以看出，整体传输数据与 worker 台数 N 无关——这是 Ring All Reduce 相对于 Parameter Server 最具优势的地方。

Parameter Server 与 Ring All Reduce

该如何确定使用哪一种分布式架构呢？一般情况下，如果 worker 性能很高（比如高性能 GPU）且数量不多，优先选择 Ring All Reduce 架构；如果 worker 的性能一般且数量众多，优先考虑 Parameter Server 架构。如果模型特征高度稀疏或者模型比较大，同样优先考虑 Parameter Server 架构。因此在大规模推荐系统中，一般选择 Parameter Server 架构异步更新进行分布式训练。

15.5   单机代码移植

软件环境：

❑ Spark 2.4.0
❑ Tensorflow 1.15
❑ Python 3.6.0

本节采用数据并行、Parameter Server 架构、异步更新的方式将第 9 章中的单机 DIN 模型训练代码移植为分布式训练代码。依然从数据准备、模型训练、模型导出这三步来逐个说明哪里需要改动，哪里不需要改动，以及改动时需要注意的地方。

15.5.1   数据准备

1. 数据生成

数据依然通过 Spark 生成 TFRecord 文件保存在分布式文件系统（HDFS、S3 等）中，这部分代码没有任何改动。

2. 数据读取

既然是数据并行，那么就需要让每个 worker 节点看到不同的数据，加快训练速度，比如总共 100 条数据，10 个 worker 节点，平均每个节点可以分 10 条数据，训练速度理论上可以提高 10 倍，对应的代码就要稍作修改。

```python
# -*- coding: utf-8 -*-

"""
文件名：reader.py
"""

import os

import tensorflow as tf   # 1.15
from tensorflow.compat.v1.data import experimental


class Reader:
    def __init__(self, num_parallel_calls=None):
        self._num_parallel_calls = num_parallel_calls or os.cpu_count()

    # 1. 定义每个特征的格式和类型
    @staticmethod
    def get_example_fmt():
        example_fmt = dict()

        example_fmt['label'] = tf.FixedLenFeature([], tf.int64)
        example_fmt['user_id'] = tf.FixedLenFeature([], tf.string)
        example_fmt['age'] = tf.FixedLenFeature([], tf.int64)
        example_fmt['gender'] = tf.FixedLenFeature([], tf.string)
        example_fmt['device'] = tf.FixedLenFeature([], tf.string)
        example_fmt['item_id'] = tf.FixedLenFeature([], tf.string)
        # 此特征长度不固定
        example_fmt['clicks'] = tf.VarLenFeature(tf.string)

        return example_fmt

    # 2. 定义解析函数
    def parse_fn(self, example):
        example_fmt = self.get_example_fmt()
        parsed = tf.parse_single_example(example, example_fmt)
        # VarLenFeature 解析的特征是稀疏的，需要转换成密集的以便于操作
        parsed['clicks'] = tf.sparse.to_dense(parsed['clicks'], '0')
        label = parsed.pop('label')
        features = parsed
        return features, label

    # pad 返回的数据格式与形状必须与 parse_fn 的返回值完全一致
    def padded_shapes_and_padding_values(self):
        example_fmt = self.get_example_fmt()
```

```
        padded_shapes = {}
        padding_values = {}

        for f_name, f_fmt in example_fmt.items():
            if 'label' == f_name:
                continue
            if isinstance(f_fmt, tf.FixedLenFeature):
                padded_shapes[f_name] = []
            elif isinstance(f_fmt, tf.VarLenFeature):
                padded_shapes[f_name] = [None]
            else:
                raise NotImplementedError('feature {} feature type error.'.format(f_name))

            if f_fmt.dtype == tf.string:
                value = '0'
            elif f_fmt.dtype == tf.int64:
                value = 0
            elif f_fmt.dtype == tf.float32:
                value = 0.0
            else:
                raise NotImplementedError('feature {} data type error.'.format(f_name))

            padding_values[f_name] = tf.constant(value, dtype=f_fmt.dtype)

        # parse_fn 返回的是元组结构，这里也必须是元组结构
        padded_shapes = (padded_shapes, [])
        padding_values = (padding_values, tf.constant(0, tf.int64))
        return padded_shapes, padding_values

    # 3. 定义读数据函数
    def input_fn(self, mode, flags):
        num_workers, worker_index = flags.num_workers, flags.worker_index
        pattern, epochs, batch_size = flags.pattern, flags.num_epochs, flags.batch_size
        padded_shapes, padding_values = self.padded_shapes_and_padding_values()
        files = tf.data.Dataset.list_files(pattern)

        if num_workers and num_workers > 0 and worker_index > -1:  # 1
            files = files.shard(num_workers, worker_index)

        data_set = files.apply(
            experimental.parallel_interleave(
                tf.data.TFRecordDataset,
                cycle_length=8,
                sloppy=True
            )
        )
        data_set = data_set.apply(experimental.ignore_errors())
        data_set = data_set.map(map_func=self.parse_fn,
                                num_parallel_calls=self._num_parallel_calls)

        if mode == 'train':
            data_set = data_set.shuffle(buffer_size=10000)
            data_set = data_set.repeat(epochs)
```

```
data_set = data_set.padded_batch(batch_size,
                                 padded_shapes=padded_shapes,
                                 padding_values=padding_values)

data_set = data_set.prefetch(buffer_size=1)
return data_set
```

相比单机环境代码，注释 #1 处是唯一需要修改的地方。在分布式环境中，TensorFlow 需要知道一共有多少个 worker 节点（num_workers），以及当前 worker 节点的编号（0 到 num_workers − 1），shard 函数会自动将数据均分。

15.5.2　模型搭建

建模的代码可以不做任何修改，但是有时需要考虑一下：**如果物品 embedding 矩阵过大，单个 ps 存放不下或者负载过重时，应该怎么办？** 此时需要对这个变量进行分片，将其均匀分在多个 ps 上，达到负载均衡。实现起来很简单，只要在创建变量时指定一下 partitioner 即可，如下所示：

```
...
# ps_num 就是 ps 的个数
embedding_matrix = tf.get_variable(name='embedding_matrix',
                                   shape=(bucket_size, embedding_size),
                                   initializer=tf.initializers.glorot_uniform(),
                                   partitioner=tf.fixed_size_partitioner(num_shards=ps_num)
...
```

15.5.3　模型训练

程序入口代码需要修改，Tensorflow 需要知道分布式集群的拓扑结构——ps 的机器是哪些，worker 的机器是哪些，等等。

```
# -*- coding: utf-8 -*-
import os
import json
from lib.data import reader
from lib import flags as _flags
from lib import model_fn
from tensorflow.compat.v1 import app
from tensorflow.compat.v1 import logging
from tensorflow.compat.v1 import ConfigProto
from tensorflow.compat.v1 import estimator
from tensorflow.compat.v1.distribute import experimental


def _tf_config(_flags):
    tf_config = dict()
    ps = ['localhost:2220']
    chief = ['localhost:2221']
```

```python
    worker = ['localhost:2222']
    evaluator = ['localhost:2223']

    cluster = {
        'ps': ps,
        'chief': chief,
        'worker': worker,
        'evaluator': evaluator
    }

    task = {
        'type': _flags.type,
        'index': _flags.index
    }

    tf_config['cluster'] = cluster
    tf_config['task'] = task

    if _flags.type == 'chief':
        _flags.__dict__['worker_index'] = 0
    elif _flags.type == 'worker':
        _flags.__dict__['worker_index'] = 1

    _flags.__dict__['num_workers'] = len(worker) + len(chief)

    _flags.__dict__['device_filters'] = ["/job:ps", f"/job:{_flags.type}/task:{_flags.index}"]

    return tf_config


def _run_config(flags):
    cpu = os.cpu_count()
    session_config = ConfigProto(
        device_count={'GPU': flags.gpu or 0,
                      'CPU': flags.cpu or cpu},
        inter_op_parallelism_threads=flags.inter_op_parallelism_threads or cpu // 2,
        intra_op_parallelism_threads=flags.intra_op_parallelism_threads or cpu // 2,
        allow_soft_placement=True)

    strategy = experimental.ParameterServerStrategy()  # 3

    return {
        'save_summary_steps': int(flags.save_summary_steps),
        'save_checkpoints_steps': int(flags.save_checkpoints_steps),
        'keep_checkpoint_max': int(flags.keep_checkpoint_max),
        'log_step_count_steps': int(flags.log_step_count_steps),
        'session_config': session_config,
        'train_distribute': strategy,
        'eval_distribute': strategy
    }


def _build_run_config(flags):
    sess_config = _run_config(flags)
    return estimator.RunConfig(**sess_config)
```

```python
def main(argv):
    flags = argv[0]
    tf_config = _tf_config(flags)  # 1
    # 分布式需要 TF_CONFIG 环境变量
    os.environ['TF_CONFIG'] = json.dumps(tf_config)  # 2
    run_config = _build_run_config(flags)

    _params = {}
    _params.update(flags.__dict__)

    model = estimator.Estimator(
        model_fn=model_fn,
        model_dir=str(flags.checkpoint_dir),
        config=run_config,
        params=_params
    )

    train_spec = estimator.TrainSpec(input_fn=lambda: reader.input_fn(mode='train', flags=flags),
                                     max_steps=1000)  # 4

    eval_spec = estimator.EvalSpec(
        input_fn=lambda: reader.input_fn(mode='eval', flags=flags),
        steps=int(flags.eval_steps),
        throttle_secs=int(flags.eval_throttle_secs)
    )
    estimator.train_and_evaluate(model, train_spec, eval_spec)

    if __name__ == '__main__':
        logging.set_verbosity(logging.FATAL)
    app.run(main=main, argv=[_flags])
```

注释说明如下：

- #1、#2 处生成分布式网络拓扑，告知每个节点的角色，并写入系统环境变量 TF_CONFIG，TensorFlow 内部会读取该环境变量获得网络拓扑结构；

- #3 处将分布式策略告知 TensorFlow，这里选择 Parameter Server 架构；

- #4 处告知 Tensorflow 最多训练 max_steps 步，这个参数在分布式训练中必不可少。

程序启动命令如下：

```
nohup python main.py --type=ps --index=0 > ps.log 2>&1 &
nohup python main.py --type=chief --index=0 > chief.log 2>&1 &
nohup python main.py --type=worker --index=0 > worker.log 2>&1 &
nohup python main.py --type=evaluator --index=0 > evaluator.log 2>&1 &
```

这里启动了 4 个进程模拟分布式环境，占用了 4 个端口，扮演了 4 种角色，分别为 ps、worker、chief 和 evaluator[1]，各自的 index 都是从 0 开始的。

---

① TensorFlow 分布式训练教程见官网指南。

为了演示方便，我们从本地启动多个进程来模拟分布式环境。实际应用中，checkpoints 存储地址必须在分布式文件系统中，这样所有训练节点才能够访问得到，不然训练不会成功。同理，训练数据也必须存放在分布式文件系统中。

15.5.4 模型导出

这部分代码没有任何改动。至此，单机训练代码移植到分布式环境就完全结束了。

15.6 分布式训练框架

手动部署实现 TensorFlow 分布式训练的方式显然不能满足实际生产的需求，一些常见的问题手动部署根本无法解决。

- ❑ 失败重试：某些 server 或者 worker 出现故障了怎么办？能自动拉起相同数量相同角色的节点吗？
- ❑ 资源隔离：资源是有限的，当所有人共用一个资源池时，怎么做到资源隔离？
- ❑ 负载均衡：怎么保证节点与节点之间的资源占用是均衡的，避免"一人干活多人围观"的情况？
- ❑ 任务监控：能否有统一的入口可以看到所有任务的资源使用情况、训练速度、模型指标等。
- ❑ ……

上述问题需要借助系统框架来解决。接下来介绍两个比较实用、容易落地的分布式训练框架。

关于分布式训练框架，本书只是做一个简单的说明，希望这里提到的一些工具对于想要引入分布式训练的团队/组织能够带来一定的参考价值。实际生产中的分布式训练框架的搭建和维护需要很多的人力资源和计算资源，同时也有很多的工作要做，因为一旦需要将分布式框架投入到生产中供多个算法团队使用时，需要在集群管理、权限控制、资源分配、上下游系统打通等多个方面有详细周全的规划和考量。

15.6.1 基于 Kubernetes 的分布式训练框架

TensorFlow 由谷歌推出，后者当然也考虑到了手动部署的问题，借助另一个由谷歌推出的工具——Kubernetes——可以有效解决分布式 TensorFlow 的诸多问题。

1. Kubernetes 简介

Kubernetes（简称 K8s），其官方定义为：

Kubernetes, also known as K8s, is an open-source system for automating deployment, scaling, and management of containerized applications.

关键概念是**容器化应用**的**自动化部署**、**自动化扩容**以及**自动化运维**，这些特性几乎天生就是为了解决分布式系统的痛点和难点。Kubernetes 作为分布式/云环境中的"操作系统"，管理着整个集群中的节点，它现在几乎成了云（不管是公有云还是私有云）唯一基础架构平台。

Kubernetes 的组成部分如图 15-17 所示，大致可以分为两种关键组件：Control Plane 和 Node，各自的作用如下。

❑ Control Plane：控制平面组件，负责对整个集群做全局决策，比如确定某个任务调度到某个节点上，还有任务失败后重启等。总的来说，它是 Kubernetes 的大脑，检测着集群中的各种事件做出不同的响应。

❑ Node：节点组件，在每个节点上运行，维护运行的任务并提供 Kubernetes 运行环境。

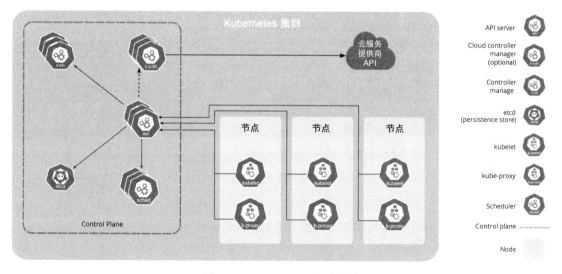

图 15-17　Kubernetes 组成部分

当使用 Kubernetes 进行分布式训练时，任务的提交就简单了很多，无须手动指定机器的 IP 和端口了，Kubernetes 会自动填充这些环境变量供 TensorFlow 使用，开发者只需要告诉 Kubernetes 使用几个 ps 几个 worker 即可。如图 15-18 所示，用户提交任务时，编写配置文件，提交后，Kubernetes 会自动为每台 worker 添加 TensorFlow 需要的 `TF_CONFIG` 环境变量。任务交由 Kubernetes 管理后，即使在训练过程中有 ps 或者 worker 宕机，也会自动启动另外一个完全一样的角色，再也不用开发者手动重启了。

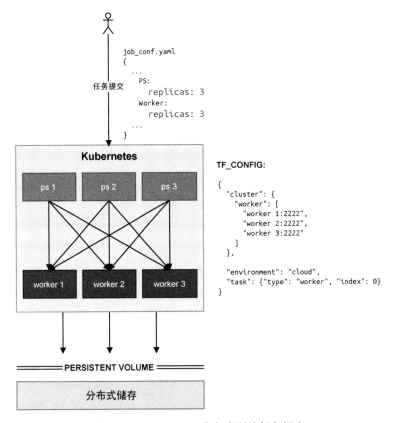

图 15-18   Kubernetes 分布式训练任务提交

  然而，由于 Kubernetes 并非专门用于 TensorFlow 分布式训练，因此算法工程师除了需要了解 Kubernetes 的一些底层细节之外，还需要做很多琐碎的工作才能让 Kubernetes 和 TensorFlow 很好地结合起来，这对于只专注于模型的算法工程师来说就不怎么友好了——Arena 正是为此而生的。

Kubernetes 的优点

❑ 服务发现和负载均衡

  Kubernetes 可以使用 DNS 名称或自己的 IP 地址公开容器，如果进入容器的流量很大，Kubernetes 可以负载均衡并分配网络流量，从而使部署稳定。

❑ 存储编排

  Kubernetes 允许你自动挂载自己选择的存储系统，例如本地存储、公有云提供商等。

□ 自动部署和回滚

你可以使用 Kubernetes 描述已部署容器的所需状态，它可以以受控的速率将实际状态更改为期望状态。例如，你可以自动化 Kubernetes 来为自己的部署创建新容器，删除现有容器并将它们的所有资源用于新容器。

□ 自动完成装箱计算

Kubernetes 允许你指定每个容器所需的 CPU 和内存（RAM）。当容器指定了资源请求时，Kubernetes 可以做出更好的决策来管理容器的资源。

□ 自我修复

Kubernetes 重新启动失败的容器，替换容器，杀死不响应用户定义的运行状况检查的容器，并且在准备好服务之前不将其通告给客户端。

2. Arena 简介

Arena 是一个命令行工具，它在 Kubernetes 的基础上又封装了一层，对算法工程师完全屏蔽了 Kubernetes 的底层细节，让使用者完全感觉不到后者的存在，从而大大降低了学习和使用成本。

Arena 官网对该工具的描述如下：

Arena is a command-line interface for the data scientists to run and monitor the machine learning training jobs and check their results in an easy way. Currently it supports solo/distributed TensorFlow training. In the backend, it is based on Kubernetes, helm and Kubeflow. But the data scientists can have very little knowledge about kubernetes.

Meanwhile, the end users require GPU resource and node management. Arena also provides top command to check available GPU resources in the Kubernetes cluster.

In one word, Arena's goal is to make the data scientists feel like to work on a single machine but with the Power of GPU clusters indeed.

总结如下：

(1) Arena 帮助使用者轻松运行和监控机器学习训练任务；

(2) 支持单机/分布式 TensorFlow 训练，基于 Kubernetes 等基础设施，但是使用者几乎可以不用了解 Kubernetes；

(3) 支持查看 Kubernetes 集群中的 GPU 资源情况；

(4) 总之，Arena 的目标是让使用者在进行分布式训练时感觉就像在进行单机训练一样。

使用 Arena 进行分布式训练后，任务提交如图 15-19 所示，使用者几乎感受不到底层分布式的运行情况，一切都交给 Arena 管理。

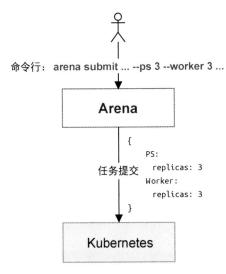

图 15-19   使用 Arena 进行分布式训练任务提交

> Kubernetes + Arena，再搭配 Prometheus 和 Grafana 等指标监控工具，基本上可以算是一个适用于实际生产环境的 TensorFlow 分布式训练框架。但是在涉足分布式训练之前，还是需要好好调研一下，是否数据量已经大到非采用分布式不可，毕竟一个完备的框架需要多个团队的分工协作和后期维护，需要大量人力和计算资源，最好不要为了分布式而采用分布式。

15.6.2   基于 Flink 的分布式训练框架

Flink 是 Apache 开源的计算引擎，同时支持批处理和流处理，它具备高扩展、容错性好、高可靠、性能优秀以及支持 exactly-once 处理等诸多优点。如果能将 Flink 与 TensorFlow 整合起来，发挥 Flink 天然的分布式优势，为 TensorFlow 提供稳定的分布式训练，那么会非常具有吸引力。dl-on-flink 是阿里巴巴开源的一个整合 Flink 和 TensorFlow 的分布式训练框架，整体流程如图 15-20 所示，可以看到 Flink 几乎能够完成除模型服务外的所有步骤。

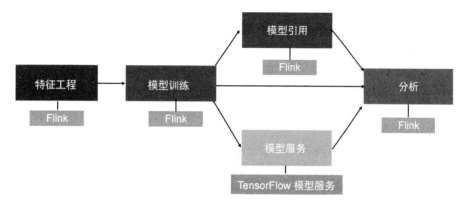

图 15-20 Flink + TensorFlow

相比基于 Kubernetes 的框架，基于 Flink 的框架优点如下：

□ 只需要维护一个框架；
□ 具备离线学习和在线学习的能力；
□ 数据处理和模型训练自然地结合在一起；
□ 不仅支持 TensorFlow，还支持其他训练框架，比如 PyTorch；
□ ……

特别地，第 14 章中介绍的在线学习技术一般情况下也是通过整合 Flink 和 TensorFlow 来实现的。因此从维护性、实用性和扩展性的角度来说，可以考虑将基于 Flink 的框架作为实际应用中落地分布式训练的首选。

15.7 总结

□ 当数据量达到一定程度时，需要考虑采用分布式训练来解决训练时间过长的问题。
□ 分布式训练架构按照种类大体上可以分为 Parameter Server 架构和 Ring All Reduce 架构。前者将模型参数分布式存储在多个 ps 节点上，后者没有 ps 的概念，所有 worker 都持有全量模型参数。推荐算法领域由于特征的稀疏性，一般会采用 Parameter Server 架构。
□ TensorFlow 单机训练代码移植为分布式训练代码还是比较简单的，基本上改动很少或者几乎没有，非常方便。
□ 在分布式训练框架这方面，由于 TensorFlow 自身的支持不是很好，因此有不少第三方框架完善了这个功能，如果有这方面的需求，推荐优先尝试 dl-on-flink。

第16章

示例：推荐算法训练代码框架设计

推荐算法从理论到落地的大致步骤如图 16-1 所示，整个过程形成闭环：

(1) 访问网站/App 的用户产生的行为数据不断落地；

(2) 训练数据任务构造特征和标签生成训练样本；

(3) 模型训练任务读取训练样本进行模型训练；

(4) 训练完毕后将模型推入生产环境，供线上服务加载；

(5) 线上服务根据用户、物品、上下文等特征进行打分和排序，返回给用户；

(6) 用户产生行为，回到第 (1) 步。

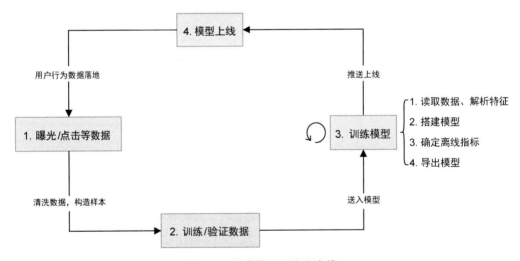

图 16-1　推荐算法开发流水线

算法开发的精力主要放在第 (2)、第 (3) 步，即训练/验证数据和训练模型。这些步骤均会涉及诸多代码实现，因此也会面临很多问题。本章的主要目的是**提效**，**提高开发效率**：总结一些常见的问题，找出它们可能存在的共性，并且尝试从代码设计的角度来解决这些问题。

回顾一下，当到了代码层面时，实现模型的一般步骤如下。

(1) 解析配置：模型的超参数、数据的地址、使用的特征等。

(2) 读取数据：读入原始数据并做特征工程。

(3) 搭建模型：编写模型代码。

(4) 训练模型：将数据输入模型。

(5) 导出模型：模型导出为线上可用的格式。

另外，算法开发在工业界有时候会被设定为算法后端开发，本章中的算法开发与算法工程师是同一个概念，不做区分。

本章的代码仅仅为 TensorFlow 实现。

软件版本：

❑ TensorFlow 1.15.0

❑ Python 3.6.0

16.1 问题

在日常迭代模型的过程中，经常会遇到以下一些问题。

❑ 数据问题

■ 数据格式：存储的数据格式多种多样，比如 TFRecord、CSV、TEXT、Parquet 等。

■ 特征命名：相同的特征，在不同的数据集中名称可能不一样，比如用户 ID 特征在数据集 D_1 中名称是 uid，在数据集 D_2 中名称是 user_id，其实本质上是一种含义。

■ 数据地址：数据存储路径随意，没有任何约束。

■ 其他问题。

❑ 训练问题

■ 配置文件：文件格式多样，比如 YAML、JSON、自定义 conf 等。

■ 数据读取：一般写模型代码还要写数据读取代码，特别是后者，很容易产生冗余和重复代码。

■ 模型管理混乱：模型 = 算法 + 数据 + 配置，只有三者结合才算是一个完整的模型，可是实际应用中一些人几乎将重点放在了算法上而完全忽略了数据和配置，在经过了多轮开发迭代之后，为了知道某个历史模型使用了哪个数据集和哪些配置，可能需要查阅很多文档，很容易造成模型维护困难。

■ 其他问题。

❑ 其他问题

如果能够解决上述问题，将算法开发从琐碎且重复的事项（比如读配置、读数据等）中抽离出来，完全专注于模型的部分，那么可以极大地减少时间成本，提升迭代效率。

16.2 解题思路

在深入到代码之前，需要先分析问题，并找到尽可能好的解决方案，本节内容会针对不同的问题做不同的分析，并在分析的基础上尝试给出合理的建议。

16.2.1 数据问题

数据的主要问题表现为多样性，包括数据格式多样、特征分类多样（类别型、连续型和序列型等）以及特征数据类型多样（整型、字符串等）等，如果直接将这种多样性引入代码实现层面，那么可能会使代码变得特别臃肿。从功能角度来看，当一份数据生成后，算法开发最关心的是这份数据有哪些特征、特征类型是什么、背后的物理意义是什么，而不是这份数据的地址是什么、具体的存储格式是什么。因此当面对多样性时，在做框架设计时，较为合理的做法是**抽象**，即面向抽象编程，将数据集抽象出来，数据集使用者看到的仅仅是抽象后的概念，将数据集的诸多琐碎且不重要的细节完全对使用者屏蔽。这样做的好处不言而喻，一来可以做到对外接口保持统一，便于代码的维护和迭代，二来让算法开发可以将重心完全放在业务逻辑上，消除了数据集的多样性，提高算法开发的迭代效率。

所以接下来要解决的问题是如何将数据集抽象出来。为了回答这个问题，首先要了解算法开发为了完成建模，对数据集的要求是什么，也就是说数据集需要提供哪些必要信息。一般来说，数据集必须携带如下信息。

(1) 数据集地址：存储数据集的地址，有可能是本地，也有可能是 HDFS 等分布式存储地址。

(2) 数据集格式：表示数据存储格式，比如 TFRecord、CSV 等。

(3) 特征集合：数据集含有哪些特征。

据此得到数据集的抽象如图 16-2 所示，除了上述三个要素以外，还添加了一个必要的方法 `input_fn`，该方法负责读取数据并返回数据迭代器，因此数据集的使用者只需要看到这个方法就可以了。

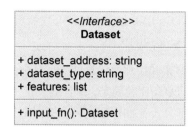

图 16-2　数据集抽象

稍加观察就会发现，**特征**这个要素也可以通过相同的方式抽象出来。同理，首先罗列一下特征必备的信息。

(1) 名称：特征名称。

(2) 分类：特征分类，比如类别型、连续型等。

(3) 类型：特征类型，比如整型、字符串、序列型等。

(4) 处理函数：该函数表示特征如何处理，比如散列、分桶等。

(5) 处理函数入参：与处理函数对应，表示函数入参，比如处理函数是 hash，那么入参就是桶数；处理函数是分桶，那么入参就是桶边界（boundary）。

除此之外，由于特征可能会非常多，参考数据库的表设计，一般会将特征再加一个与业务逻辑无关的 ID，称为 slot，即特征 ID。在后面具体讲代码实现时会发现，通过 slot 来引用特征比直接使用特征名称要灵活得多。

综上，可以将特征的抽象表示为图 16-3。

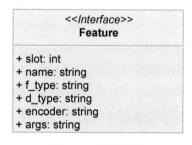

图 16-3　特征抽象

数据集和特征抽象完毕后，基本上可以解决数据多样性的问题，最终目的是对算法开发屏蔽数据底层细节，同时为数据的读取提供接口一致性，消除可能存在的重复和冗余。

16.2.2　训练问题

一般情况下，几乎所有的框架都可以将代码分为两部分。

(1) 框架代码：框架使用者可以不用关心，由框架开发者负责维护和迭代。

(2) 用户代码：框架使用者需要实现的代码。

框架代码将程序运行的主体框架和流程提前设计好，其中的业务逻辑部分由用户代码实现。具体到推荐算法领域，由于建模的步骤比较固定，从代码设计的角度来看，特别适合将整个流程设计为一个框架，将其中变化的部分（比如模型代码）交由用户自定义实现。按照建模的流程，每个步骤的代码实现方如图 16-4 所示，可以看到除了**搭建模型**需要算法开发实现以外，其他所有步骤均可以通过框架来完成。

图 16-4　建模各步骤代码实现方

如果能够完全实现图 16-4 中的所有功能，那么基本上可以解决 16.1 节中训练问题中的配置多样（由框架统一配置）和数据读取（由框架统一实现）问题。本章的后续内容主要是设计一个简单的算法训练框架（后文简称框架），旨在将图 16-4 中的流程落地。我们遵循框架的设计原则，在具体到代码层面之前，首先需要完成详细设计。

16.3　详细设计

框架简图如图 16-5 所示，其中包含的内容如下。

(1) 解析配置：用来解析超参数配置、数据集配置以及特征配置等，由框架实现。

(2) 读取数据：第 (1) 步得到数据配置后，这一步负责读取训练数据，将原始数据由外部存储读入内存，由框架实现。

(3) 搭建模型：搭建具体的模型结构，由用户自定义。

(4) 训练模型：将第 (2) 步的数据数据输入第 (3) 步的模型进行训练，由框架实现。

(5) 导出模型：将第 (4) 步训练完的模型导出为线上可用的格式，由框架实现。

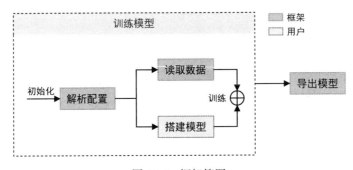

图 16-5　框架简图

根据图 16-5，将整个项目代码目录结构设计如下，其中 lib 目录的实现是接下来的主要内容：

```
rec_sys/ # 1 目录：项目名称
├── conf # 2 目录：配置存储目录
│   ├── dataset # 2.1 目录：数据集存储目录
│   │   └── dataset_00001 # 2.1.1 文件：具体的数据集说明文件
│   ├── model # 2.2 目录：模型配置存储目录
│   │   └── model_00001 # 2.2.1 目录：模型名称或者模型 ID
│   │       ├── features.conf # 2.2.1.1 文件：特征配置，用于覆盖默认特征配置
│   │       └── model.conf # 2.2.1.2 文件：模型配置，用于覆盖默认特征配置
│   ├── model.conf # 2.3 文件：默认模型配置文件
│   ├── features.conf # 2.4 文件：默认特征配置文件
│   ├── logger.conf # 2.5 文件：默认日志配置文件
├── lib # 3 目录：库代码，框架代码存放于此 ★★★
└── model # 4 目录：模型代码，用户代码存放在此
    └── model_00001 # 4.1 目录：模型名称或者模型 ID
        └── estimator.py # 4.1.1 文件：模型实现代码文件
```

16.3.1　配置解析

配置按照功能一般分为 4 个部分。

(1) 模型配置：主要是超参数的配置，包括学习率、batch size、epoch 等，还有模型存储的地址、使用的特征等信息。

(2) 数据集配置：主要是数据集说明的配置，包括数据集地址、数据包含的特征以及数据集的存储类型等。

(3) 特征配置：主要是特征说明的配置，包括特征 slot、名称、类型等。

(4) 日志配置：主要是程序运行日志的配置，比如日志级别、日志文件名格式等。

使用 UML 将这三部分画出来，得到图 16-6，所有配置由 ConfFactory 类处理，该类包含 4 个成员 Conf，对应上述 4 种配置，每个 Conf 中含有一个 parse 方法，用来解析各自的配置文件。解析完成后，由 ConfFactory 统一对外提供配置读取。

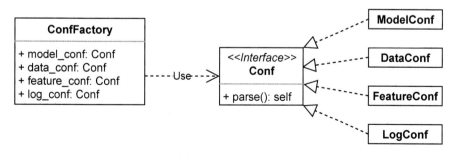

图 16-6　配置 UML

16.3.2　数据读取

数据读取功能的 UML 如图 16-7 所示，为了便于统一管理，约束算法开发仅可以通过 Dataset-Factory 获取数据，实际上是通过隐藏在背后的各个 Dataset 的具体实现来完成数据的读取，这样可以对算法开发屏蔽数据多样性等细节。

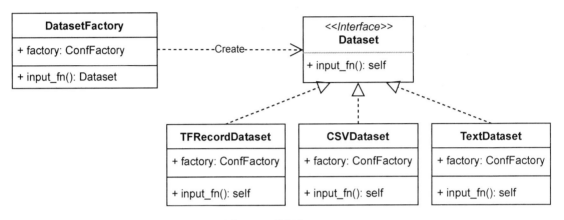

图 16-7　数据集 UML

16.3.3　模型搭建

模型搭建由用户实现，搭建模型时需要的最重要的信息——超参数和特征——由框架提供，其中特征的处理最为琐碎和重复。根据图 16-3 所示的特征抽象，特征设计的 UML 如图 16-8 所示。约束算法开发仅可以通过 FeatureFactory 获取特征，实际上是通过隐藏在背后的各个 Feature 的具体实现来完成特征的处理，这样可以对算法开发屏蔽特征多样性等细节。

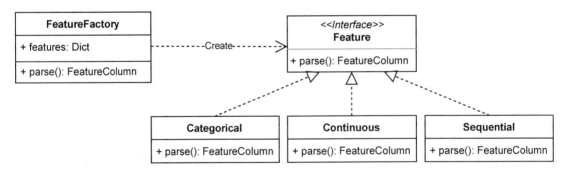

图 16-8　特征 UML

将特征的处理手段统一之后，搭建模型时将 FeatureFactory 与模型代码组合起来，得到如图 16-9 所示的 UML 图，模型对外暴露 model_fn 方法，此方法需要用户自定义实现。

图 16-9　模型 UML

16.3.4　完整流程

　　客户端提交任务给框架，框架解析参数后得到 ConfFactory，含有模型训练和导出需要的所有配置信息；然后框架将 ConfFactory 交给 pipeline，pipeline 中设置好 Handler[s]，它（们）是任务链上**节点处理器**的抽象，每个节点处理不同的事项，比如训练节点负责模型训练，导出节点负责模型导出，各处理器各司其职，通过 next 串联下游；最后 pipeline 调用 run 方法执行任务链上的 Handler，完成整个任务，如图 16-10 所示。

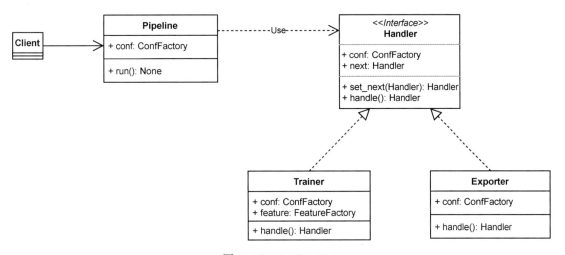

图 16-10　pipeline UML

16.4　代码实现

　　由于篇幅限制①，本节只关注配置解析和特征抽取的部分。

　　程序启动命令：

```
# cd rec_sys
nohup python -m lib.main.main \
--model_name=model_00001 \
--dataset=dataset_00001 \
```

————————————
① 完整代码详见随书资源。

```
--learning_rate=0.02 \
--decay_steps=100000 \
--decay_rate=0.9 \
--start=20220101 \
--end=20220131 \
--batch_size=1024 >model_00001.log 2>&1 &
```

16.4.1　配置解析

配置样例如下。

❑ 数据集

```
# 文件路径：rec_sys/conf/dataset/dataset_00001
dataset = /home/recsys/chapter16/datasets/
# 数据集类型，这里是 tfrecord
set_type = tfrecord
# 数据集的特征
slots = 1,2,3,4,5,6
# label:int64 表示数据集的标签名称是 label，类型是 int64
label = label:int64
```

dataset 字段指定数据根目录，子目录按照日期存储，日期下存储的是具体的训练数据，类似如下：

```
datasets
├── 20220101/
├── 20220102/
├── 20220103/
├── 20220104/
├── 20220105/
├── 20220106/
└── 20220107/
```

❑ 特征配置

```
# 文件路径：rec_sys/conf/features.conf
# user
slot = 1, name = uid, f_type = categorical, d_type = string, encoder = hash, args = 2000000
slot = 2, name = age, f_type = continuous, d_type = int64, encoder = bucketize, args =
0|18|25|36|45|55|65|80
slot = 3, name = gender, f_type = categorical, d_type = string, encoder = hash, args = 20

# context
slot = 4, name = device, f_type = categorical, d_type = string, encoder = hash, args = 1000
# item
slot = 5, name = item_id, f_type = categorical, d_type = string, encoder = matrix, args = 1000000|32
# interaction
slot = 6, name = clicks, depend = 5, f_type = sequence, d_type = string
```

特征配置中，encoder 表示如何处理特征，在代码中会对应不同的处理函数；depend 表示该特征有依赖，比如用户历史点击物品特征，依赖物品特征（共享物品 embedding）。

将图 16-6 的 UML 转换为代码，需要注意的是，配置分为三个层级：1) 默认配置文件；2) 用户自定义配置文件；3) 用户提交任务时的命令行配置。在编写代码时按照优先级从低到高实现：命令行配置优先级最高，用户自定义配置文件次之，默认配置文件最低。

ConfFactory 代码片段

```python
# 文件路径: rec_sys/lib/conf/conf_factory.py
from lib.conf.conf import ModelConf, DatasetConf, FeatureConf, LoggerConf


class ConfFactory:
    def __init__(self, flags):
        self._flags = flags # 命令行配置
        self._model_conf = ModelConf(flags).conf
        self._dataset_conf = DatasetConf(flags).conf
        self._feature_conf = FeatureConf(flags).conf
        self._logger = LoggerConf(flags).get_logger()

    @property
    def flags(self):
        return self._flags

    @property
    def model_conf(self):
        return self._model_conf

    @property
    def dataset_conf(self):
        return self._dataset_conf

    @property
    def feature_conf(self):
        return self._feature_conf

    @property
    def logger(self):
        return self._logger
```

Conf 代码片段

```python
# 文件路径: rec_sys/lib/conf/conf.py
from abc import ABC
import os
import json
import logging.config


class Conf(ABC):
    def __init__(self, flags):
        self._flags = flags
        self._model_name = self._flags.model_name
        self._d_root_conf = self._root_conf_path()
```

```python
    def _root_conf_path(self):
        project_dir = self._flags.project_dir
        return project_dir.joinpath('conf')

    def _parse(self):
        raise NotImplementedError('Conf not implement parse.')


class ModelConf(Conf):
    def __init__(self, flags):
        super().__init__(flags)
        self._f_conf = (self._d_root_conf
                        .joinpath('model')
                        .joinpath(self._model_name)
                        .joinpath('model.conf'))
        if not os.path.exists(self._f_conf):
            raise FileNotFoundError(f'model {self._model_name} '
                                    f'missing model conf.')
        self._f_default_conf = self._d_root_conf.joinpath('model.conf')
        self._conf = self._parse()

    def _parse(self):
        conf = {}
        # 首先读取默认配置文件
        if os.path.exists(self._f_default_conf):
            with open(self._f_default_conf) as _f_default_conf:
                default_model_conf = self._file_parse(_f_default_conf)
            conf.update(default_model_conf)

        # 其次读取自定义配置文件，会覆盖默认配置
        with open(self._f_conf) as _f_conf:
            model_conf = self._file_parse(_f_conf)
        conf.update(model_conf)
        conf['save_summary_steps'] = int(conf['save_summary_steps'])
        conf['save_checkpoints_steps'] = int(conf['save_checkpoints_steps'])
        conf['keep_checkpoint_max'] = int(conf['keep_checkpoint_max'])
        conf['log_step_count_steps'] = int(conf['log_step_count_steps'])
        conf['eval_steps'] = int(conf['eval_steps'])
        conf['eval_throttle_secs'] = int(conf['eval_throttle_secs'])
        conf['max_steps'] = int(conf['max_steps']) if 'max_steps' in conf else None

        # 最后读取任务提交命令行配置
        for k in conf:
            if k in self._flags.__dict__:
                conf[k] = self._flags.__dict__[k]

        return conf

    @property
    def conf(self):
        return self._conf

    @staticmethod
```

```python
    def _file_parse(f):
        conf = {}
        for line in f:
            if len(line.strip()) == 0 or line.strip().startswith('#'):
                continue
            num = line.count('=')
            if 0 == num:
                continue
            elif 1 == num:
                k, v = line.split('=')
                k = k.strip()
                v = v.strip()
                if k == 'owners':
                    v = v.split(',')
                if k == 'slots' or k == 'serving_slots':
                    v = list(map(int, v.split(',')))
                conf[k] = v
        return conf


class FeatureConf(Conf):
    def __init__(self, flags):
        super().__init__(flags)
        self._f_conf = (self._d_root_conf
                        .joinpath('model')
                        .joinpath(self._model_name)
                        .joinpath('features.conf'))
        self._f_default_conf = self._d_root_conf.joinpath('features.conf')
        if not os.path.exists(self._f_default_conf):
            raise FileNotFoundError(f'model {self._model_name} '
                                    f'missing feature conf.')

        self._conf = self._parse()

    def _parse(self):
        conf = {}

        with open(self._f_default_conf) as _f_default_conf:
            default_feature_conf = self._file_parse(_f_default_conf)
        conf.update(default_feature_conf)

        if os.path.exists(self._f_conf):
            with open(self._f_conf) as _f_conf:
                model_feature_conf = self._file_parse(_f_conf)
            if model_feature_conf:
                for slot, slot_conf in model_feature_conf.items():
                    conf.setdefault(slot, {}).update(slot_conf)

        for k in conf:
            if k in self._flags.__dict__:
                conf[k] = self._flags.__dict__[k]

        return conf
```

```python
    @property
    def conf(self):
        return self._conf

    @staticmethod
    def _file_parse(f):
        conf = {}
        for raw_line in f:
            if len(raw_line.strip()) == 0 or raw_line.strip().startswith('#'):
                continue
            slot_conf = {}
            for kv in raw_line.split(','):
                kv = kv.split('=')
                if len(kv) != 2:
                    raise RuntimeError(f'FeatureConf parse error.'
                                       f'kv: {kv}\n raw_line: {raw_line}')
                k, v = kv
                k = k.strip()
                v = v.strip()
                if k in ('slot', 'depend'):
                    v = int(v)
                slot_conf[k] = v

            slot = slot_conf['slot']
            if slot in conf:
                raise RuntimeError(f'FeatureConf duplicated slot: {slot}')
            conf[slot] = slot_conf
        return conf


class DatasetConf(Conf):
    def __init__(self, flags):
        super().__init__(flags)
        self._f_conf = (self._d_root_conf
                        .joinpath('dataset')
                        .joinpath(f'{self._flags.dataset}'))
        if not os.path.exists(self._f_conf):
            raise FileNotFoundError(f'model {self._model_name} '
                                    f'missing dataset conf.')
        self._conf = self._parse()

    def _parse(self):
        conf = {}
        with open(self._f_conf) as f:
            for raw_line in f:
                if (not raw_line.strip() or
                        raw_line.strip().startswith('#')):
                    continue
                key, value = raw_line.split('=')
                key = key.strip()
                value = value.strip()
                conf[key] = value
        return conf
```

```python
    @property
    def conf(self):
        return self._conf


class LoggerConf(Conf):
    def __init__(self, flags):
        super().__init__(flags)
        self._f_conf = self._d_root_conf.joinpath('logger.conf')
        self._logger_dir = self._flags.project_dir.joinpath('logs')
        if not os.path.exists(self._logger_dir):
            os.mkdir(path=self._logger_dir)

        config = self._parse()

        if config:
            logging.config.dictConfig(config)
        else:
            logging.basicConfig(level=logging.DEBUG)

    def _parse(self):
        if not os.path.exists(self._f_conf):
            return None

        with open(self._f_conf) as log:
            conf = json.load(log)

        for handler in conf['handlers']:
            h_conf = conf['handlers'][handler]
            if 'filename' not in h_conf:
                continue
            h_conf['filename'] = str(self._logger_dir
                                     .joinpath(h_conf['filename']))

        return conf

    @staticmethod
    def get_logger(name='tensorflow'):
        return logging.getLogger(name)
```

16.4.2 特征处理

将图 16-8 的 UML 转换为代码，可以得到特征处理的代码，包含了特征抽取和特征工程，如下所示，其中初始化函数中的入参 feature_conf 即配置解析生成的特征配置。

FeatureFactory 代码片段

```python
# 文件路径: rec_sys/lib/feature/feature_factory.py
# -*- coding: utf-8 -*-
from lib.feature.feature import Categorical, Continuous, Sequential
```

```python
class FeatureFactory:
    def __init__(self, feature_conf):
        self._slot_feature_map = self.parse(feature_conf)

    @classmethod
    def parse(cls, feature_conf):
        slot_feature_map = {}
        for slot, slot_conf in feature_conf.items():
            f_type = slot_conf['f_type']
            if f_type == 'categorical':
                col = Categorical(slot_conf)
            elif f_type == 'continuous':
                col = Continuous(slot_conf)
            elif f_type == 'sequence':
                col = Sequential(slot_conf)
            else:
                raise NotImplementedError(f'slot {slot}, '
                                          f'feature type {f_type} not supported.')
            slot_feature_map[slot] = col

        return slot_feature_map
```

Feature 代码片段

```python
# 文件路径：rec_sys/lib/feature/feature.py
# -*- coding: utf-8 -*-
import tensorflow as tf
from tensorflow import feature_column


class Feature:
    def __init__(self, conf):
        self._conf = conf
        self.slot = conf['slot']
        self.f_type = conf['f_type']
        self.name = conf['name']
        self.encoder = conf.get('encoder')
        self.args = conf.get('args')
        self.d_type = conf['d_type']
        self.len = int(conf.get('len', '0'))
        self.column = self._parse() if self.encoder else None

    @property
    def conf(self):
        return self._conf

    def _parse(self):
        raise NotImplementedError('Feature not implement _col.')

    def __str__(self):
        return str(self._conf)


class Categorical(Feature):
    def __init__(self, conf):
```

```python
        super(Categorical, self).__init__(conf)

    def _parse(self):
        _column = None
        if self.encoder == 'hash':
            self.args = int(self.args)
            d_type = tf.string
            if self.d_type == 'int64':
                d_type = tf.int64
            if self.d_type == 'int32':
                d_type = tf.int32
            _column = feature_column.categorical_column_with_hash_bucket(
                self.name,
                hash_bucket_size=self.args,
                dtype=d_type
            )
        elif self.encoder == 'identity':
            self.args = self.args.split('|')
            num_buckets, default_value = self.args
            _column = feature_column.categorical_column_with_identity(
                self.name,
                num_buckets=num_buckets,
                default_value=default_value)
        elif self.encoder == 'matrix':
            pass
        else:
            raise NotImplementedError('Categorical not support'
                                      f' {self.encoder}: slot {self.slot}')

        return _column


class Continuous(Feature):
    def __init__(self, conf):
        super(Continuous, self).__init__(conf)

    def _parse(self):
        _column = None
        if self.encoder == 'bucketize':
            args = list(map(float, self.args.split('|')))
            if self.d_type == 'int32':
                d_type = tf.int32
            elif self.d_type == 'int64':
                d_type = tf.int64
            else:
                d_type = tf.float32

            shape = self.len or 1

            col = feature_column.numeric_column(self.name,
                                                shape=(shape,),
                                                default_value=0,
                                                dtype=d_type,
                                                normalizer_fn=None)
```

```python
            _column = feature_column.bucketized_column(
                source_column=col,
                boundaries=args)
        else:
            raise NotImplementedError('Continuous not support'
                                    f' {self.encoder}: slot {self.slot}')
        return _column


class Sequential(Feature):
    def __init__(self, conf):
        super(Sequential, self).__init__(conf)

    def _parse(self):
        _column = None
        if self.encoder == 'hash':
            self.args = int(self.args)
            d_type = tf.string

            _column = (feature_column.sequence_categorical_column_with_hash_bucket(
                self.name,
                hash_bucket_size=self.args,
                dtype=d_type))
        elif self.encoder == 'identity':
            self.args = self.args.split('|')
            num_buckets, default_value = self.args
            _column = feature_column.sequence_categorical_column_with_identity(
                self.name,
                num_buckets=num_buckets,
                default_value=default_value)
        else:
            raise NotImplementedError('Sequence not support'
                                    f' {self.encoder}: slot {self.slot}')

        return _column
```

16.5　总结

- 模型的训练和上线流程比较固定，基本上遵循数据处理到模型导出这个流程。同时，由于特征类型（类别型、连续型和序列型）也比较容易划分，所以算法开发的代码特别适合标准化。

- 在进行代码实现时，出现最多的是样本和模型训练问题。样本的多样性很容易让代码变得冗余和重复，降低迭代效率。**模型 = 算法 + 数据 + 配置**，虽然数据和配置的解析是一项琐碎的任务，但是如果设计不完善，也很容易出现配置遍布代码的情况，因此对于这些非模型搭建的工作，可以交由框架统一处理。

- 能够让算法工程师尽可能多地专注在建模上，达到提效降本作用的就是一个良好的框架。由于水平有限，本章的设计思路和代码框架仅供参考。

第 17 章

回顾和探索

推荐算法作为商业变现最为重要的手段之一，涵盖了特别多的内容。本书虽然介绍了不少推荐算法在生产中的实践，但依然只是整个领域的冰山一角，还有特别多的内容等待挖掘和研究，而且行业内新的想法和技术层出不穷，因此也要求从业人员保持学习的热情。最为重要的是将理论与业务结合的能力，毕竟再精妙的算法，也必须在商业上产生其应有的业务价值。

作为最终章，接下来会从两方面来结束本书的所有内容。

(1) 快速回顾从第 1 章到目前为止的主要内容。

(2) 从个人视角出发，试着指出一些值得探索且本书尚未详细探讨的方向，这些方向不再局限于算法层面，更多的是对于算法周边的一些思考。当然，关于这部分的内容也只是一家之言，仅供参考。

17.1 回顾

一次推荐的完成，需要经过**召回**和**排序**两阶段。虽然从理论上来说，排序阶段可以跳过，但是一个表现良好的推荐系统，两阶段缺一不可，尤其是大规模推荐系统：召回阶段负责从海量物品中快速筛选出用户可能感兴趣的物品，排序阶段则需要对召回出的物品做更细粒度的区分。两阶段分工协作以达成**又快又准**的目标。总的来说，个性化推荐本质上是在用户意图不明确的情况下，利用机器学习算法，结合用户特征、物品特征、上下文特征等信息，缩短用户到物品的距离，提升用户转化效率和产品体验——这些是第 1 章的主要内容。根据阶段的不同，算法也相应地分成了召回算法和排序算法，对应本书的第一部分和第二部分。

第一部分的前 4 章内容主要围绕常用的召回算法展开，详细介绍了每个算法的基本原理、训练数据的处理方式以及对应算法的代码实现。表 17-1 说明了想要产出高质量的模型，在开发过程中最需要关注的地方。

表 17-1 常用的召回算法

算 法	要 点
协同过滤	打分! 打分! 打分!
关联规则	transactions 的生成
词向量	documents 的生成
深度学习双塔结构	负样本的设计

介绍完上述召回算法后,在日常开发中模型上线前必须进行离线测试,因此第 6 章讨论了常用的离线评估指标,描述了每种指标的理论基础、各自的应用场景以及对应指标的代码实现。

第二部分的主题是排序算法,由于此类算法的复杂度高于召回算法,因此第 7 章先描述了常规的特征以及特征工程,一般来说可以将特征分为类别型、连续型和序列型。过渡到深度模型之前,第 8 章介绍了经典的逻辑回归和 FM,阐述了各自的理论以及如何手动进行代码实现。第 9 章和第 10 章详细介绍了基于 TensorFlow 实现的深度模型,包括从数据处理到模型对外服务等整个建模流程,同时剖析了 Listwise 建模方式在推荐算法中的应用。与召回算法同理,模型上线前也必须进行离线测试,因此第 11 章介绍了排序模型的离线评估和在线评估,其中 A/B 测试平台是必备的基础设施,用来衡量算法工程师的价值输出。由于深度模型的特点,第 12 章介绍了一些最佳实践,包括超参数的调节以及数据的处理。

第三部分的主题是工程实践,聚焦召回和排序阶段的一些共性问题,比如算法开发效率的提高等。第 13 章介绍了推荐系统中必须面对的冷启动问题,尝试从系统冷启动、用户冷启动和物品冷启动三个方面给出一些实用建议。第 14 章从增量更新的角度来缩减训练时间,一般可以满足大部分要求,如果依然满足不了对训练时长的需求,第 15 章详细介绍了分布式模型训练的理论以及一些有助于落地的框架,可以完成海量数据的训练任务。第 16 章从代码设计的角度尝试提高开发效率,通过消除可能存在的代码冗余和重复来降低代码的编写和维护成本。

本章的剩余内容将介绍一些在很大程度上会影响算法业务效果和迭代效率的因素。

17.2 探索

算法工程师主要与数据、算法、A/B 测试平台打交道,因此这几个方面非常值得投入时间和精力,一般来说也都会有比较正向的回报。

17.2.1 数据

数据的重要性再怎么强调也不为过,提高算法质量的众多措施中,数据永远排在第一位。本节从数据的宏观角度出发,探讨一个值得尝试的优化点。

推荐系统两阶段中的排序阶段一般又会细分成精排和粗排,因此一般情况下需要维护三种类型的模型:召回模型、粗排模型和精排模型。在实际应用中不同的模型可能是由不同的人或者团队迭代和维护的,那么很可能会出现以下局面:

(1) 精排模型有点击率预估模型、转化率预估模型;

(2) 粗排模型有点击率预估模型、转化率预估模型;

(3) 召回模型有点击率预估模型、转化率预估模型。

一共有 6 种模型,虽然可能比较极端,但是实际情况也差不多。每种模型都会有各自的训练数据,这些训练数据之间可能关联也不大。抛开维护性不谈,这里还有一个很微妙的问题:目标一致性,理论上三种模型的目标需要保持一致,但是实际应用中可能召回层优化的是点击率,粗排层优化的是 GMV 等,这种 GAP 实在太过常见。

如果换个思路,既然精排一般作为推荐算法的最终出口(忽略重排),那么召回模型和粗排模型就应该与精排模型保持一致,以精排的目标为目标。因此根据这种想法,在每种模型的训练样本上可以按照如下方式处理来尽可能地达到目标一致性。

(1) 召回样本:进入精排的为正样本,未进入精排的为负样本。召回的目的就是尽量把优质物品送入精排。

(2) 粗排样本:精排的排序结果作为粗排模型需要拟合的样本。此时粗排就特别适用 Listwise 建模方式。

(3) 精排样本:用户的真实行为反馈。

具体流程如图 17-1 所示,详细描述如下。

(1) 用户请求到达推荐系统。

(2) 推荐系统调用召回服务:

1) 召回服务从资源池中筛选出万级的物品;

2) 返回给推荐系统。

(3) 推荐系统携带召回返回的物品,调用粗排服务:

1) 粗排服务对物品进行打分和排序;

2) 取出 Top N(百级)物品返回给推荐系统,这 N 个物品会进入精排服务;

3) 同时,为召回生成样本,N 个物品为正例,未进入精排的物品为负例(可以施加采样率为 r 的下采样)。

(4) 推荐系统携带粗排返回的物品,调用精排服务:

1) 精排服务对物品进行打分和排序;

2) 返回给推荐系统；

3) 同时，为粗排生成样本，N（也可以采样为 M）个物品生成 list 或者 pair，为粗排模型提供 Listwise 或者 Pairwise 样本。

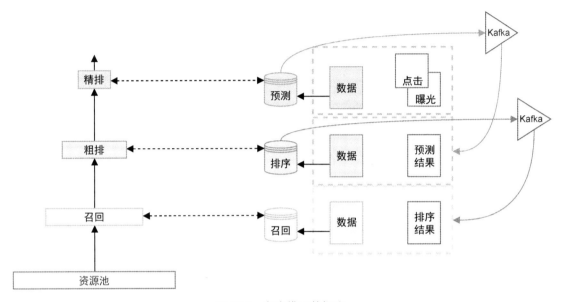

图 17-1　各类模型数据流

通过上述生成样本的方式可以看到，只要精排模型做得好，粗排模型和召回模型也会自然而然表现好。而如果精排模型没做好，召回模型和粗排模型可能都会受影响。所以采用这种方式有一个重要的前提——具备高质量的精排模型。

17.2.2　算法

关于具体的算法，这里就不再推荐了，但是有一点必须提及，也是每个从业人员必须关注的，每年推荐领域都会浮现出特别多优秀的论文[①]，除此之外，一些具备成熟且强悍商业变现能力的公司（谷歌、阿里巴巴、Meta/Facebook 等）也会发表不少理论和实践结合得很好的论文，一般来说，如果仔细查阅其中引用较多或者机构评选出来的年度最佳论文，除了能够开拓视野外，其中蕴含的思想也可以用来解决实际问题。如果能够在实际应用中复现论文的内容并取得收益，那是最好不过的了。

---

① 参见 KDD 和 RecSys。

17.2.3　平台

任何一个上线的模型，都必须包括：1) 数据任务；2) 训练任务；3) 工程服务；4) A/B 展示，其中 1) 和 2) 实现模型产出，3) 实现模型对外服务，4) 查验模型业务效果。通常这些任务在不同的系统上运行，因此这里的平台指的是能够打通**除工程服务外**的所有系统的一站式平台（one-stop platform），在这个平台上可以增删改查数据任务、增删改查训练任务、上线/下线模型以及查看 A/B 实验效果，无须在多个系统之间来回切换。

工程服务是模型生命周期的重要一环，其工作流程是：1) 加载模型；2) 抽取特征，输入模型；3) 得到模型打分，返回排序结果。这里面第 2) 步变化最多，如果将抽取特征的工作交给工程服务，那么上线一个新模型时，如果特征发生变动，工程需要经过修改源代码、测试、发布等多个步骤，耗时较长。因此一个能够提高效率的解决方案是：工程服务将抽取特征这一步按照某种协议开放出来，当新模型上线时，模型开发者同时将模型所用特征的抽取方式按照协议告知工程服务（比如可以通过配置的方式等），工程不再感知特征如何抽取，只需要按照规则解析开发者提供的协议即可。这样上线新模型时，不再需要修改工程源代码，极大提高了迭代效率。如图 17-2 所示，特征库里配置了所有特征的处理函数，作为默认配置，同时在模型侧可以配置自定义特征处理函数，也可以不配置特征处理函数，如果没有配置，则使用特征库中的默认特征处理函数。

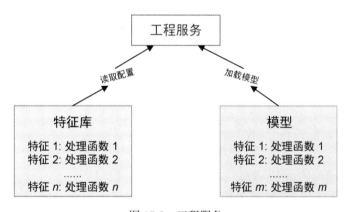

图 17-2　工程服务

17.2.4　安全

安全是很容易被忽视的问题，全球个人信息隐私保护也在逐渐规范化、法治化，比如国内的《中华人民共和国个人信息保护法》、美国加州的《加州消费者隐私法案》（CCPA）以及欧盟的《通用数据保护条例》（GDPR）等，这些法规法案的出台很大程度上限制了企业对于数据的使用/滥用，保护了用户的隐私。推荐算法作为一门极度依赖用户信息的学科，也必须考虑到数据安全和合规问题，一旦发生用户数据泄露或者违反规定的情况，会对外产生极为恶劣的影响。

如何在不侵犯用户隐私的前提下依然能够实现数据的应用呢？谷歌在 2016 年提出了联邦学习[①]（Federated Learning）的概念，旨在找到**数据隐私**和**数据孤岛**这两大难题的解决方案。个人信息保护越来越严格已是必然趋势，或许联邦学习是能够使人工智能摆脱困境，走向下一个阶段的利器。

17.3　总结

- 全书主要分为三个部分：召回算法、排序算法和工程实践。章与章之间按照一定的逻辑串联，一章内部一般按照从原理到代码的顺序展开。
- 推荐算法发展迅速，虽然无法预测未来到底会发生什么，但无论如何，数据、算法、平台和安全都是必须考虑的方面。数据上可以使所有样本以精排目标为目标。算法上可以研读每年优秀的文献。平台上可以打通数据、算法、工程和 A/B 测试平台，这可以极大地提高迭代效率。最后，在安全上，伴随着法规法案的健全，对于数据的保护越来越严格，联邦学习可以作为数据隐私和孤岛问题的解决方案之一。

[①] Brendan McMahan, Daniel Ramage. *Federated Learning: Collaborative Machine Learning without Centralized Training Data*, 2016.

技术改变世界 · 阅读塑造人生

推荐系统实践

◆ 以实战为基础，深入浅出地介绍每种推荐方法背后的理论基础
◆ 着重讨论每种算法的实现、在实际系统中的效果、方法的优点、缺陷以及解决方法

作者： 项亮
审校： 陈义，王益

美团机器学习实践

◆ 美团首席科学家张锦懋作序推荐，美团技术委员会执行主席刘彭程以及美团科学家、副总裁夏华夏倾力推荐
◆ 美团AI+O2O智慧结晶，机器学习算法落地实践，内容涵盖搜索、推荐、风控、计算广告、图像处理领域
◆ 作者来源于一线资深工程师，内容非常接地气，可指导开发一线的工程师

作者： 美团算法团队

机器学习：公式推导与代码实现

◆ 完备的公式推导，解决机器学习中的数学难题
◆ 基于NumPy与sklearn，介绍26个主流机器学习算法的实现
◆ "机器学习实验室"公众号主理人倾力打造，获得40 000读者好评

作者： 鲁伟

技术改变世界 · 阅读塑造人生

机器学习实战

◆ 使用Python阐述机器学习概念
◆ 介绍并实现机器学习的主流算法
◆ 面向日常任务的高效实战内容

作者: Peter Harrington
译者: 李锐,李鹏,曲亚东,王斌

机器学习算法竞赛实战

◆ 腾讯广告算法大赛两届冠军、Kaggle Grandmaster倾力打造
◆ 赛题案例来自Kaggle、阿里天池、腾讯广告算法大赛
◆ 按照问题建模、数据探索、特征工程、模型训练、模型融合的步骤讲解竞赛流程

作者: 王贺,刘鹏,钱乾

简明的 TensorFlow 2

◆ TensorFlow中国研发负责人李双峰,Google全球生态系统项目负责人倾力推荐!
◆ 3位ML GDE共同创作,以"即时执行"视角带你领略TensorFlow 2的全新开发模式!
◆ 一本书让你快速入门TensorFlow 2,同时掌握多端部署能力!

作者: 李锡涵,李卓桓,朱金鹏